普通高等教育"十三五"规划教材

光 学

主 编　魏　昇　王仲平

副主编　吕　燕　王剑宇　赵书毅

西安交通大学出版社
XI'AN JIAOTONG UNIVERSITY PRESS

内容简介

本教材根据所适用的研究观点不同,将光学分为几何光学、物理光学和现代光学三部分。内容包括经典光学的主要原理(干涉、衍射、几何光学基础、光的偏振、光的吸收、散射和色散)和应用,并适当介绍了现代光学的基本原理(光的量子性及现代光学基础)和应用,书中每章均配有适当的例题、思考题与习题。

本书可作为综合大学和高等师范院校物理学专业的基础光学课程教材,也可以作为有关工程类专业的类似课程的教学参考书。

图书在版编目(CIP)数据

光学/魏昇,王仲平主编. —西安:西安交通大学出版社,
2016.12
  ISBN 978 - 7 - 5605 - 9270 - 1

Ⅰ.①光… Ⅱ.①魏…②王… Ⅲ.①光学-高等学校-
教材　Ⅳ.①O43

中国版本图书馆 CIP 数据核字(2016)第 305884 号

书　　名	光　学	
主　　编	魏　昇　王仲平	
责任编辑	任振国　李　文	
出版发行	西安交通大学出版社	
地　　址	(西安市兴庆南路 10 号　邮政编码 710049)	
网　　址	http://www.xjtupress.com	
电　　话	(029)82668357　82667874(发行中心)	
	(029)82668315(总编办)	
传　　真	(029)82668280	
印　　刷	虎彩印艺股份有限公司	

开　　本	787mm×1092mm　1/16　　印张　15.5　　字数　387 千字		
版次印次	2016 年 12 月第 1 版　2016 年 12 月第 1 次印刷		
书　　号	ISBN 978 - 7 - 5605 - 9270 - 1		
定　　价	39.00 元		

读者购书、书店添货、如发现印装质量问题,请与本社发行中心联系、调换。
订购热线:(029)82665248　(029)82665249
投稿热线:(029)82664954
读者信箱:jdlgy31@126.com

前　言

　　光学是物理学中的一门重要的分支学科，它具有渊远的历史和丰富的积累，并正在继续迅速发展。光学的研究对象是光，包括光的本性以及光的发射、传播、接收以及光与物质相互作用等方面的规律。光学也是一门应用性极强的基础学科，光学的每一项研究进展，都曾经对物理学乃至整个科学技术的发展产生过重大的推动作用。望远镜的发明开创了天文学和宇宙学研究的新纪元；显微镜的发明打开了通向微观世界的大门，也开创了生物科学的新纪元；20世纪的物理学乃至所有重大科技成就，如相对论、量子力学、激光技术、微电子技术、光通信技术、航天技术等，无不与光学研究的进展密切相关。今天，光学学科在应用技术方面的发展已成为一个国家国民经济建设和军事国防建设中的重要环节，也是衡量这个国家先进程度的主要指标之一。可见，光学学科在今后发展中所占有地位会越来越重要。

　　在光学教学和研究中，根据所适用的研究观点不同，一般将光学分为几何光学、物理光学和现代光学三部分，物理光学又分为波动光学和量子光学。几何光学以光的直线传播性质为基础，利用光线的概念，以及反射和折射定律等实验规律来描述光线在各种透明介质中的传播规律，是波动光学在某些条件下（即波长趋于零）的近似或极限；波动光学以光的电磁波动性质为基础，研究光的传播、干涉、衍射、偏振以及光与物质相互作用等规律。但基础光学中的波动光学仅侧重于解释光波的表观行为，并不详细涉及介电常数和磁导率与物质结构的关系；量子光学以光的量子特性为基础，从更深的层次上研究光的发射以及光与物质相互作用的基本规律。现代光学以激光理论与技术、非线性光学以及现代光学信息处理技术与光电子技术等为标志，大多是综合性很强的交叉学科。在现代光学阶段，人们更深刻地认识到光的基本属性是波粒二象性，量子力学全面地反映了光的波粒二象性，并经受了一系列精确实验的检验，它奠定了现代光学坚实的理论基础。现代光学技术与信息科学技术、生命科学技术以及纳米技术等现代高新技术紧密相关，对现代物理学和整个科学技术的发展都有着重大的贡献。

　　本书在内容的选择和安排上，借鉴和吸收了国内外近二十多年来出版的优秀基础光学教材的优点，精选传统内容并保证其系统性，力图透彻地讲解光学的基本概念、理论、规律、分析方法以及重要应用，为学生进一步学习和开展研究工作打下坚实的基础。全书共分为九章，每章末附有习题。本书可作为综合大学和高等师范院校物理学专业的基础光学课程教材，也可以作为有关工程类专业的类似课程的教学参考书。

编　者

2016 年 9 月

目　录

绪　论

1. 光学的研究内容和方法

　　光是一种重要的自然现象。我们之所以能够看到客观世界中五彩缤纷的景象,是因为我们的眼睛能够接收物体发射、反射或散射的光。据统计,人类感官收到外部世界的总信息量中,至少有 90% 以上是通过眼睛得到的。由于光与人类生活和社会实践的密切联系,光学也和天文学、几何学、力学一样,是一门最早发展起来的学科。光学既是物理学中最古老的一门基础学科,又是当前科学领域中最活跃的前沿阵地之一,具有强大的生命力和不可估量的发展前途。

　　光学是研究光的传播以及它和物质相互作用问题的学科也是一门应用性很强的学科。通常,光学分为几何光学、波动光学、量子光学三部分。当光波波长远小于光学元件的几何尺寸时,光遵守直线传播、反射与折射三个实验定律。在光学中,以这三个实验定律为基础,讨论光的传播、成像等规律的部分,称为几何光学。光的干涉、衍射、偏振等现象,充分表现了光的波动性,对这些现象的讨论,必须以光的波动理论为基础,这部分光学称为波动光学。在光与物质相互作用的某些现象(如黑体辐射、光电效应、康普顿效应等)中,光的粒子性显著表现出来,对这些现象的讨论,需要用到量子理论,这部分光学称为量子光学。波动光学和量子光学都涉及光的本性,通常,我们又把它们统称为物理光学。

　　学好光学,既能为物理系学生进一步学习原子物理、相对论、量子力学等课程准备必要的前提条件,又有助于我们进一步探讨微观和宏观世界的联系与规律,并把这些规律用于祖国的社会主义现代化建设中去。

　　光学的发展为生产技术提供了许多精密、快速、生动的实验手段和重要的理论依据;而生产技术的发展不断向光学提出许多要求解决的新课题,并为进一步深入研究光学准备了物质条件。因此,同其他自然科学一样,光学与生产实践的关系生动地体现了理论实践的辩证关系。从方法论上看,作为物理学的一个重要学科分支,光学研究的发展也完全符合如下的认识规律:在观察和实验的基础上,对物理现象进行分析、抽象和综合,进而提出假说,形成理论,并不断地反复经受实践的检验。

2. 光学发展简史

　　"光是什么?"这是光学发展至今,人们一直在努力探索的问题。光学发展的历史也是对光的本性认识的历史。

　　光是人类赖以生存的重要条件,光不仅是能量的载体,而且也是信息的载体。携带有物体信息的光波进入人眼后,为视网膜上的视神经细胞所接收,对信息作初步处理后,再传给大脑作进一步处理,我们才能感觉到周围世界的五彩缤纷和斑驳陆离。由于光和人们的各种生活、生产活动息息相关,因此光学和力学一样是物理学中发展最早的一部分。关于光的几何性质较为系统的最早记载,见于公元前四百多年先秦时代的《墨经》中,里面就记载着关于光的直线传播(影的形成和针孔成像等)和光在镜面(凹面和凸面)上的反射等现象。古希腊数学家欧几里得(约公元前 330—275)也曾注意到光的传播的直线性,在其著作中记录了反射角等于入射角,但比《墨经》晚 100 多年。由于光的物理本性不容易被认识,古代对光的研究基本上停留在现象的描述与简单规律的总结。光究竟是什么? 即光的本性是什么。一直是学者们注意和探讨的中心。到了 17 世纪,由于光学特别是几何光学得到了一定的发展,因而关于光的本性问题引起人们越来越大的兴趣,这时候逐渐形成了两种相互对立的理论,即光的微粒说和光的波动说。

笛卡儿(1596—1690)最早对光的微粒模型作了研究,他把光比作小球来解释光的反射定律和折射定律。牛顿(1642—1727)发展了笛卡儿的模型,提出了光是微粒流的理论。但是,正是牛顿做了一些光具有波动性的著名实验(如著名的三棱镜色散实验,1666 年),仔细研究了后来称为牛顿环的薄膜干涉、衍射(当时称为拐折)、偏振现象,他的这些工作总结在《光学》(1704 年)一书中。牛顿的研究工作既涉及到光的微粒性又涉及到波动性,他在光的本性问题上犹豫了很久。微粒说可以解释光的直线传播、反射和折射定律,而波动说当时还不能解释光的直线传播及光的偏振现象,所以牛顿最后倾向于微粒说。

大约与牛顿倡导微粒说的同时,惠更斯(1629—1695)等人则主张波动说。1678 年他在《论光》一书中从声和光的某些现象的相似性出发,认为光是在“以太”中传播的波。所谓“以太”,则是一种假想的弹性介质,充满整个宇宙空间,光的传播取决于“以太”的弹性和密度。运用他的波动理论中的次波原理,惠更斯不仅成功地解释了反射和折射定律,还解释了方解石的双折射现象。但惠更斯没有对波动过程的特性给予足够的说明,他没有指出光现象的周期性,没有提到波长的概念。归根到底,他仍旧摆脱不了几何光学的观念,因此不能由此说明光的干涉和衍射等有关光的波动本性的现象。与此相反,坚持微粒说的牛顿,却从他研究的牛顿环的现象中确信光具有周期性。综上所述,这一时期中,在以牛顿为代表的微粒说占统治地位的同时,由于相继发现了干涉、衍射和偏振等光的波动现象,以惠更斯为代表的波动说也初步提出来了。因而,这个时期也可以说是从几何光学向波动光学过渡的时期,是人们对光的认识逐步深化的时期。

第二个时期,可以说是光的波动说初步确立的时期。1801 年杨氏(T. Young)最先用干涉原理令人满意地解释了白光照射下薄膜颜色的由来和用双缝显示了光的干涉现象,并第一次成功地测定了光的波长。1808 年马吕斯(E. L. Malus)偶然发现被玻璃窗反射阳光的偏振现象。随后菲涅耳(A. J. Fresnel)和阿喇果(D. Arago)对光的偏振现象和偏振光的干涉进行了研究,1816 年他俩一起完成了线偏振光的叠加实验。为了解释这些现象,杨氏在 1817 年提出了光波和弦中传播的波相仿的假设,认为光是一种横波,菲涅耳进一步完善了这一观点并导出了菲涅耳公式。

光学史上富有戏剧性的一幕是光微粒说的拥护者拉普拉斯(P. S. Laplace)和毕奥(J. Blot)提出将光的衍射问题作为 1818 年巴黎科学院悬奖征文的题目,期望对这个题目的论述最终使微粒说取得胜利。但结果事与愿违,奖金授给了以波动理论为其论述基础的菲涅耳。

自此之后的一系列研究很快地就使光的微粒理论声誉丧失殆尽。菲涅耳将惠更斯原理与干涉原理结合起来,成功地解释了光的直进和光的衍射现象,并计算了直边、小孔、小屏产生的衍射。特别令人印象深刻的是,泊松(S. D. Poisson)从菲涅耳理论推出一个结论,即在小圆盘阴影中心应该出现一个亮斑点,而阿喇果由实验证明了这一论断的正确性。这一事件给光的微粒说一个沉重打击。

第三个时期,可以说是从认为光是一种"以太"的弹性机械波向认识到光是一种电磁波的转变时期。虽然波动说在解释光的干涉、衍射、偏振现象时获得了巨大成功,从而确立了波动理论的牢固地位,但这时的波动论者仍认为,一切波动必须在某种介质中才能得到传播。如果光是一种波动,而且能在真空中传播,那么光波赖以传播的介质是什么呢?他们不得不假定存在一种特殊的介质——"以太"。为了与光传播的实验事实相符,必须赋予"以太"种种异乎寻常的、甚至互相抵触的特性。例如,光既然能在真空中和透明介质中传播,那么"以太"应该充斥整个空间。光速是如此之大,"以太"就必须具有极大的弹性,但它又必须非常稀薄,因为天体的运动显然并未受到阻碍。为了解释光在各种不同介质中有不同速度,又必须认为"以太"的特性在不同的物质中是不同的;在各向异性介质中还需要有更复杂的假设。此外,还必须给"以太"更特殊的性质,才能解释光波中没有纵波的现象。这种密度无限小、弹性非常大并且还有许多附加性质的"以太"是令人难以想象的,这就暴露了光弹性理论严重的内在困难。此外,这个理论也没有指出光学现象和其他物理现象间的任何联系。

1846年法拉第(Faraday)发现了光的振动面在磁场中发生旋转,这表明光学现象与磁学现象间存在内在联系。这一发现使人们获得新的启发,即必须把光学现象和其他物理现象联系起来考虑,而不能孤立地研究光的本性。到19世纪中叶,麦克斯韦(J. C. Maxwell)成功地把电磁学领域内所有前人发现的规律总结为一个完备方程组。从这一电磁方程组出发,导出了电磁场所遵从的波动方程,从理论上预言了电磁波的存在,并证明了电磁波以光速传播,这说明光是一种电磁现象。这个理论在1888年被赫兹(H. R. Hertz,1857—1894年)的实验所证实,他直接从频率和波长来测定电磁波的传播速度,发现它恰好等于光速。至此,确立了光的电磁理论基础,尽管关于以太问题,要在相对论出现以后才得到完全解决。

光电磁理论的建立并没有动摇存在"以太"的信念,它只是以电磁"以太"代替了弹性"以太"。1887年迈克耳孙和莫雷利用迈克耳孙干涉仪试图探测地球在"以太"中的绝对运动,然而他们却得到了零结果,从而动摇了作为光波载体的"以太"假说,以静止"以太"为背景的绝对时空观遇到了根本困难。1905年爱因斯坦在他的"关于运动媒质的电动力学"这篇论文中,提出了著名的狭义相对论的基本原理,从根本上抛弃了"以太"的概念,圆满地解释了运动物体的光学现象。正是否定了"以太"的存在,才促使人们最终认识到电磁波的传播并不需要任何媒质,电磁波本身就是一种特殊的物质,它携带着能量并以波的形式传播着。所以电磁波是一种物质波。

第四个时期,可以说是进入了量子光学时期。虽然经典光学的发展已达到十分完善的程度,它几乎可以解释所有当时人们已经知道的有关光传播的现象(干涉、衍射、偏振、双折射等)的规律性。但也存在着用麦克斯韦电磁理论无法解释的一些"例外"现象,其中最著名的是关于光的黑体辐射、光电效应、原子的线状光谱等。这些现象当时虽然看来是个别的,但实际上,正是对这种关系重大现象作深入研究与大胆探索,才导致了一场意义深远的光学革命的发生。为了解释黑体辐射能量按波长的分布公式,1900年普朗克(1858—1947)提出了量子论。1905

年爱因斯坦(1879—1955)发展了普朗克的量子论,提出了光量子的假说,对光电效应的规律作了解释和预言。1927 年康普顿散射实验进一步证明了爱因斯坦理论的正确性。此后不久,丹麦物理学家玻尔首次提出关于原子中电子运动轨道量子化的假设,从而成功地定性解释了原子的线性光谱。到此为止,人们不得不承认这样一种事实:一方面,在与光的传播特性有关的一系列现象中(干涉、衍射、偏振等),光表现出波动的本性并可由麦克斯韦电磁场理论完美地描述;另一方面,在光与物质作用并产生能量和动量交换的过程中,光又充分表现出分立的量子化(粒子性)特征,并可由爱因斯坦的光子理论加以成功地描述。

如何将光的本性的两个完全不同的概念统一起来,人们进行了大量探索。1924 年,法国科学家德布罗意(L. V deBroglie)提出了物质波概念,他大胆地设想每一物质粒子的运动都与一定波长的波动相联系。1927 年,戴维逊(C. J. Davisson)和革末(L. H. Gemmer)的电子衍射实验很快证实了电子具有波动性。事实上,不仅仅是电子、质子、原子和分子,其他物质粒子都具有与它自己的质量和速度相联系的波动性的特征。也就是说,不仅光具有波动性和微粒性,一切习惯概念上的实物也同样具有这两种性质。德国科学家玻恩(M. Born)提出了物质波的"几率假设"建立了波动性和微粒性之间的联系。此外,海森堡(Hasenberg)、薛定谔(Schrödinger)、狄拉克(Dirac)和玻恩(M. Born)等建立了量子力学,其中波动性和粒子性在新的形式下得到了较圆满的统一。

现在人们对光的本性的认识应该是:光和实物一样,是物质的一种,具有波粒二象性。这是一切量子现象的基本属性。动量为 P 的光子(或粒子),具有波长为 λ,其关系为:$P = h/\lambda$。波动性和粒子性反映了光在与不同物质相互作用时所表现出来的不同特性。任何经典的概念都不能完全概括光的本性。

如今人们仍不能说光本性的问题已经彻底解决。对于波动性和粒子性之间的辩证关系人们仍然缺乏一目了然的形象,对于光的本性的认识也还远远没有达到最后的境地。甚至在某些新发现的现象面前,人们依然万分惊奇。例如,近代实验已发现,波长不大于 0.001nm 的光(射线)在强电场中可变成两个带相反电荷的质点——电子和正电子。这一现象无疑显示着光与实物之间的深刻联系。因此,随着现代光学的发展及其科学技术的进步,人们对光的本性的认识还会不断完善和深入,新的现象、新的理论正等待着人们去探索和发展。

相对论和量子力学的相继创立,宣告了整个经典物理学的终结和现代物理学的开始,也标志着现代光学的诞生。从 20 世纪 60 年代起,特别是在激光问世以后,由于光学与许多科学技术紧密结合、相互渗透,以空前的规模和速度飞速发展,它已成为现代物理学和现代科学技术中一块重要的前沿阵地。1958 年,肖洛(A. L Schawlow,1921—1999)等提出把微波量子放大器的原理推广到光频段中去。1960 年,梅曼首先成功制成了红宝石激光器。自此以后,激光科学技术的发展突飞猛进,在激光物理、激光技术和激光应用等方面都取得了巨大的进展。激光现已广泛用于打孔、切割、导向、测距、医疗和育种等方面,在化学催化、同位素分离、光通信、光存储、光信息处理以及引发核聚变等方面也有着广阔的发展前景。同步辐射光源的出现,是继电光源、X 射线光源、激光光源之后,光学领域中的又一革命性事件。同步辐射的电磁波谱从红外线到 X 光,不仅强度高,而且指向性特佳,在科学研究和高技术诸如表面物理学、生物学和化学以及半导体制备和集成电路制造等领域都有广泛应用。

与此同时,全息摄影术已在全息显微术、信息存储、像差平衡、信息编码、全息干涉量度、声波全息和红外全息等方面获得了越来越广泛的应用。光学纤维已发展成为一种新型的光学元件,为光学窥视(传光、传像)和光通信的实现创造了条件。它已成为某些新型光学系统和某些特殊激光器的组成部分。由于光纤通信具有使用范围广、容量大、抗干扰能力强、便于保密和节约钢材等优点,将逐渐成为远距离、大容量通信的"主角"。

可以预期光计算机将成为新一代的计算机。由于采取了光信息存储,并充分吸收了光并行处理的特点,光计算机的运算速度将会成千倍地增加,信息存储能力可望获得极大的提高,更完善的人工智能便可成为现实。传统光学观察技术和其他新技术的结合、红外波段的扩展将使红外技术成功地应用于夜视、导弹制导、环境污染监测、地球资源考察及遥感遥测技术等领域。

随着新技术的出现,新的理论也不断发展,已逐步形成了许多新的分支学科或边缘学科。将数学中的傅里叶变换和通信中的线性系统理论引入光学,形成了傅里叶光学。它不仅使人们用新的理论来分析光学形象,而且由此引入的空间滤波和频谱的概念已成为光学信息处理、像质评价、成像理论以及相干光学计算机的基础。高度时间和空间相干性的高强度激光的出现,为研究强光作用下非线性光学的发展创造了条件。非线性光学效应属于当今的光子学范畴。激光光谱学的实验方法已成为深入研究物质微观结构、分子运动规律等方面的重要手段。由于电磁理论、材料科学、集成技术和电子技术的飞速发展,在集成电路的启示下,形成了集成光学这一门新兴的边缘学科。集成光学是研究集成光路理论及其制造的科学,涉及介质光波导理论、集成光路材料体系、薄膜波导形式的各种分立元件、测试技术、光集成回路和集成技术等许多领域。目前由集成光路和光导纤维组成的光缆正在用于光通信、显示系统、信息处理和文字图像扫描等。总之,现代光学与其他科学和技术的结合,在人们的生产和生活中发挥着日益重大的作用和影响,正在成为人们认识自然、改造自然以及提高劳动生产率的越来越强有力的武器。

第1章

几何光学

1.1 几何光学基本定律

1.1.1 几何光学的基本实验定律

在不考虑光的衍射效应的条件下,以光线概念为基础,通过观察和实验总结出光传播所遵循的规律,这就是人们熟知的几何光学三个实验定律。它是几何光学的理论基础,也是各种光学仪器设计的理论根据。

1. 光在均匀介质中的直线传播定律

光的直线传播定律:光在均匀各向同性介质中沿直线传播。在点光源照射下,不透明物体背后会出现清晰的影子。其形状与光源为中心发出的直线所构成的几何投影形状一致,如图1.1所示。图1.2为针孔成像,由物体各点发出的光线将沿直线通过暗箱前壁上的小孔,在后壁上形成一倒立的像。以上两个例子都表明了光沿直线传播的事实。应当注意,若小孔直径缩小到 10^{-3} cm 以下时,由于光的衍射效应,成像将变得模糊,甚至完全得不到成像。

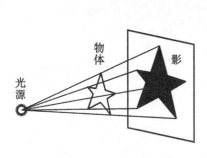

图 1.1 物的成像

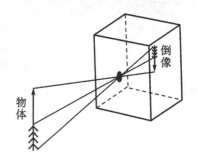

图 1.2 针孔成像

2. 光通过两种介质分界面时的反射定律和折射定律

当光线 AO 入射到透明、均匀、各向同性介质的平滑分界面上时,一般情况下,一部分光从界面上反射,形成反射光线 OB;部分光将进入另一介质,形成折射光线 OC,如图1.3所示。入射光线与入射点处界面法线构成的平面称为入射面。入射线、反射线和折射线与界面法线的夹角、和分别称为入射角、反射角和折射角。实验证明有下述规律。

光的反射定律:反射光线在入射面内,与入射光线分居法线两侧,且反射角等于入射角,即

$$i'_1 = i_1 \tag{1.1}$$

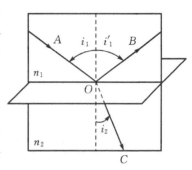

图 1.3　光的反射与折射

光的折射定律:折射光线位于入射面内,与入射光线分居法线两侧,且入射角 i_1 的正弦与折射角 i_2 的正弦之比为一常数,即

$$\frac{\sin i_1}{\sin i_2} = n_{12} \tag{1.2}$$

常数 n_{12} 称为第二种介质相对第一种介质的折射率,简称相对折射率。任何介质相对于真空的折射率称为该介质的绝对折射率,简称折射率。在数值上等于光在真空中的传播速度 c 与光在该介质中的传播速度 v 的比值:

$$n = \frac{c}{v} \tag{1.3}$$

折射率大的介质称为光密介质,折射率较小的称为光疏介质。折射率随介质而异,且与光的波长有关。两种介质 1、2 的相对折射率是光在两种介质中传播速度的比值,也等于它们各自的绝对折射率之比:

$$n_{12} = \frac{v_1}{v_2} = \frac{\dfrac{c}{n_1}}{\dfrac{c}{n_2}} = \frac{n_2}{n_1} \tag{1.4}$$

将式(1.4)带入式(1.2),可以得到

$$n_1 \sin i_1 = n_2 \sin i_2 \tag{1.5}$$

这是折射定律的常用表达式,又称斯涅耳(W. Snell)定律。

3. 光的独立传播定律和光路可逆原理

光的独立传播定律:两束光在传播途中相遇时互不干扰。即每一束光的传播方向及其他性质都不会因另一束光的存在而发生改变。

光路可逆原理:由图 1.3 光的反射与折射可知,如果 BO 为入射光线,则根据反射定律,反射光线必为 OA;若 CO 为入射线,则根据折射定律,OA 必定是折射光线。即当光线的传播方向逆转时,光路不变。这是个带有普通性的推论,称为光路可逆性原理。利用光路可逆性原理,常常可以通过简单的推理而获得某些重要的结论。

应当指出,几何光学三定律是近似的实验规律,只在空间障碍物以及反射折射界面的尺寸远大于光波长时才成立。尽管如此,对很多光学问题以及光学仪器设计,这种近似还是足够精确的。

1.1.2　全反射

由折射定律可知,若 $n_2 > n_1$,则 $i_2 < i_1$,即与入射光线相比,折射光线向法线方向偏折;若 $n_2 < n_1$,则 $i_2 > i_1$,即与入射光线相比,折射光线将偏离法线(图 1.4),在后一种情况下,随着入射角的增大,折射角 i_2 增加很快,当入射角 $i_1 = i_C$ 时,折射角为 $90°$;当入射角 $i_1 \geqslant i_C$ 时,就不再有折射光线而光全部被反射,这种对光线只有反射而无折射的现象叫全反射,入射角 i_C 叫做临界角,其值取决于相邻介质折射率的比值:

$$i_C = \arcsin \frac{n_2}{n_1} \tag{1.6}$$

如 $n_2=1$ 的空气对于 $n_1=1.5$ 的玻璃而言,临界角 $i_C=42°$。

下面介绍全反射原理在自然界的体现以及应用实例。

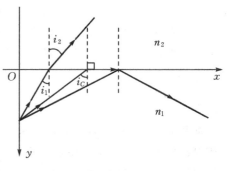

图 1.4　全反射的临界角

1)海市蜃楼

由于空中大气的折射和全反射,会在空中出现"海市蜃楼",在海面平静的日子,站在海滨,有时可以看到远处的空中出现了高楼耸立,街道棋布,山峦重叠等现象。这种景象的出现是有原因的。当大气层比较平静时,空气的密度随温度的升高而减小,海面上的空气温度比空中低,空气的折射率下层比上层大。我们可以粗略的把空中的大气分成许多水平的空气层,下层的折射率较大。远处的景物发出的光线射向空中时,不断被折射,射向折射率较低的上一层的入射角越来越大,当光线的入射角大到临界角时,就会发生全反射现象。光线就会从高空的空气层中通过空气的折射逐渐返回折射率较大的下一层。在地面附近的观察者就可以观察到由空中射来的光线形成的虚像,这就是海市蜃楼的景象。

2)光学纤维

全反射有广泛的应用,近年来发展迅速的光学纤维(optical fiber),就是利用全反射规律而使光线沿着弯曲路程传播的光学元件。光学纤维常用直径为 $5\sim60\,\mu\mathrm{m}$ 的透明丝作芯料,外有涂层。芯料的折射率约为1.8,涂层的折射率为1.4左右。当光由芯料射到芯料-涂层的界面时,入射角小于临界角的那些光线,根据折射定律将逸出光学纤维;而入射角大于临界角的光线,由于全反射,在芯料-涂层界面上经过多次反射后传到另一端,如图1.5(a)所示。

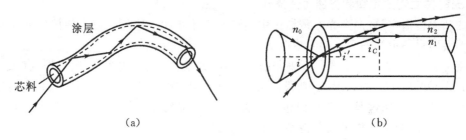

（a）　　　　　　　　　　　　　（b）

图 1.5　光导纤维

如图1.5(b)所示的单箭头表示一临界光线,光在芯料-涂层界面上的入射角等于临界角 i_C。显然,从折射率为 n_0 的介质经光学纤维端面射入,而且入射角大于的那些光线(图中以双箭头表示),在 n_1、n_2 界面上的入射角就小于 i_C,这些光线将不能通过光纤,只有在介质 n_0 中其顶角为 $2i$ 的圆锥体内的全部光线才能在其中传播。经过计算,可得到:

$$n_0\sin \leqslant \sqrt{n_1^2-n_2^2}$$

上式为光线在芯料-涂层界面发生全反射时,入射角应满足的条件。由此可见该入射角的上限应满足

$$n_0\sin u_0 \leqslant \sqrt{n_1^2-n_2^2}.$$

或
$$u_0 = \arcsin\left[\frac{n_1^2 - n_2^2}{n_0}\right]$$

$n_0 \sin u_0$ 称为光纤的数值孔径。光纤的数值孔径越大,通过光纤的光功率就越大。

把很多光纤组成一束,仅限于传导光能量的光纤束称为导光束,同时能传像的光纤束称传像束。光纤束具有光能量损失少、数值孔径大、分辨本领高、可弯曲成各种形状等优点,在高速摄影、医疗器械等方面都有重要应用。自从低损耗石英光纤研制成功以来,光纤束已广泛地应用于通信技术,它具有抗电磁干扰强、容量大、频带宽、保密性好和节约金属材料等优点。

1.1.3 棱镜与色散

棱镜是由透明介质(如玻璃)做成的棱柱体,与棱边垂直的平面称为棱镜的主截面,主截面呈三角形的棱镜叫三棱镜。棱镜主要用于分光,即利用棱镜对不同波长的光有不同折射率的性质来分析光谱。折射率与光波长有关的现象称为色散。当一束白光或其他非单色光射入棱镜时,不同波长(颜色)的光因折射率不同而具有不同的偏向角,从而使出射光线方向不同。牛顿就是利用三棱镜首次将太阳光分成了七色光。

图 1.6 所示为一块三棱镜的主截面,A 为折射棱角。各单色入射光束从三棱镜一侧入射(入射角 i_1),再从另一侧射出(出射角 i_2)通过棱镜时,将连续发生两次折射,出射线和入射线之间的交角 δ 称为偏向角,三棱镜顶角(棱角)为 A

$$\delta = (i_1 - r_1) + (i_2 - r_2) = (i_1 + i_2) - (r_1 + r_2)$$
$$A = \alpha = r_1 + r_2 \tag{1.7}$$

于是有
$$\delta = (i_1 + i_2) - A \tag{1.8}$$

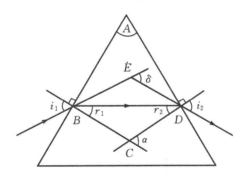

图 1.6 光在三棱镜主截面内的折射

对于确定的顶角 A,偏向角 δ 随 i_1 改变。如果保持入射光的方向不变,而将棱镜绕垂直与图面的轴线旋转,则偏向角将跟着改变。容易证明,当 $i_1 = i_2$ 时,δ 最小,称为最小偏向角 $\delta_{\min}$,$\delta = 2i_1 - A$,可以计算棱镜材料的折射率

$$n = \frac{\sin\left[\frac{1}{2}(A + \delta)\right]}{\sin\frac{A}{2}} \tag{1.9}$$

因此测出最小偏向角的值,就可以确定具有棱柱形的透明物体的折射率。利用最小偏向角而不用任意偏向角,主要由于此时在实验中最易精确地加以测定。

1.2 惠更斯原理

1.2.1 波的几何描述

在研究波的传播时,总可以找到同相位各点的几何位置,这些点的轨迹是一个曲面,称为波面(或波阵面),某一时刻波传播最前方的波面叫波前。例如由一个点振源发出的波,在各向同性介质中的波面是以振源为中心的球面,称为球面波(图 1.7(a))。在离振源很远的地方,波面趋于平静,称平面波(图 1.7(b))。我们还可以绘出一组线族,它们每点的切线方向代表该点波的传播方向,这样的线族称为波线。在各向同性介质中,波线总是与波面正交。球面波的波线通过振源中心点构成同心波束,平面波的波线构成平行波束。几何光学中所谓的"光线",就是光波的波线。

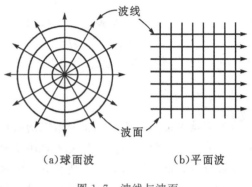

(a)球面波　　　(b)平面波

图 1.7　波线与波面

1.2.2 惠更斯原理的表述

荷兰物理学家惠更斯(C Huygens)是光的波动说的创始人,他于 1690 年提出了关于波面传播的理论,即惠更斯原理。它的表述可通过图 1.8 来说明。我们考虑在某一时刻,这时由振源发出的波扰动传播到了波面 S。惠更斯提出:S 上的每一面元可以认为是次波的波源。由面元发出的次波向四面八方传播,在以后的时刻,形成次波面,在各向同性的均匀介质中,次波面是半径为 $v\Delta t$ 的球面,这里 v 是波速,$\Delta t = t' - t$。惠更斯认为:这些次波面的包络面 S' 就是 t' 时刻总扰动的波面。

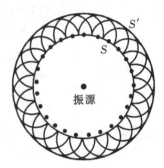

图 1.8　惠更斯原理

1.2.3 惠更斯原理对反射定律和折射定律的解释

根据惠更斯原理,可以解释光的反射定律和折射定律,并给出折射率的物理意义——光在两种媒质中速度之比。下面就来论证这个问题。

如图 1.9 所示,设想有一束平行光线(平面波)以入射角由介质 1 射向它与介质 2 的分界面上。作通过 A_1 点的波面,它与所有的入射光线垂直。在光线 1 到达 A_1 点的同时,光线 2,…,n 到达此波面上的 A_2,…,A_n 点。设光在介质 l 中的速度为 v_1,则光线 2,3,…,n 分别要经过一段时间 $t_2 = \overline{A_2 B_2}/v_1$,$t_3 = \overline{A_3 B_3}/v_1$,…,$t_n = \overline{A_n B_n}/v_1$ 后才到达分界面上的 B_2,B_3,…,B_n 各点。每条光线到达分界面上时,都同时发射两个次波,一个是向介质 1 内发射的反射次波,另一个是向介质 2 内发射的透射次波。设光在介质 2 中的速度为 v_2,在第 n 条光线到达 B_n 的同时,由 A_1 点发出的反射次波面和透射次波面分别是半径为 $v_1 t_n$ 和 $v_2 t_n$ 的半球面。在此同时,光线 2,3,…传播到 B_2,B_3 各点后发出的反射次波面的半径分别为 $v_1(t_n - t_2)$,$v_1(t_n - t_3)$…。而透射次波面的半径为 $v_2(t_n - t_2)$,$v_2(t_n - t_3)$…。这些次波面一个比一个小,直到 B_n 处缩成一个点。根据惠更斯原理,这时刻总扰动的波面是这些次波面的包络面。不难证明,反射次波和透射次波的包络面都是通过 B 的平面。设反射波总扰动的波面与各次波面相切于 $C_1, C_2,$ $C_3, \cdots$ 各点,而透射波总扰动的波面与各次波面相切于 $D_1, D_2, D_3 \cdots$ 各点,联接次波源和切点,即得到总扰动的波线,亦即,$A_1 C_1, B_2 C_2, B_3 C_3, \cdots$ 为反射光线,$A_1 D_1, B_2 D_2, B_3 D_3, \cdots$ 为折射光线。

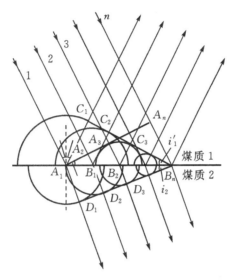

图 1.9 用惠更斯原理解释反射定律和折射定律

由于 $A_1 C_1 = A_n B_n = v_1 t_n$,直角三角形 $\triangle A_1 C_1 B_n$ 和 $\triangle B_n A_n A_1$ 全同,因而 $\angle A_n A_1 B_n = \angle C_1 B_n A_1$。由图 1.9 不难看出,$\angle A_n A_1 B_n = i_1$($i_1$ 为入射角),$\angle C_1 B_n A_1 = i_1'$($i_1'$ 为反射角),故得到

$$i_1' = i_1$$

这样便推导出了反射定律。由图 1.9 还可看出,$\angle D_1 B_n A_1 = i_2$(i_2 为折射角),因此

$$\sin i_2 = \overline{A_1 D_1} / \overline{A_1 B_n}$$

此外 $\sin i_1 = \overline{A_n B_n} / \overline{A_1 B_n}$,于是

$$\frac{\sin i_1}{\sin i_2} = \frac{\overline{A_n B_n}}{\overline{A_1 D_1}} = \frac{v_1 t_n}{v_2 t_n} = \frac{v_1}{v_2}$$

由此可见,入射角与折射角正弦之比为一常数,这样我们便导出了折射定律。在折射定律中我们称 $\sin i_1$ 与 $\sin i_2$ 的比值为介质 2 相对介质 1 的折射率 n_{12},因此相对折射率与光在两种媒质中速度的关系为

$$n_{12} = \frac{n_2}{n_1} = \frac{v_1}{v_2} \tag{1.10}$$

由此可见,一种介质的绝对折射率为

$$n = \frac{c}{v} \tag{1.11}$$

从上面两式看来,在光密媒质中光的速度较小。这一结论是与实验相符的。

1.2.4　直线传播问题

要想验证光的直进性,我们必须用带小孔的障板把一根光线(更确切地说,是一束较窄的光)分离出来(见图 1.10)。由这束光的边缘光线可以考察直线传播定律是否成立。我们设原来的波是由点波源 Q 发出的球面波。画出它传播到障板开口处的波面。根据惠更斯原理,这波面上的每个面元都是一个次波中心,当然只有波面上未被障板遮住的部分 AB 发出的次波,才对障板后边的空间起作用。考虑以后的某一时刻,画出此时波前 S 上 AB 部分每点发出的次波的波面,并作这些灰波面的包络面 CD。不难看出,CD 也是以 Q 为中心的球面的一部分。按照惠更斯的说法,只有各次波面的包络面 CD 上才发生可察觉的总扰动,也就是说,在包络面两侧 D 和 C 之外的扰动是可以忽略不计的。所以 QAC 和 QBD 就是透过孔隙的边缘光线,它们都是直线。惠更斯就这样说明了波的直进性。

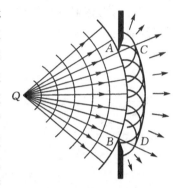

图 1.10　用惠更斯原理解释光的直进性

以上的解释并不令人十分满意,因为两侧之外还有次波存在着,为什么次波在这些地方不发生作用呢? 事实上并非如此。图 1.11 所示为水波通过大小不同的孔隙后的情况。可以看出,当孔隙大时(见图 1.11(a)),障板后面的波动正像上面的论述所预期的那样,基本上沿直线传播。当孔较小时(见图 1.11(b)),波的传播开始偏离直线。当孔十分小时(见图 1.11(c)),在障板后面看来,好像波是从小孔那里重新发出似的,这时完全谈不上直进性。在后两种情况下所发生的,就是通常所说的衍射现象。由于惠更斯原理未能定量地给出次波面的包络面上和包络面以外波扰动强度的分布,因而也就不能完满地解释波的直进性与衍射现象的矛盾。随着科学的进展,这个问题直到一百多年后才得到解决。原来,任何波动的前进性只是波长 λ 远小于孔隙线度口的条件下近似成立的规律。在 λ 与 a 可比拟、甚至大于 a 的情形下,将发生显著的衍射。光波的情况当然也不例外,只是可见光的波长(10^{-5} cm 量级)比通常障碍物的线度小得多,偏离直线传播的现象很不容易察觉罢了。有关这个问题的讨论,详见衍射等有关内容。

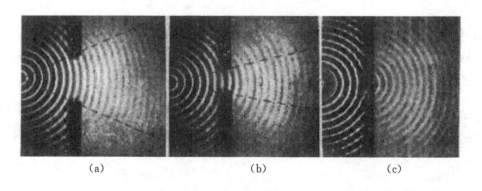

(a)　　　　　　　　(b)　　　　　　　　(c)

图 1.11　水波的衍射

除了直线传播定律之外,作为几何光学基础的另外两条定律——反射定律和折射定律,也都只在 λ 很小的条件下才近似成立。所以几何光学原理的适用范围是有限度的,在必要的时候需要用更严格的波动理论来代替它。不过由于几何光学处理问题的方法要简单得多,并且它对于各种光学仪器中遇到的许多实际问题已足够精确,所以几何光学并不失为各种光学仪器的重要理论基础。

1.3　费马原理

光线传播的三个基本实验定律,还可以由一个更为基本的原理来表述,这就是费马原理(P. de Fermat),费马原理是几何光学的基本原理。为讲述该原理首先介绍光程概念。

1.3.1　光程

在均匀介质中,光程为 Δ 光在介质中通过的几何路径 l 与该介质折射率 n 的乘积,即

$$\Delta = nl \tag{1.12a}$$

由 $n = \dfrac{c}{v}$,可得光在介质中经历的时间为

$$t = \frac{l}{v} = \frac{nl}{c} = \frac{\Delta}{c} \tag{1.12b}$$

式(1.12b)表明,光在折射率为 n 的介质中的光程,在数值上等于相同时间内光在真空中所通过的路程。借助光程这一概念,可将光在介质中通过的几何路程折算到光在真空中通过的路程,以便直接用真空中的光速来计算和比较光在不同介质中通过路程的长短。

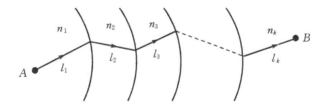

图 1.12　分区均匀介质中的光程

在分区均匀介质中,如图 1.12 所示,光从 A 点到 B 点所走的光程为

$$\Delta = \sum_{i=1}^{k} n_i l_i \tag{1.13}$$

经历的时间为

$$t = \frac{\Delta}{c} = \frac{1}{c}\sum_{i=1}^{k} n_i l_i \tag{1.14}$$

若从 A 点到 B 点的空间充满折射率连续变化的介质,则上述光程与时间的表示式分别为

$$\Delta = \int_A^B n \, \mathrm{d}l, \quad t = \frac{1}{c}\int_A^B n \, \mathrm{d}l$$

1.3.2　费马原理

费马应用光程的概念将几何光学实验定律高度概括归结为一条统一的基本原理——费马原理,其表述如下:光从空间一点到另一点所走的实际路径,必须是总光程为平稳的路径。所谓"平稳",可以理解为光在指定的两点间传播时,实际的光程总是一个极值,即光总是沿光程值为最小、最大或恒定的路径传播。

费马原理的数学表述为:在光线的实际路径上,光程的一阶变分为零,即

$$\delta\Delta = \delta\int_A^B n\,\mathrm{d}l = 0 \tag{1.15}$$

读者可能对"变分"一词感到生疏,粗浅一点的理解,可认为它就是函数的微分。在我们所遇到的多数场合,光程具有极小值或恒定值。其实费马最初是根据经济原则(自然现象都是经济的)提出这一原理的,称"最短时间原理",又称"最小光程原理",即;光从一点传播到另一点实际所经历的路径是这两点间所有可能路径中费时最短的一条路径。

根据两点间直线距离最短这一几何公理,可以由费马原理直接导出在均匀介质或真空中光的直线传播定律。我们也可以由费马原理导出光的反射定律和折射定律。其次,注意费马原理只涉及光线传播的路径,并末涉及光线的传播方向。那么,若路径到的光程取极值,则沿其逆路径到的光程亦取极值,由此可自然地得出光路可逆性原理。

1.3.3　费马原理对反射定律的解释

如图 1.13 所示,考虑由 Q 发出,经反射面Σ到达 P 的光线。相对于Σ取 P 的对称点 P',从 Q 到 P 任一可能路径 $QM'P$ 的长度与 $QM'P'$ 相等。显然,直线 QMP' 是其中最短的一根,从而路径 QMP 的长度最短。根据费马原理,QMP 是光线的实际路径。由三角形相似不难看出,$i_1 = i_1'$。

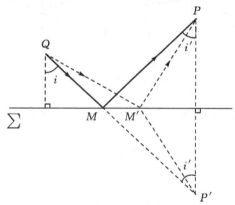

图 1.13　费马原理解释反射定律

1.3.4　费马原理对折射定律的解释

如图 1.14 所示,设两均匀介质的分界面 xOy 为一平面,xOz 平面上下的介质折射率分别为 n_1 和 n_2。光线通过第一介质中指定的 $A(x_1, y_1)$ 点后,经过界面 xOz 到达第二介质中的指定的 $B(x_2, y_2)$ 点,过 A、B 两点作平面 yOz 垂直于界面,OO' 为它们的交线。

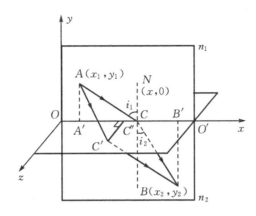

图 1.14　费马原理解释折射定律

首先，由费马原理，可确定折射点 C 一定位于交线 OO' 上。这是由于如果另一点 C' 位于线外，则对应于 C'，一定可以在 OO' 线上找到它的垂足 C''。由于 $AC'>AC''$，$C'B>C''B$，故光程 $[AC'B]>[AC''B]$ 而不是极小值，这就证明了折射面和入射面必定在同一平面内。

第二，再来确定 C 点在 OO' 上的位置。令 C 点坐标为 $(x,0)$。且 C 点在 $A'B'$ 之间时，即 $x_1<x<x_2$，光程必小于 C 点在 $A'B'$ 以外的相应的光程，于是光程

$$\Delta = [ACB] = n_1 AC + n_2 CB$$
$$= n_1 \sqrt{(x-x_1)^2 + y_1^2} + n_2 \sqrt{(x_2-x)^2 + y_2^2}$$

光程为极值的条件是 $\dfrac{\mathrm{d}\Delta}{\mathrm{d}x}=0$，所以有

$$\frac{\mathrm{d}\Delta}{\mathrm{d}x} = \frac{\mathrm{d}}{\mathrm{d}x}[ACB] = \frac{n_1(x-x_1)}{\sqrt{(x-x_1)^2 + y_1^2}} - \frac{n_2(x_2-x)}{\sqrt{(x_2-x)^2 + y_2^2}}$$
$$= n_1 \frac{A'C}{AC} - n_2 \frac{CB'}{CB} = n_1 \sin i_1 - n_2 \sin i_2 = 0$$

即

$$n_1 \sin i_1 = n_2 \sin i_2$$

这就是光的折射定律。从 $\mathrm{d}^2\Delta/\mathrm{d}x^2>0$ 的结果表明，光从 A 点到 B 点所走路径是光程为最小的路径。或者说，满足折射定律的光路，其光程为最小。

至此，我们全面证明了：符合费马原理的光线路径与几何光学三个基本定律一致。

1.4　几何光学成像

在光学中，若忽略光的波长和相位等波动概念，而以光线概念替代，用几何学的语言来表述光学定律，研究光在透明介质中的传播规律，这一分支称为几何光学（geometrical optics），几何光学具体研究光的反射、折射及其有关光学系统的成像规律。

由于忽略了波长的有限大小，几何光学仅在一定条件下适用：①光学系统的尺度远大于光波的波长；②介质是均匀和各向同性的；③光强不是很大。虽然几何光学具有近似性，但这种近似对很多光学问题是完全适合的，有重要的实用价值，很多光学仪器正是根据几何光学原理

设计制造的。事实上,偏离这个近似的现象(如衍射现象等),只有通过细心安排的实验才能观察到。

人们在研究光的各种传播现象的规律基础上,设计和制造了各种光学仪器为生产和生活服务,如显微镜、望远镜、相机和投影仪等。成像是几何光学要研究的中心问题之一。

1.4.1 物与像的虚实性

从光能量传播方向的角度来说,可以把具有一定关系的一些光线的集合称为光束。各光线本身或它们的延长线位于同一点的光束,称为同心光束(concentric beam),又称单心光束。例如,从一点光源发出的光束就是同心光束。同心光束可以分为发散的、会聚的和平行的(图1.15)三种,其中平行光束的光线交点在无穷远。由若干反射面或折射面组成的光学系统,叫做光具组(optical system)。透镜、反射镜、棱镜和光栅等是构成光学系统的基本元件,光学系统的作用是变换光束。凡是入射的同心光束经过光学系统后,出射光束仍为同心光束则该光学系统称为理想光学系统。

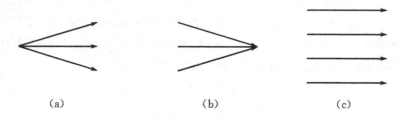

(a)　　　　　　　　(b)　　　　　　　　(c)

图 1.15　同心光束
(a)发散;(b)会聚;(c)平行

入射到光学系统的同心光束的交点称为物点(如图1.16中的 S),经光学系统出射的同心光束的交点称为像点(如图1.16中的 S')。发散的入射光束的顶点,称为实物点,(见图1.16(a)和(b));会聚的入射光束的顶点,称为虚物点,(见图1.16(c)和(d))。出射光束为会聚的同心光束交点为实像点(见图1.16(a)和(c)),即有实际光线会聚的像点。出射光束为发散的同心光束交点为虚像点(见图1.16(b)和(d)),即无实际光线会聚的像点。

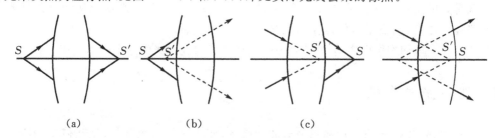

(a)　　　　　　　(b)　　　　　　　(c)

图 1.16　物与像
(a)实物成实像;(b)实物成虚像;(c)虚物成实像;(d)虚物成虚像

作为成实物成虚像的简单例子,大家也许首先想到凸透镜和凹透镜,但是以后我们将看到,透镜并不能严格地保持光束的同心性,即它们都只能近似地成像。能严格保持光束同心性的光具组是极少的。单个反射平面确是为数不多的几个严格成像的例子。

图 1.17 所示为平面镜成像原理。MM' 为镜面,由镜前一发光点 Q 射出的同心光束经镜面反射后成为发散光束。根据反射定律不难证明,反射线的延长线严格地交于镜面后同一点 Q',Q' 像点与物点 Q 对镜面对称(证明由读者自己完成)。这是个实物严格成虚像的例子,严格成实像的例子将在之后的章节探讨。

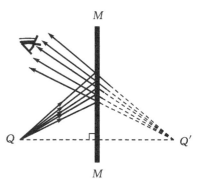

图 1.17 平面镜成像

1.4.2 物方和像方 物像之间的共轭性

为了便于讨论,人们将由物点组成的空间称为物方(物空间),由像点组成的空间称为像方(像空间)。物方和像方是针对某一光学系统而言的,在具体问题中区分物方和像方不能仅仅看它是在光学系统之前还是之后,更要考虑它与入射光束相联系还是与出射光束相联系。由于物方包含了所有实的和虚的物点,它不仅是光学系统前的那部分空间,还要延伸到光学系统之后;同样,由于像空间包含所有实的和虚的像,它也不仅是光学系统后面的那部分空间,它还要延伸到光学系统之前。所以,物方和像方两个空间实际上是重叠在一起的。

理想光学系统将空间每个物点和相应的像点建立一一对应关系。从物点发出的光线经光学系统后一定通过像点,并且根据光路可逆性原理,从像点发出的光线反向入射光学系统后必定通过原来的物点,这样一对互相对应的点称为共扼点,相应的光线称为共轭光线,而物方每个平面对应像方的一个平面称为共轭面。

1.4.3 物像之间的等光程性

由费马原理可导出一个重要结论:物点和像点之间各光线的光程都相等。这便是物象之间的等光程性。

实物和实像之间的等光程性很容易证明。如图 1.18 物与像的等光程性,在从到的同心光束内连续分布着无穷多条实际的光线路径。根据费马原理,它们的光程都应取极值或恒定值。这些连续分布的实际光线,其光程都取极大值或极小值是不可能的,唯一的可能性是取恒定值,即它们的光程都相等。

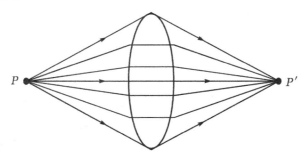

图 1.18 物与像的等光程性

1.5　共轴球面组傍轴成像

大多数光学仪器是由球心在同一直线上的一系列折射或反射球面组成的,这种光具组叫做共轴球面光具组,各球心的联线叫做它的光轴。

前面我们看到,除了个别特殊共轭点外,球面是不能成像的。但是若将参加成像的光线限制在光轴附近,即所谓"傍轴光线",则近似成像是可能的。为了研究共轴球面光具组在傍轴条件下成像的规律,我们从单个球面开始,然后利用逐次成像的概念推广到多个球面。

1.5.1　傍轴条件

设有两种均匀的透明介质,其折射率分别为 n 和 n',被半径为 r 的球形界面所分开,如图 1.19 所示。连接物点 P 和球心 C 的直线称为主光轴 PA。主光轴和球面的交点 O 称为球面的顶点。

物点 P 发出同心光束,其中任一条入射线在球面上 A 点处的入射角为 i,φ 表示球面法线和主光轴的夹角。光经球面折射,折射角为 i',折射光线和主光轴交于 P' 点。PA、AP' 与主光轴的夹角分别为 u 和 u'。下面讨论,由 P 点发出的其他光线经透镜折射后是否也经过 P' 点?

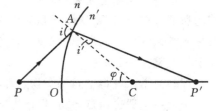

图 1.19　单球面折射

在 $\triangle APC$ 中,有 $\dfrac{PC}{PA}=\dfrac{\sin(\pi-i)}{\sin\varphi}=\dfrac{\sin i}{\sin\varphi}$,而在 $\triangle ACP'$ 中,有 $\dfrac{AP'}{CP'}=\dfrac{\sin(\pi-\varphi)}{\sin i'}=\dfrac{\sin\varphi}{\sin i'}$,上两式相乘可得

$$\frac{PC}{PA}\cdot\frac{AP'}{CP'}=\frac{\sin i}{\sin i'}=\frac{n'}{n}$$

即

$$CP'=\frac{n}{n'}\frac{AP'}{AP}PC \tag{1.16}$$

从式(1.16)可以看出,P' 的位置和入射光线的入射点 A 有关,由 P 点发出的不同倾角的光线,折射后与光轴交于不同的点,因此球面折射不能理想成像。

如果只考虑与光轴成微小角度的傍轴光线,它们的入射角 i、折射角 i' 都很小,满足近似条件:

$$\sin i\approx\tan i\approx i,\ \sin i'\approx\tan i'\approx i'$$

则有:

$$PO\approx AP,\ OP'\approx AP'$$

即,傍轴光线经折射后都通过同一 P' 点。

现进一步讨论,一个垂直于光轴的直线段(或平面)如何成像。如图 1.20 所示,将光轴 PC 绕球心 C 转过一微小角度,于是 P 点转到 Q 点,而 P' 点则转到 Q',Q' 点就是 Q 点的像点。因此 PQ 弧上所有各点都

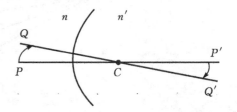

图 1.20　傍轴小物体成像

将在 $P'Q'$ 弧上找到对应的像点。$P'Q'$ 弧就是 PQ 弧的像。如果很小，即 Q 点到光轴的距离远小于球面曲率半径，则称为傍轴小物。此时 PQ 和 $P'Q'$ 都近似与光轴 PCP' 垂直，即：垂直于光轴的短线段，其形成的像也是垂直于光轴的短线段。推而广之，一个与光轴垂直的傍轴平面小物，它的傍轴光线所成的像也与光轴垂直，这两个平面分别称为物平面与像平面，是一对共轭平面。

傍轴小物体以傍轴光线（细光束）成像，称之为傍轴条件。对于折射球面，只有在傍轴条件下，才能点物成点像、直线成直线像、平面成平面像（即理想成像）。

1.5.2　傍轴（单）球面折射的物像距公式

复杂的共轴球面系统是由许多单球面组成的，下面我们讨论单球面折射。

如图 1.21 所示，球面 Σ 两侧介质折射率分别为 n 和 n'，球面半径 r，球心位于 C，顶点为 O。从轴上物点 Q 发出的一条光线入射到 Σ 上的 M 点，经球面折射后与光轴相交于 Q' 点。而从 Q 点发出沿着光轴的入射光线，经过球面折射后仍然沿光轴方向，所以 Q' 点就是物点 Q 发出的两条不向方向光线经球面折射后的会聚点。QM、MQ' 以及半径 CM 与光轴的夹角分别为 u、u' 和 φ，入射角为 i，折射角为 i'。

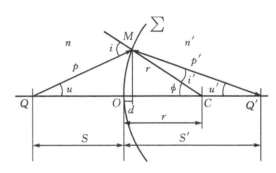

图 1.21　光在单球面上的折射

令

$$\overline{QA} = s, \ \overline{AQ'} = s', \ \overline{QM} = p, \ \overline{MQ'} = p'$$

由斯涅耳折射定律

$$n\sin i = n'\sin i' \tag{1.17}$$

在几何上有

$$i - u = i' + u' = \varphi \tag{1.18}$$

在傍轴条件下折射定律可表示为

$$n\sin(\varphi + u) = n'\sin(\varphi - u')$$

近似于

$$n(\varphi + u) = n'(\varphi - u') \tag{1.19}$$

并有

$$u \approx \frac{h}{s}, \ u' \approx \frac{h}{s'}, \ \varphi \approx \frac{h}{r}$$

将上式代入式(1.19)，约去 h，整理可得：

$$\frac{n}{s} + \frac{n'}{s'} = \frac{n' - n}{r} \tag{1.20}$$

上式表明，在傍轴条件下，对于任一个 s，有一个 s'，它与 φ 角无关。这就是说，在傍轴条件下轴上任意一物点 Q 皆可成像于某个 Q' 点，故式中 s 和 s' 分别称为物距和像距，式(1.20)便是单个球面折射成像的物像距公式。

与主光轴上无穷远处像点对应的物点,即无穷远像点的共扼点,称为物方焦点(或第一焦点、前焦点),以 F 表示,此时的物距(到顶点的距离)称为物方焦距,以 f 表示;而主光轴上无穷远处物点的共轭点称为像方焦点(或第二焦点、后焦点),一般以 F' 表示,此时的像距称为像方焦距,以 f' 表示。依次令式(1.20)中的 $s'=\infty,s=f$ 和 $s'=f'$ 可分别得到物方、像方焦距公式:

$$f = \frac{nr}{n'-n}, \; f' = \frac{n'r}{n'-n} \tag{1.21}$$

两者之比为

$$\frac{f}{f'} = \frac{n}{n'} \tag{1.22}$$

即物方和像方焦距之比等于物方和像方介质的折射率之比。值得指出,式(1.22)对其他成像系统也是成立的。对于单球面折射,n 和 n' 总是不相等的,所以 $f \neq f'$。

物像距公式(1.20)可用焦距 f 和 f' 表示为

$$\frac{f}{s} + \frac{f'}{s'} = 1 \tag{1.23}$$

此式称为高斯公式。这是一个普遍适用的物像距公式。

上述物距 s 和像距 s' 都是以球面顶点 O 为计算原点,若物距和像距分别以物方焦点 F 和像方焦点 F' 为计算原点,并分别用 x、x' 表示,则根据如下变换关系

$$s = x + f, \; s' = x' + f'$$

高斯公式可转换为

$$\frac{f}{x+f} + \frac{f'}{x'+f'} = 1$$

化简后得到

$$xx' = ff' \tag{1.24}$$

这是以焦点为原点的物像距公式,称为牛顿公式。牛顿公式对于其他光学系统同样成立,也是理想成像的普遍关系。

上面就一种特殊情形求得了物像距公式(1.20)、式(1.23)和焦距公式(1.21),在这种情形里,实物点成实像点。一般说来,物和像都有实、虚两种可能性,此外球心在哪一侧也有两种可能性,不同情形的公式之间差别仅在于各项的正负号。可以约定一种正负号法则,把所有这些情形的公式统一起来。这类法则不是唯一的,我们采用下列一种。

设入射光从左到右,我们规定:

(1)若物点 Q 在顶点 A 之左(实物),则 $s>0$;若 Q 在 A 之右(虚物),则 $s<0$。

(2)若物点 Q' 在顶点 A 之左(虚像),则 $s'<0$;若 Q' 在 A 之右(实像),则 $s'>0$。

(3)若球心 C 在顶点 A 之左,则半径 $r>0$;若 C 在 A 之右,则半径 $r<0$。

(4)若物点 Q' 在焦点 F',则物距 $x'<0$;若 Q' 在 F' 之右,则物距 $x<0$。

(5)若像点 Q' 在焦点 F',则物距 $x'<0$;若 Q' 在 F' 之右,则物距 $x'>0$。

(6)若线段在主光轴之上,则 $y>0$;若线段在主光轴之下,$y<0$。

(7)角度以锐角衡量,自主光轴或球面法线逆时针转至光线者为正,顺时针转至光线者为负。

焦距 f、f' 是特殊的物、像距,对它们正负的规定分别与 s、s' 相同。为了方便依照光路推导

公式,规定在光路图上只标记角度和线段的绝对值。若某一字母表示负的数值,则在字母前标以负号,如图 1.22 法则及其标示方法(a)、(b)所示。

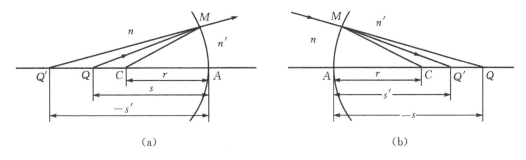

图 1.22　法则及其标示方法

1.5.3　单球面反射

对于反射球面,像方、物方都在球面顶点的同一侧,鉴于反射光线的方向倒转为从右向左,像方在顶点的左侧,像距的符号与折射时相反,由此将物像距的规定(2)改变如下:

(II′)若物点 Q' 在顶点 A 之左(实像),则 $s'>0$;若 Q' 在 A 之右(虚像),则 $s'<0$。

傍轴条件下反射球面成像的普遍物象距公式为

$$\frac{1}{s'}+\frac{1}{s}=-\frac{2}{r} \tag{1.25}$$

焦距公式为

$$f=f' \quad f=-\frac{2}{r} \tag{1.26}$$

这时 F、F' 两个焦点是重合的,且焦距只与球面曲率半径有关,与所处介质无关。

1.5.4　傍轴物点成像与横向放大率

将光轴 QC 绕球心 C 转过一微小角度,于是 Q 点转到 P 点,而 Q' 则转到 P',由于对称性 P' 点就是 P 点的共轭点。因此 PQ 弧和 $P'Q'$ 分别是以 C 为中心的球面上的两段弧线,因为 φ 角极小,可近似认为 PQ 和 $P'Q'$ 为光轴的垂线,而 PQ 和 $P'Q'$ 所在的球面也可近似认为是垂直于光轴的小平面,以 Π 和 Π' 表示,其中 Π 为物平面,Π' 为像平面。PQ 弧上所有各点都将在 $P'Q'$ 弧上找到对应的像点。$P'Q'$ 弧就是 PQ 的像。令 Π 和 Π' 上的共轭点 P 和 P' 到光轴的垂直距离为 y 和 y',y 和 y' 和也表示物高 $\overline{PQ}$ 和像高 $\overline{P'Q'}$,定义像高与物高之比为横向放大率(或垂轴放大率),以 V 表示:

$$V=\frac{y'}{y} \tag{1.27}$$

$|V|>1$ 表示成放大像,$|V|<1$ 表示成缩小像,按照正负号规则(6),$V>0$ 表示像为正立,$V<0$ 表示像倒立。

为了推导横向放大率的计算公式,在图 1.23 中作入射线,它在 Σ 折射后必通过共轭点 P',且 $\angle POQ$ 和 $\angle P'OQ'$ 分别为入射角和折射角。根据折射定律,在傍轴条件下得

$$ni \approx n'i'$$

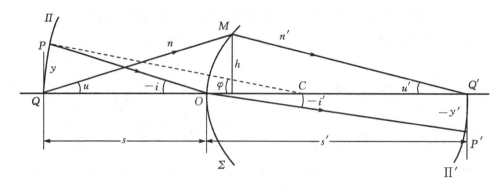

图 1.23　傍轴物点成像

即

$$n\left(\frac{y}{s}\right) = n'\left(\frac{-y'}{s'}\right)$$

由此得到折射球面的横向放大率为

$$V = -\frac{ns'}{n's} \tag{1.28}$$

根据球面反射的符号法则,可以证明反射球面的横向放大率为

$$V = -\frac{s'}{s} \tag{1.29}$$

横向放大率表示垂直于光轴的物和像的高度之比,对于给定的一对共轭面,横向放大率是与 y 无关的常数,这就保证了一对共轭面内几何图形的相似性。

1.5.5　逐次成像

上两节都仅仅讨论了单个球面上的成像问题,要把得到的结果用到共轴球面组,可采用逐次成像法。以折射为例,物 PQ 经 Σ_1 成像于 $P'Q'$,然后把 $P'Q'$ 当作物,经 Σ_2 成像于 $P''Q''$ ……。如此下去,直到最后一个球面为止。对每次成像过程列出物像距公式和横向放大率公式:

$$\frac{n}{s_1} + \frac{n'}{s'_1} = \frac{n'-n}{r_1}, \quad \frac{n'}{s_2} + \frac{n'_1}{s'_2} = \frac{n''-n'}{r_2} \tag{1.30}$$

或

$$\frac{f_1}{s_1} + \frac{f'_1}{s'_1} = 1, \quad \frac{f_2}{s_2} + \frac{f'_2}{s'_2} = 1 \tag{1.31}$$

和

$$V_1 = -\frac{ns'_1}{n's_1}, \quad V_2 = -\frac{n's'_2}{n''s_2} \tag{1.32}$$

最后总的放大率 V 是 V_1、V_2、… 的乘积。

从原则上讲,逐次成像法可解决任何数目的共轴球面问题。不过要从这里得到整个光具组物方量和像方量之间的一般关系式是比较困难的。因为上述公式都包含物距、像距这类量,它们在逐次成像的过程中计算的起点 A_1、A_2、… 每次都要改变。它们之间的换算关系是

$$s_2 = d_{12} - s'_1, \quad s_3 = d_{23} - s'_2 \tag{1.33}$$

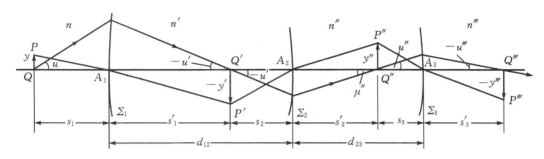

图 1.24　逐次成像

式中　$d_{12}=\overline{A_1A_2}$, $d_{23}=\overline{A_2A_3}$

1.5.6　拉格朗日-亥姆霍兹定理

为研究同心光束的孔径角在成像过程中的变化问题,我们引入角放大率的概念。如图 1.23 所示,从物点 Q 发出的傍轴光线 QM 对主轴的倾角为 u,其共轭光线 MQ' 对主轴的倾角为 u'。这样一对共轭光线对主动倾角之比称为角放大率,以 γ 表示

$$\gamma = \frac{u'}{u} \tag{1.34}$$

在傍轴区,有 $u \approx \dfrac{h}{s}$,$-u' \approx \dfrac{h}{s}$,所以角的放大率公式为

$$\gamma = -\frac{s}{s'} \tag{1.35}$$

把代入横向放大率公式,即可得到

$$ynu = y'n'u' \tag{1.36}$$

这关系式叫做拉格朗日-亥姆霍兹定理(J. L. Lagrange, H. von Helmholtz),它表明这个乘积经过每次折射都不改变,它叫做拉格朗日-亥姆霍兹不变量。与前面的像距公式和横向放大率公式不同,拉格朗日-亥姆霍兹定理很容易推广到多个共轴球面上:

$$ynu = y'n'u' = y''n''u''$$

此公式立即把整个光具组的物方量和像方量联系起来了。

例 1.1　折射率为 1.5 的长玻璃棒,一端为 $r=20$ mm 的抛光凸球面。那么,在其左侧 60 mm 处的物点经球面后会成像在哪里?

解　已知 $n_1=1$,$n_2=1.5$,$r=+20$ mm,$s=+60$ mm

$$\frac{n_1}{s} + \frac{n_2}{s'} = \frac{n_2-n_1}{r}$$

可得代入数值即

$$\frac{1}{60} + \frac{1.5}{s'} = \frac{1.5-1}{20}$$

解得　　　　　　　　　　　　$s'=180$ mm

像距为正值,所以是实像点,在凸球面后 180 mm 处。

1.6　薄透镜

两个折射面包围一种透明介质而组成的光学元件称为透镜。按照折射面几何形状的不同，透镜又分为球面透镜、轴对称非球面透镜、柱面透镜以及阶梯透镜（菲涅耳透镜）等多种类型。由于加工和校验的方便，大多数透镜以球面组成。透镜材料通常是光学玻璃，本节只讨论球面透镜，若透镜中央部分比边缘部分厚称为凸透镜；反之，称为凹透镜。

两球面曲率中心的连线称为透镜的主光轴，主光轴与球面交点称为顶点，两顶点间的距离称为透镜厚度。若透镜厚度与成像性质相关的距离（如球面曲率半径、物距、像距等）相比可以忽略，称之为薄透镜；若不能忽略，则称厚透镜。

1.6.1　焦距公式

透镜是由两个折射球面组成的光具组（图 1.25），两球面间是构成透镜的介质（通常是玻璃），其折射率记作 n_L，透镜前后介质折射率（物方折射率和像方折射率）分别记作 n 和 n'，在大多数场合，物方和像方的介质都是空气，$n=n'\approx 1$，今后我们也会遇到少数情况，其中物方和像方的折射率不同。

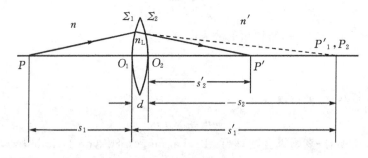

图 1.25　薄透镜

分别写出两折射球面的物像距公式：

$$\frac{f_1}{s_1}+\frac{f'_1}{s'_1}=1,\ \frac{f_2}{s_2}+\frac{f'_2}{s'_2}=1$$

由图 1.25 可见看出，$-s_2=s'_1-d$，即 $s_2=d-s'_1$，这里 d 为透镜的厚度。在薄透镜中 O_1 和 O_2 几乎重合为一点，这个点叫做透镜的光心，今后记作 O，薄透镜的物距 s 和像距 s' 都从光心算起，于是，$s=\overline{QO}\approx s_1$，$s'=\overline{OQ'}\approx s'_2$。此外，$-s_2=s'_1$。代入上面两式，消去 s_2 和 s'_1，可得

$$\frac{f'_1 f'_2}{s'}+\frac{f_1 f_2}{s}=f'_1+f_2 \tag{1.37}$$

依次令 $s'=\infty,s=f$ 和 $s=\infty,s=f'$，即得薄透镜的焦距：

$$f'=\frac{f'_1 f'_2}{f'_1+f'_2},f=\frac{f_1 f_2}{f_1+f_2} \tag{1.38}$$

把单球面的焦距公式（1.21）用于透镜两边界可得

$$\begin{cases} f_1 = \dfrac{n r_1}{n_L - n}, \\[2mm] f'_1 = \dfrac{n_1 r_1}{n_L - n} \end{cases} \quad \begin{cases} f_2 = \dfrac{n_L r_2}{n' - n_L} \\[2mm] f'_2 = \dfrac{n' r_2}{n' - n_L} \end{cases}$$

代入式,即得薄透镜的焦距公式

$$\begin{cases} f = \dfrac{n}{\dfrac{n_L - n}{r_1} + \dfrac{n' - n_L}{r_2}} \\[5mm] f' = \dfrac{n'}{\dfrac{n_L - n}{r_1} + \dfrac{n' - n_L}{r_2}} \end{cases} \tag{1.39}$$

两者之比为

$$\frac{f}{f'} = \frac{n}{n'} \tag{1.40}$$

在物像方折射率 $n = n' \approx 1$ 的情况下

$$f = f' = \frac{1}{(n_L - 1)\left(\dfrac{1}{r_1} - \dfrac{1}{r_2}\right)} \tag{1.41}$$

式(1.41)给出薄透镜焦距与折射率、曲率半径的关系,称为磨镜者公式。

具有实焦点(f 和 $f' > 0$)的透镜叫做正透镜或会聚透镜,具有虚焦点(f 和 $f' < 0$)的透镜叫做负透镜或发散透镜。因为 $n_L > 1$,由式(1.41)可见,会聚透镜要求 $1/r_1 > 1/r_2$,发散透镜要求 $1/r_1 < 1/r_2$。应注意,r_1 和 r_2 都是可正可负的代数量,以上每个不等式都包含多种可能性。当透镜材料折射率 n_L 大于其两侧介质折射率 n 和 n' 时,凸透镜是正透镜,凹透镜是负透镜。

1.6.2　成像公式

利用式(1.38)中 f 和 f' 的表达式,可将式(1.37)通过 f、f' 表示出来:

$$\frac{f'}{s'} + \frac{f}{s} = 1 \tag{1.42}$$

当物像方折射率相等时,$f = f'$,上式化为

$$\frac{1}{s'} + \frac{1}{s} = \frac{1}{f} \tag{1.43}$$

便得到薄透镜成像的高斯公式。一般来说,只有在已知或求得焦距的前提下,高斯公式的适用价值才能得以体现。

高斯公式中,物距和像距都是以光心为基准点。若用焦点作为度量的基准点,以到焦点的距离表示物像的位置,如图 1.26 所示,有 $s = x + f$,$s' = x' + f'$,代入高斯公式整理得到

$$xx' = ff' \tag{1.44}$$

这就是牛顿公式。x 称为焦物距,x' 称为焦像距,符合(4)(5)符号规则。

薄透镜是经过两个球面逐次成像,所以总的横向放大率为两次成像放大率的乘积。

$$V_1 = \frac{n s'_1}{n_L s_1}, \quad V_2 = \frac{n_L s'_2}{n' s_2} \tag{1.45}$$

总的横向放大率 $V = V_1 V_2$,令上式中 $s_1 = s$,$-s_2 = s'_1$,$s'_2 = s'$,

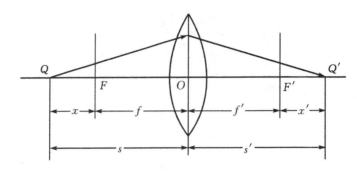

图 1.26　高斯公式和牛顿公式中的物距、像距

$$V = -\frac{ns'}{n's} = -\frac{fs'}{f's} \tag{1.46}$$

若用 x 和 x' 来表示，则有

$$V = -\frac{f}{x} = -\frac{x'}{f'} \tag{1.47}$$

物、像方折射率相等时，$f = f'$，上面各式化为

$$V = -\frac{s'}{s} \tag{1.48}$$

或

$$V = -\frac{f}{x} = -\frac{x'}{f} \tag{1.49}$$

这便是薄透镜的横向放大率公式。

1.6.3　密接透镜组

在实际中，我们往往需要将两个或更多的透镜组合起来使用。透镜组合的最简单情形是两个薄透镜紧密接触在一起，有时还用胶将它们粘合起来，成为复合透镜。下面讨论这种复合理透镜与组成它的每个透镜焦距之间的关系。为此我们只需使用高斯公式两次。次成像的公式分别为

$$\frac{1}{s'_1} + \frac{1}{s_1} = \frac{1}{f_1}, \quad \frac{1}{s'_2} + \frac{1}{s_2} = \frac{1}{f_2}$$

由于两透镜紧密接触，$s_2 = -s'_1$，于是

$$\frac{1}{s'_2} + \frac{1}{s_1} = \frac{1}{f_1} + \frac{1}{f_2}$$

与 $s'_2 = \infty$ 对应的 s_1 即为复合透镜的焦距 f，所以

$$\frac{1}{f} = \frac{1}{f_1} + \frac{1}{f_2} \tag{1.50}$$

通常把焦距的倒数 $1/f$ 称为透镜的光焦度 P。式(1.50)表明，密接复合透镜的光焦度是组成它的透镜光焦度之和，即

$$P = P_1 + P_2 \tag{1.51}$$

其中

$$P = \frac{1}{f}, \quad P_1 = \frac{1}{f_1}, \quad P_2 = \frac{1}{f_2}$$

光焦度的单位是屈光度（diopter，记为 D）。若透镜焦距以 m 为单位，其倒数的单位便是 D。例如 $f=-50.0$ cm 的凹透镜的光焦度 $P=\dfrac{1}{-50.0\ \text{cm}}=-200$ D。应注意，通常眼镜的度数，是屈光度的 100 倍，例如焦距为 50.0 cm 的眼镜，度数是 200。

1.6.4　焦面

在傍轴区，通过物方焦点与光轴垂直的平面称为物方焦面（或第一焦面、前焦面），记作 $\mathscr{F}$；通过像方焦点与光轴垂直的平面称为像方焦面（或第二焦面、后焦面），记作 $\mathscr{F}'$ 焦点与轴上无穷远点共轭，所以焦面的共轭平面在无穷远处，而焦面上轴外点的共轭点是轴外的无穷远点。所以，以物方焦面 $\mathscr{F}$ 上轴外一点 P 为中心的入射同心光束经透镜转化为与光轴成一定倾角的出射平行光束（图 1.27(a)），与光轴成一定倾角的入射平行光束转化为以像方焦面 $\mathscr{F}'$ 上轴外一点 P' 为中心的出射同心光束（图 1.27(b)）。倾斜平行光束的方向可由或与光心的连线来确定这一连线称为副光轴，相应地将透镜的对称轴称为主光轴。

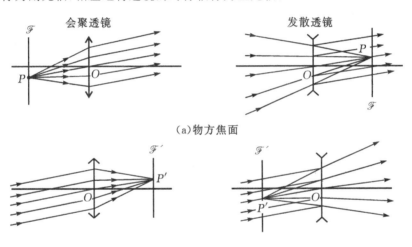

图 1.27　焦面的性质

1.6.5　薄透镜成像作图法

除了利用物像公式外，求物像关系的另一种方法是作图法，后者对成像过程的反映更为直观清晰。在傍轴区内，折射球面、反射球面和薄透镜能够实现同心光束的变换这一性质是作图法的依据。每条入射光线经透镜后转化为一条出射光线，这一对光线称为共轭光线。按照成像的含义，通过物点的每条光线的共轭光线都通过像点，这里"通过"指光线本身或其延长线。只要找出来自或通过物点的任意两条入射光线共轭的出射光线的交点，即可确定像点。

1. 求轴外物点的像

在薄透镜的情形里，对轴外物点 P，有三对特殊的共轭光线可供选择：

(1)若物像方折射率相等，通过光心 O 的光线经透镜后方向不变（图 1.28 光线 1—1$'$），其原因是薄透镜的中央部分可近似地看成是很薄的平行平面玻璃板；

(2)通过物方焦点的光线，经透镜后平行于光轴（图 1.28 中光线 2—2$'$）；

(3)平行于光轴的光线,经透镜后通过像方焦点(图1.28中光线3—3′)。

从以上三条光线中任选两条,出射线的交点即为像点 P'。

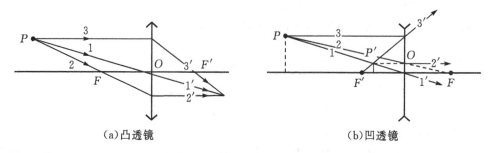

(a)凸透镜　　　　　　　　　　　　(b)凹透镜

图 1.28　用作图法求轴外物点的像

2. 求轴上物点的像

求轴上物点的像,或任意入射光线的共轭线,可利用焦面的性质。如图1.29所示,为求任意光线 QM 的共轭线,通过光心 O 作它的平行线,该平行线与像方焦面的焦点为 P',连接 AP',即为 QM 的共轭光线。这对共轭光线与光轴的交点 Q 与 Q' 彼此共轭,用此方法可以确定轴上物点的像。

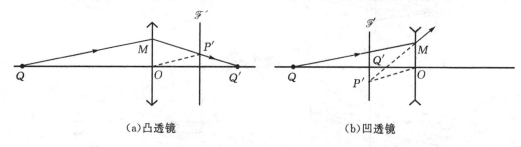

(a)凸透镜　　　　　　　　　　　　(b)凹透镜

图 1.29　用作图法求共轭光线

1.6.6　透镜组成像

利用上述的成像公式,或给出的作图法,都可以直接给出一次成像过程中的物像关系。逐次使用这些方法,就可以解决共轴透镜组的成像问题。我们通过下面的例题加以说明,解决问题的关键是处理虚共轭点(特别是虚物)上。

例 1.2　凸透镜 L_1 和凹透镜 L_2 的焦距分别为 20.0 cm 和 40.0 cm,L_2 在 L_1 之右 40.0 cm,傍轴小物 PQ 放在 L_1 之左 30.0 cm,求它的像。

解　(1)高斯公式

第一次成像:

根据

$$\frac{1}{s'_1} + \frac{1}{s_1} = \frac{1}{f_1}$$

已知 $s_1 = 30.0$ cm,$f_1 = 20.0$ cm,由此得 $s'_1 = 60.0$ cm(实像),横向放大率为

$$V_1 = -\frac{s'_1}{s_1} = -2\text{(倒立)}$$

第二次成像:

$$\frac{1}{s'_2} + \frac{1}{s_2} = \frac{1}{f_2}$$

其中 $d = 40.0\,\mathrm{cm}, s_2 = -20.0\,\mathrm{cm}$(虚物), $f_2 = -40.0\,\mathrm{cm}$。由此得 $s'_2 = 40\,\mathrm{cm}$(实像)。横向放大率

$$V_2 = -\frac{s'_2}{s_2} + 2 (正立)$$

两次成像的横向放大率为

$$V = V_1 V_2 = -4 (倒立)$$

(2)牛顿公式

第一次成像:

$$x_1 x'_1 = f_1 f'_1$$

其中 $x_1 = 10.0\,\mathrm{cm}, f_1 = f'_1 = 20.0\,\mathrm{cm}$。由此得 $x'_1 = 40.0\,\mathrm{cm}$,横向放大率

$$V_1 = -\frac{x'_1}{f_1} = -2 (倒立)$$

第二次成像:

$$x_2 x'_2 = f_2 f'_2$$

其中 $x_2 = 20.0\,\mathrm{cm}, f_2 = f'_2 = -40.0\,\mathrm{cm}$。由此得 $x'_2 = 80.0\,\mathrm{cm}$,横向放大率

$$V_2 = -\frac{x'_2}{f_2} = +2$$

两次成像的横向放大率为

$$V = V_1 V_2 = -4 (倒立)$$

(3)作图法

第一次 PQ 对成实像 $P_1 Q_1$(图 1.30(b)),第二次虚物 $P_1 Q_1$ 对成实像 $P'Q'$(图 1.30(c))。两图中,1—1′都代表平行于光轴折射后过像方焦点的光线,2—2′都代表通过物方焦点折射后

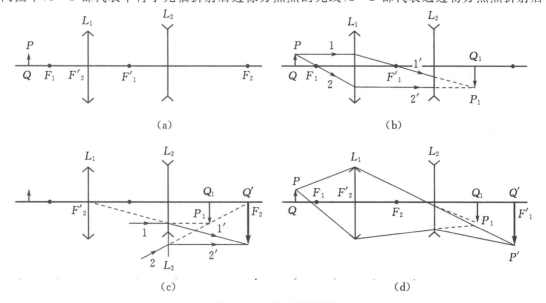

(a)　　　　　　(b)

(c)　　　　　　(d)

图 1.30　二次成像问题

平行于光轴的光线,实线表示光线实际经过的部分,虚线表示光线的延长线。

在图 1.30(d)中,用光束和波面反映整个成像过程中,由 P 发出的同心光束逐次转化的情形。图中显示,P 点发出的发散的同心光束经凸透镜 L_1 折射后,转化为会聚到 P_1 的同心光束;它再经凹透镜 L_2 折射后,转化为会聚到 P' 的同心光束,由于 L_2 的发散作用,最后的光束与中间光束相比,会聚程度减小。

例 1.3　由两个放置在真空中,焦距分别为 $f=15.0\ \text{cm}$ 和 $f=-30.0\ \text{cm}$ 的透镜组成的透镜组,二透镜间紧密接触。今有一物放在第一薄透镜前 60 cm 处。试求像的位置。

解　凸透镜的焦度

$$\varPhi_1 = \frac{1}{f_1} = \frac{1}{15}$$

凹透镜的焦度

$$\varPhi_2 = \frac{1}{f_2} = \frac{1}{-30}$$

总的焦度

$$\varPhi = \varPhi_1 + \varPhi_2 = \frac{1}{15} + \frac{1}{-30} = \frac{1}{30}$$

故透镜组焦距

$$f = 30\ \text{cm}$$

由

$$\frac{1}{s} + \frac{1}{s'} = \frac{1}{f}$$

得

$$\frac{1}{60} + \frac{1}{s'} = \frac{1}{30}$$

$$s' = 60$$

1.7　共轴球面系统的三对基点

实际光学仪器通常是多个透镜的组合系统。对任何组合透镜,只要具有同一主光轴,就可以被视为共轴光具组,物像之间的共轭关系完全可以由共轴球面系统的三对基点(两焦点、两主点、两节点)来确定,这样可以简化求像过程。

1. 两个主焦点

每个共轴系统的作用是使光会聚或者使光发散,与薄透镜类似,因此每个共轴系统也应该有两个等效焦点。如图 1.31 所示,物空间经过主光轴上 F_1 点的光束①,通过系统折射后成为平行于主光轴的光,这一点 F_1 称为物方主焦点或第一主焦点。物空间平行于主光轴的光束③,经系统折射后在像空间与主光轴的交点 F_2,称为像方主焦点或第二主焦点。

2. 两个主点

在图 1.31 中,将物空间通过焦点 F_1 的光线延长,与像空间相应平行光的反向延长线相交于 A_1 点。过 A_1 点垂直于主光轴的平面称为系统物方主平面或第一主平面。该平面与主光轴的交点 H_1,称为系统的物方主点或第一主点。同样,将物空间平行于光轴的光线延长,与

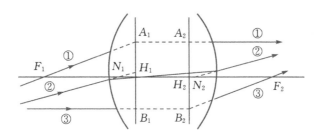

图 1.31 三对基点

像空间通过第二主焦点的反向延长光线相交于 B_2 点。过 B_2 点垂直于主光轴的平面称为系统像方主平面或第二主平面。该平面与主光轴的交点 H_2，称为像方主点或第二主点。不管光线在折射系统中经过怎样曲折的路径，折射效果等效于在主平面上发生折射。因此将 F_1 到 H_1 的距离称为第一焦距 f_1，物到第一主平面的距离为物距 s；F_2 到 H_2 的距离为第二焦距 f_2，像到第二主平面的距离为像距 s'。

3. 两个节点

在共轴光具组的主光轴上还存在两个特殊点 N_1 和 N_2，如图 1.31，其作用类似于薄透镜的光心，光线通过它们时不改变方向，只产生平移，从任意角度向 N_1 点入射的光线都将以相同角度从 N_2 射出。N_1 和 N_2 分别称为系统的物方和像方节点，或称第一和第二节点。

基点对光学系统很重要，有了系统基点后，系统成像才可采用高斯公式、简单作图法和相应的放大率公式，来求得光学系统像的位置与大小。

4. 用作图法求光学系统像的位置

根据三对基点的特性，只要知道它们在共轴系统中的位置，就可以利用下列三条特征光线中的任意两条求出物体通过系统后所成的像，如图 1.32 所示。

(1)平行于主光轴的光线①在第二主平面折射后通过第二主焦点 F_2。

(2)通过第一主焦点 F_1 的光线②在第一主平面折射后平行于主光轴射出。

(3)通过第一节点 N_1 的光线③从第二节点 N_2 平行于入射方向射出。

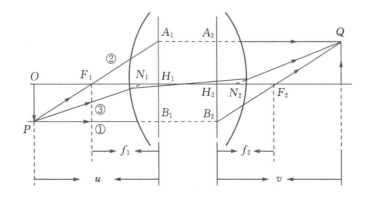

图 1.32 用作图法求物体经过共轴球面系统的成像

1.8　透镜的像差

　　光学元件或光学系统本身常常由于这样那样的物理原因，或者材料的、工艺的种种缺陷，使得实际的光学系统在成像上存在着种种误差，这种误差被称为像差。根据产生的原因，像差大致可以分为单色像差和色差两种。

1.8.1　单色像差

1. 球面像差

　　平行主光轴的光线经透镜折射之后，交于主光轴上不同的位置。距离透镜中心越远的光线，折射后交于主光轴上的点 P' 离透镜中心点就越近；反之，距离透镜中心越近的光线，折射后交于主光轴上的点离透镜中心点 P'' 就越远，如图 1.33。而 P' 和 P'' 之间的距离，叫透镜产生的球面像差，简称球差，可用 L_A 表示。当 $L_A=0$ 时，球差完全消除。由于球面像差的存在，使得物点经过透镜成像后得到的不是一个亮点，而是一个边缘模糊的亮斑，称为"弥散圆"。

　　矫正球面像差的最简单的方法是在透镜的前面加上一个光阑，将远轴光线滤掉。但是由于通过透镜的光能量减少，像的亮度减弱。减小像差的另一方法是在会聚透镜之后放置一个发散透镜，这是因为发散透镜对于远轴光线的发散作用强于对近轴光线的发散作用，这样的透镜组虽然降低了焦度，但是减小了球面像差。

　　此外还可以采用非球面透镜代替球面透镜。如图 1.34 所示，由于球面透镜对远轴光线会聚作用相对过强，因此在球面透镜的远轴部分环切一凸状薄片，削弱过度的会聚作用，从而使光线都能会聚一点，成一个清晰的像。

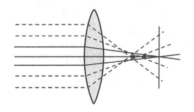

图 1.33　球面透镜

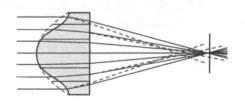

图 1.34　非球面透镜

2. 慧形像差

　　也叫"彗差"，是指不在主光轴上的一个物点所发出的光线通过透镜的中央部分和边缘部分，不能同时造成同一像点，而是越近透镜中心的光线，所成的像也越近光轴，弥散率比较小，而离透镜中心较远的光线，所成的像离主光轴较远，弥散率也越大，从而使轴外物点以大孔径光束成像时，发出的光束通过透镜后，不再相交一点，则一光点的像便会得到一逗点状，形如彗星，故称"彗差"。如图 1.35 所示。

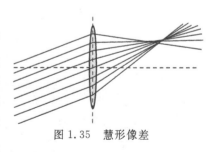

图 1.35　慧形像差

3. 像散

透镜表面各方向弯曲程度不一致,而使经过透镜的平行光线,不能会聚于同一焦点,如图 1.36,水平面的光线会聚形成一个焦线,垂直面的光线会聚形成另一个焦线,两个焦线之间成像模糊,这种现象称为像散。

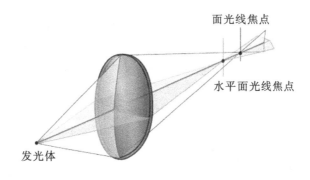

图 1.36　像散

4. 畸变

当一个垂直于主光轴方向的较大的物体,经光学系统成像以后,虽然物体各部分的像都很清晰,但物体像的各部分垂轴放大率(即垂直于主光轴上的像和垂直于主光轴上的物体长度的比)都不同,有的地方的放大率高一点,有的地方的放大率小一点,这种现象叫畸变。

若放大率随高度的增大而增大,则视场的边缘部分较中心部分放大得多,一正方形网状物的像成为图 1.37(b)所示形状,这种畸变称为枕形畸变。若放大率随高度的增大而减少,则视场的中心部分较边缘部分放大得多,网状物体的像如图 1.37(c)所示,这种畸变称为桶形畸变。

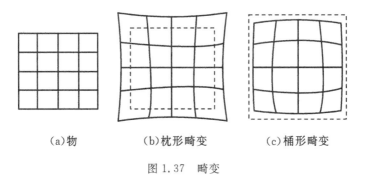

(a)物　　　　　　(b)枕形畸变　　　　　　(c)桶形畸变

图 1.37　畸变

1.8.2　色差

色差又称色像差,是透镜成像的一个严重缺陷。不同波长(频率)的光,颜色各不相同,在通过透镜时的折射率也不同。这样,物方一个点在像方则可能形成一个色斑。利用不同材料的搭配,一种材料造成的色散可以被另外一种材料所补偿,从而使整体色差降到最小。这种方法做成的透镜叫做消色差透镜。单色光不产生色差。

单个透镜的色差是无法消除的。由于凸透镜可使光会聚,凹透镜可使光发散,将两个用不同材料做成的凸透镜和凹透镜粘合起来,利用它们的色散和折光能力不同以相互调节,从而可对选定的两种波长消色差。

　　在上节和本节我们简单地介绍了各种像差,为了讲述的方便,讨论某种像差时假定了其他像差都不存在。但对于一个实际的光学系统来说,这些像差可能是同时存在的,要将所有的像差完全消除是不可能的,也是不必要的。因为各种光学仪器都有特定的用途,各种像差的影响也就不同。例如,望远镜物镜的视场通常很小,主要应考虑消除球差、彗差及色差。然而对于照相机的物镜,口径及视场较大,影响成像质量的则主要是像散、场曲及畸变。总之,对于每种光学仪器,只需将某些像差消除到一定程度,就可以满足实际的需要。

习题一

　　1.1　圆柱形玻璃棒($n=1.50$)的一端是半径为 2 cm 的凸球面,求在棒的轴线上离棒端 8 cm 处的点物所成像的位置。若将此棒放入水中($n=4/3$),问像又在何处?

　　1.2　某透镜用 $n=1.5$ 的玻璃制成,它在空气中的焦距为 10 cm,在水中的焦距是多大?(水的折射率为 4/3)

　　1.3　使焦距为 20 cm 的凸透镜与焦距为 40 cm 的凹透镜密接,求密接后的焦度。

　　1.4　两个焦距均为 +8 cm 的薄透镜,放在同一轴上,相距 12 cm,在一镜前 12 cm 处放置一小物体,求成像的位置。

　　1.5　在空气中有一玻璃薄双凸透镜($n=1.5$),其两折射面的曲率半径分别为 6.0×10^{-1} m 和 1.5×10^{-1} m,现将一物体置于镜前 12 cm 处,求像所在的位置和虚实。

　　1.6　一显微镜的目镜由两个相同的正薄透镜组成,焦距均为 4 cm,两透镜相距 2 cm,问此目镜(透镜组)的焦点在何处? 如果两正薄透镜是密接组合,焦点又在何处? 焦距呢?

第 2 章

光学仪器成像原理

在上一章中讨论了几何光学的基本原理,研究了共轴球面系统中物像的位置和大小关系,这些内容是光学仪器理论的基础。但是对于一个实际的光学系统而言,还必须研究像的完善程度、亮度以及物面上有多大范围可以成像,这些问题与系统的结构、光束在系统内受限制的情况有关。

成像光学仪器可以帮助提高人眼的视力。传统光学仪器离不开人的操作、观测或照相底片记录,20 世纪 70 年代以来。光电子器件和计算机技术的发展,使光学仪器发生了"革命"性变化。现代光学仪器的操作、检测和数据处理由计算机控制,向着自动化、数字化、智能化方向发展。虽然如此,成像光学仪器的核心部分的基本原理并未改变,本章将讨论几种常用光学成像仪器的基本结构和工作原理。

几何光学仪器主要是指成像仪器,按成像的虚实又可分为两类:投影仪、照相机、电影放映机、幻灯机等属于成实像的仪器;而放大镜、目镜、显微镜、望远镜等则属于成虚像的仪器,这类仪器又称为助视仪器,用来改善和扩展视觉。本章首先介绍人的眼睛,然后介绍其他两类成像仪器的基本原理。

2.1 人眼光学系统

人眼是十分重要的感觉器官,人们日常所接收的各种信息,平均有 90% 以上要靠视神经传递,目视仪器的设计和使用,都必须与人眼功能相适应。因此,眼睛的构造、眼睛的调节以及眼睛的光学模型和功能,是光学成像仪器所要研究的首要任务之一。

2.1.1 眼睛

人类的眼睛是一个相当复杂的天然光学仪器。对于下面要讲的目视光学仪器,它可看成是光路系统的最后一个组成部分。所有目视光学仪器的设计都要考虑眼睛的特点。图 2.1 所示为眼球在水平方向上的剖面图。其中布满视觉神经的网膜,相当于照相机中的感光底片。虹膜(或称虹采、采帘)相当于照相机中的可变光闸,它中间的圆孔称为瞳孔。眼球中与照相机镜头对应的部

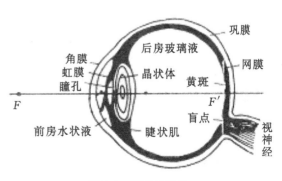

图 2.1 眼球的结构

分结构比较复杂,其主要部分是晶状体(或称眼球)。它是一个折射率不均匀的透镜。包在眼球外面的坚韧的膜,最前面透明的部分称为角膜,其余部分称为巩膜。角膜与晶状体之间的部分称为前房,其中充满水状液(前房液)。晶状体与网膜之间、眼球的内腔都为后房。

视网膜紧贴在脉络膜里面,在眼底部位的视网膜上布满了两类感受光的细胞——柱状细胞和锥状细胞。锥状细胞只对强光起反应,而且三种不同类型的锥状细胞分别含有三种不同的视色素,分别对红、绿、蓝三种颜色敏感。柱状细胞有上亿个,它在很暗的光照下还能起作用,但不能区别颜色,给出的像的轮廓不够清晰。大约在视网膜的中部有一个直径为 2.5~3 mm 的小区域叫黄斑区,在黄斑区的中心有一个直径约 0.25 mm 的凹部叫中央凹,在这里密集了大量的锥状细胞,是视觉最灵敏的地方。观察景物时,眼球会本能地转动,使中央凹对正目标。

所以,眼睛是一个物、像方介质折射率不相等的例子。因此它的两个焦距是不等的。聚焦于无穷远时,物方焦 $f=17.1$ mm,像方焦距 $f'=22.8$ mm。

2.1.2　人眼的调节

在照相机中通过镜头和底片间距离的改变来调节聚焦的距离,在眼睛里这是靠改变晶状体的曲率(焦距)来实现的。晶状体的曲率由睫状肌来控制。正常视力的眼睛,当肌肉完全松弛的时候无穷远的物体成像在网膜上。为了观察较近的物体,肌肉压缩晶状体,使它的曲率增大点距缩。眼睛的这种调节聚焦距离(调焦)的能力有一定的限度,小于一定距离的物体是无法看清楚的。儿童的这个极限距离在 10 cm 以下,随着年龄的增长,眼睛的调焦能力逐渐衰退,这极限距离因之而加大,造成老花眼的原因就在于此。

眼睛肌肉完全松弛和最紧张时所能清楚看到的点,分别称为它调焦范围的远点和近点。如前所述,正常眼睛的远点在无穷远。近视眼的眼球轴向过低,当肌肉完全松弛时,无穷远的物体成像在网膜之前,它的远点在有限远的位置。远视眼的眼球轴向过短,无穷远的物体成像在网膜之后,它的远点在眼睛之后(虚物点)。不难看出,矫正近视眼和远视眼的眼镜应分别是凹透镜和凸透镜。

值得指出,还有一种非正常眼睛,其眼前角膜不是一个球面,而是一个具有两个对称平面的椭球面。两对称平面分别包含椭球的长轴和短轴,晶状体的两个表面有时也是如此。这种眼睛在两对称平面上的焦距不同,因此物点成像为两条线,分别包含在两对称平面内,这种眼睛会带来像散,称为散光眼。矫正的办法是配戴柱面透镜,我们可以利用柱面透镜的像散作用,使其与眼睛造成的像散相反而相互抵消。如果散光眼同时又是近视或远视,则所用透镜一面为球面,另一面为柱面,球面用以矫正近视或远视,柱面则用以矫正散光。

人眼观察物体引起视觉的过程不单纯是光学成像,还有更重要的光信息处理的过程。视网膜上的感光细胞接受光脉冲后转换成电脉冲。经过初步的处理再传送到大脑作进一步的处理,大脑把需要的信息存储起来或作出某种反应。不过视神经系统的构造和功能实在太复杂,目前我们对信息处理过程的了解还不十分清楚。

2.1.3　眼睛的分辨本领和视力

1. 眼睛的分辨本领

眼睛能否看清楚物体,不仅跟物体表面的亮度及能否成像在视网膜上有关,还跟视角大小有关。如图 2.2 所示,物体两端对于人眼光心所张的角度 α,叫做视角,单位为分。同一个物体,离眼睛近时视角大,离眼睛远时视角小。所以物体愈近,它在网膜上的像也就愈大。我们便更容易分辨它的细节,但是物体太近了,即使不超出调焦范围,看久了眼睛也会感到疲倦。只有在适当的距离上眼睛才能比较舒适地工作,这距离称为明视距离。习惯上规定明视距离为 25 cm。

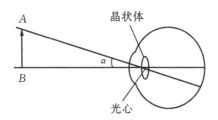

图 2.2 视角

观察物体时,如果视角过小,眼睛就会把物体上的两点视为一点,物体看上去是模糊的。眼睛分辨物体细节的本领与网膜的结构(主要是其上感光单元的分布)有关,不同部分有很大差别。在网膜中央靠近光轴的一个很小区域(称为黄斑)里,分辨本领最高。能够分辨的最近两点对眼睛所张视角,称为最小分辨角。在白昼的照明条件下,黄斑区的最小分辨角接近 1°。趋向网膜边缘,分辨本领急剧下降。所以人的眼睛视场虽然很大(水平方向视场角约 160°,垂直方向约 130°),但其中只有中央视角约为 6′~7′ 的一个小范围内才能较清楚地看到物体的细节。然而这对我们并没有什么妨碍,因为眼球是可以随意转动的,它可随时使视场的中心瞄准到所要注视的地方。还要指出,眼睛的分辨本领与照明条件有很大的关系,在夜间照明条件比较差的时候,眼睛的分辨本领大大下降,最小分辨角只可达 1°以上。

同时,瞳孔的大小随着环境亮度的改变而自动调节。在白昼条件下其直径约为 2 mm,在黑暗的环境里,最大可达 8 mm 左右。

2. 视力

不同的人,眼睛所能分辨的最小视角是不同的,能分辨的最小视角越小,眼睛的视力越好。常用人眼所能分辨的最小视角的倒数来表征眼睛的视力。即

$$V_S = \frac{1}{\alpha_{min}} \tag{2.1}$$

式中最小视角以分为单位。如果眼能分辨的最小视角分别为 0.67′、1′、2′ 和 10′,则其视力分别相应为 1.5、1.0、0.5 和 0.1。通常使用的国际标准视力表就是根据这个原理制成的,视力表中第一行最大字符"E"就代表了 0.1 的视力。这种测定视力的方法称为小数记录法。一般 1.0 即为视力正常。

1990 年以后,我国实行了国家标准对数视力表,采用 5 分记录法,以 5 分为正常值,记为 V_L,它与式(2.1)的 V_S 有如下关系:

$$V_L = 5 + \lg V_S \tag{2.2}$$

由上式可知,当国际标准视力为 1.5、1.0、0.5 和 0.1 时,对数视力分别对应为 5.2、5.0、4.7、4.3 和 4.0。

3. 视力测定

所谓视力测定,即通过视力表测量视力锐敏度高低的方法。测定中的测定条件,如不能保

持恒定和统一,测定就会无法正确反映视力的实际情况,下面简要介绍基本测定条件。

(1)视距恒定,一般为 5 m。我国现在使用的视力表设计距离为 5 m,但在现实中以 5 m 净长做验光室的例子还是不多的,可采用设置反光镜的方法来解决这一问题:视力表与反光镜的距离和被测眼与反光镜的距离均为 2.5 m,两距离之和恰好为 5 m。反光镜要选用质量优良的玻璃制作,最好是选用玻璃砖制成的镜子作反光镜。

(2)照度恒定。视力表标准照度应为 1000 ±250 勒克斯,视力表必须有标准的照度。目前多数人认为视力表两侧各用一支 20 瓦日光灯纵向照明是最理想的。

(3)指示棒大小与颜色恒定。长短不限,以适用为度,其指示端直径应不小于 1.0(对数视力记录法为 5.0)的视标大小,以 0.75～1.5 cm 为宜。

当然视力测定时应注意的问题不只这些,如:辨识视标的时间恒定 3 s 以内做出反应判断,不得眯眼使视力得到一定提高,遮眼板不能对眼球施加任何力度的压迫等。

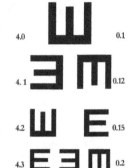

标准对数视力表

图 2.3 视力表

2.1.4 非正视眼的矫正

屈光正常的眼睛不须调节,就能使无限远处的物体在眼的视网膜上成一清晰的像,则该眼称为正视眼,否则叫非正视眼。非正视眼又分近视眼、远视眼和散光眼等。下面我们从几何光学的角度来讨论非正视眼的缺陷特点及其矫正方法。

1. 近视眼

由于眼睛的会聚能力比正常的强,或眼睛的前后径过长,眼不调节时来自远处物体的平行光射入眼睛,会聚在视网膜前,不能在视网膜上形成清晰的像,这种眼称为近视眼。近视眼的远点和近点都比正常眼近。

近视眼矫正的方法,是在眼前佩戴一焦度适当的凹透镜做成的眼镜,使入射光进入眼睛前先经过凹透镜适当发散,再经眼光学系统折射,使远处物体在视网膜上形成清晰的像,如图 2.4 所示。也可以这样说,就是要配一副眼镜使来自远方物体的平行光成像在近视眼的远点,这个远点的像作为近视眼要观察的物就会在近视眼的视网膜上成清晰的像。

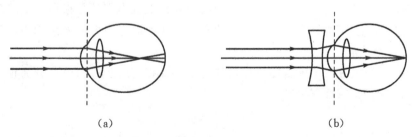

(a)   (b)

图 2.4 近视眼及其矫正

例 2.1 一近视眼的远点在眼前 0.5 m 处,欲使其看清远方物体,问应配多少度的什么镜?

解：此近视眼的远点在眼前 0.5 m 处,如欲使其能看清远方物体,则所配的眼镜必须能使远方物体发出的平行光成像在眼前 0.5 m 处。所以其物距 $s=\infty$,像距 $s'=-0.5$ m,代入薄透镜公式得：

$$\frac{1}{s}+\frac{1}{s'}=\frac{1}{f}$$

可得

$$\frac{1}{\infty}+\frac{1}{-0.5}=\frac{1}{f}$$
$$f=-0.5\text{ m}$$

所以

$$\Phi=\frac{1}{f}=\frac{1}{-0.5}=-2\text{ 屈光度}=-200\text{ 度}$$

2. 远视眼

由于眼睛会聚能力比正常的差,或眼睛前后径过短,眼不调节时,来自远处物体的平行光射入眼以后,会聚于视网膜后,这种眼称为远视眼。

远视眼矫正的方法如图 2.5 所示,是在眼前配一副适当焦度的凸透镜,使置于正常眼近点上的物体成像在远视眼的近点上,这时便可在视网膜上得到清晰的像。

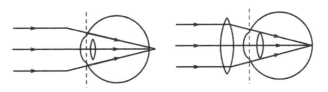

图 2.5　远视眼及其矫正

例 2.2　一远视眼的近点在 1.2 m 处,要使其看清眼前 12 cm 处的物体,问应配多少度的什么镜?

解　此远视眼的近点在 1.2 m 处,欲使其看清重 12 cm 处的物体,则所配眼镜应使 12 cm 处的物体成像在眼前 1.2 m 处,即其物距 $s=0.12$ m,像距 $s'=-1.2$ m,代入薄透镜公式

$$\frac{1}{s}+\frac{1}{s'}=\frac{1}{f}$$

可得

$$\frac{1}{0.12}+\frac{1}{-1.2}=\frac{1}{f}$$

式中,f 为应配眼镜透镜的焦距,其焦度

$$\Phi=\frac{1}{f}=7.5\text{ 屈光度}=750\text{ 度}$$

3. 老花眼

所谓"老花眼"是指上了年纪的人,逐渐产生近距离阅读或工作困难的情况。这是人体机能老化的一种现象,叫老花眼(又称老视),一般开始于 40 岁,晶状体硬化,弹性减弱,睫状肌收缩能力降低,而导致调节能力减弱,眼睛的近点远移,故发生近距离视物困难,称为老花眼。

老花眼常被当成年老的标志。绝大多数的人在 40 岁以后眼睛会慢慢出现"老花",若老花

之后因为不服老而硬撑着不肯戴老花镜来矫正视力,这样反而加重眼睛负担,即使勉强看清近处目标,也会由于强行调节睫状肌,过度收缩而产生种种眼睛疲劳现象,如:头痛、眉紧、眼痛、视物模糊等视力疲劳症状。

4. 散光眼

如果角膜或晶状体表面各子午线的屈光力不一致,而使进入眼内的平行光线,不能汇聚于同一焦点,这种眼睛称为散光眼。一般轻度远视散光,其远视力可能尚好而近视力或稍差,轻度近视散光则相反。单纯轻度散光虽然仅仅稍有视物不清,但有时却引起过度调节而发生眼胀、头痛。其视力疲劳症状的轻重因人而异。高度散光者远、近视力均差。

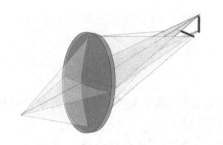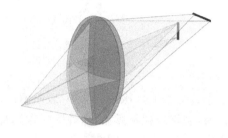

（a)垂直子午线屈光力强于水平子午线　　（b)水平子午线屈光力强于垂直子午线

图 2.6　眼睛的两条子午线屈光力不同

矫正散光眼必须设法纠正眼球不正常子午面的折光能力。矫正的办法是针对需要矫正的子午面的方向配戴合适焦度的圆柱面透镜。

图 2.7　几种柱面透镜

2.2　放大镜

物体发出的光进入人眼后,在眼的视网膜上成像。把从物体两端射到眼睛中节点的光线所夹的角称视角。物体在视网膜上所成像的大小由视角来决定,视角越大,所成的像也就越大,眼就越能看清物体的细节。

为了观察微小物体或物体的细节,使物体在视网膜上成一较大的像,则需要增大物体对眼中节点所张的视角。增大视角的最简单方法是把物体移近人眼,但物体移近人眼而又使物体能在视网膜上成一清晰的像,单靠人眼的调节作用是达不到的,必须借凸透镜的会聚作用。最简单的放大镜就是一个焦距 f 很短的会聚透镜。$f \leqslant s_0$,其中 s_0 为明视距离,其作用是放大物体在网膜上所成的像。如前所述,这像的大小是与物体对眼睛所张的视角成比例的。

如果我们用肉眼观察物体,当物体由远移近时,它所张的视角增大。但是在达到明视距离

s_0 以后继续前移,视角虽继续增大,但眼睛将感到吃力,甚至看不清。可以认为,用肉眼观察,物体的视角最大不超过

$$\omega = \frac{y}{s_0} \tag{2.3}$$

式中,y 为物体的长度(图 2.8(a))。

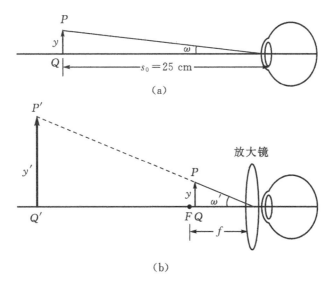

图 2.8　放大镜的视角放大率

现在我们设想将一个放大镜紧靠在眼睛的前面(图 2.8(b)),并考虑一下,物体应放在怎样的位置上,眼睛才能清楚地看到它的像?若物距太大,实像落在放大镜和眼睛之后;若物距太小,虚像落在明视距离以内,只有当像成在无穷远到明视距离之间时,才和眼睛的调焦范围相适应。与此相应地,物体就应放在焦点 F 以内的一个小范围里,这范围叫做焦深,这范围比焦距小得多。根据牛顿公式,物体只能放在焦点内侧附近。这时它对光心所张的视角近似等于

$$\omega' = \frac{y}{f} \tag{2.4}$$

由图 2.8(b)可以看出,由物点 P 发出的通过光心的光线,延长后通过像点 P',所以物体 QP 与像 $Q'P'$ 对光心所张视角是一样的,亦即式(2.4)中的 ω' 也是像对光心所张的视角。由于眼睛与放大镜十分靠近,又可认为 ω' 就是像对眼睛所张的视角。

由于放大镜的作用是放大视角,我们引入视角放大率 M 的概念,它定义为像所张的视角 ω' 与用肉眼观察时物体在明视距离处所张的视角 ω 之比

$$M = \frac{\omega'}{\omega} \tag{2.5}$$

将式(2.3)和式(2.4)代入后,就得到放大镜视角放大率的公式

$$M = \frac{s_0}{f} \tag{2.6}$$

可见,放大镜的角放大率与其焦距成反比,焦距越短,角放大率越大。事实上放大镜的焦距也不宜太短,因为焦距很短的透镜很难磨制、像差很大,所以双凸透镜的放大率通常只有几倍,由透镜组构成的放大镜,角放大率也不过几十倍。

2.3 显微镜

早在 16 世纪中叶,斯泰卢蒂(F. Stellutil)就利用透镜做成 5× 和 10× 的放大镜,即所谓的单式显微镜。1590 年左右,荷兰的两位眼镜制造商詹森兄弟(H. Janssen 和 Z. Janssen)制造了由多个会聚透镜组成的第一台复式显微镜。1648 年胡克(Hooke)借助显微镜发现了动物和植物组织内的细胞。后来人们使用显微镜在生物学、医学、材料等科学领域又有许多重要发现。光学显微镜经过几百年的发展,性能不断提高,现在已成为一种用途十分广泛的助视仪器。

显微镜的光学结构包括两组透镜:一组为焦距极短的物镜 L_O,另一组为目镜 L_E。为了消除像差,物镜和目镜都是复杂的透镜组。在研究显微镜的成像原理时,我们用单透镜来表示物镜和目镜。

显微镜的原理光路示于图 2.9。在放大镜(目镜)前再加一个焦距极短的会聚透镜组(称为物镜)。物镜和目镜的间隔比它们各自的焦距大得多。被观察的物体 QP 放在物镜物方焦点 F_O 外侧附近,它经物镜成放大实像 Q_1P_1 于目镜物方焦点 F_E 内侧附近,再经目镜成放大的虚像 $Q'P'$ 于明视距离以外。

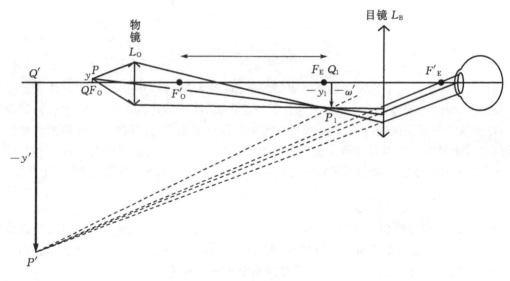

图 2.9 显微镜光路

设 y 为物体 QP 的长度,y_1 为中间像 Q_1P_1 的长度,f_O 和 f_E 分别为物镜 L_O 和目镜 L_E 焦距,Δ 为物镜像方焦点 F'_O 到目镜物方焦点 F_E 的距离(称为光学筒长),显微镜的视角放大率为 $M = \dfrac{\omega'}{\omega}$,式中 ω 为物体 QP 在明视距离 s_0 处所张视角,即 $\omega = y/s_0$。ω' 为最后的像所张的视角。现规定由光轴转到光线的方向为顺时针时交角为正,逆时针时交角为负,故这里的 $\omega' < 0$。如前所述,ω' 和中间像 Q_1P_1 所张的视角一样,故 $-\omega' = -y_2/f_E$,所以

$$M = \frac{y_1/f_E}{y/s_0} = \frac{y_1}{y}\frac{s_0}{f_E} = V_O M_E \tag{2.7}$$

式中,$M_E = s_O/f_E$ 是目镜的视角放大率,$V_O = y_1/y$ 是物镜的横向放大率。根据式(1.47),令其中 $x' = \Delta$,$f' = f_O$ 得

$$V_O = -\frac{\Delta}{f_O} \tag{2.8}$$

代入式(2.7)后,得到显微镜视角放大率的最后表达式

$$M = -\frac{s_O}{f_O}\frac{\Delta}{f_E} \tag{2.9}$$

式中,负号表示像是倒立的。公式表明,物镜、目镜的焦距愈短,光学筒长愈大,显微镜的放大倍率愈高。人眼只能看清大小 0.1 mm 左右的细小物体,较高级的光学显微镜,可以把物体放大 2000 倍,能够看清 0.2 μm 的结构,可以观察到细胞的构造,如细胞质、细胞核、细胞膜等。

2.4　目镜

　　目镜的作用相当于一个放大镜。不过放大镜通常是用来观察实物,而目镜则是来观察物镜所生成的物体中间像。一般对目镜的要求除了较高的放大率外,还要有较大的视场角和尽可能地校正各种像差。为此,目镜通常是由两个或更多透镜组成,在目镜系统中,接近物镜的那个透镜称为场镜,接近眼睛的称为接目镜,目镜的种类很多,下面讨论最常用的两种:惠更斯目镜和冉斯登目镜。

2.4.1　惠更斯目镜

　　惠更斯目镜由两个相同材料的平凸透镜组成,凸面都迎着光线,场镜 L_1 的焦距 f_1' 与接目镜 L_2 的焦距 f_2' 之比约为 1.5 至 3.0,两透镜光心之间的距离 $d = (f_1' + f_2')/2$,即满足消放大率色差的条件。图 2.10 为 $f_1' = 3a$,$f_2' = a$,$d = 2a$ 的惠更斯目镜的光路图,采用逐次成像法可求组合系统的焦点。

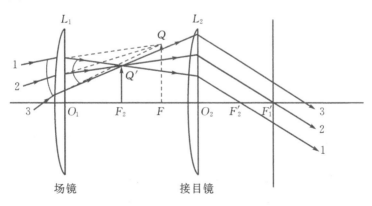

图 2.10　惠更斯目镜

　　物体经物镜本应成像于目镜物方焦平面上 FQ 处,但它还未来得及成像时就被场镜折射而成像于接目镜物方焦面上 F_2Q' 处,所以 FQ 是虚物。图中画出了入射会聚光束中的 1、2、3 三条光线,它们经场镜折射后相交于 Q' 点即为 Q 点的像,F_2Q' 再经过接目镜成虚像于无穷远处。如果想要配置叉丝或标尺,应该放在 F_2Q' 处,使它们的像和观察物体的像在视网膜上同

一处出现。在这种情况下,标尺只通过接目镜而成像,所以标尺的像是未消色差的,可见惠更斯目镜不宜用在测量仪器中。不过由于它结构简单,视场比较大,常用于生物显微镜和金相显微镜等观察仪器。

2.4.2　冉斯登目镜

冉斯登目镜由两个相同材料的平凸镜组成,凸面相向设置,平面向外,如图 2.11 所示。其中一种结构形式为 $f_1' = f_2' = a, d = 2a/3$,这种结构形式不满足消放大率色差的条件。

来自物镜的会聚光束成实像于目镜的物方焦面上,再经过场镜成虚像于接目镜的物方焦面 F_2Q' 上,然后经过接目镜成虚像于无穷远处。由于冉斯登目镜的物方焦面在场镜之外,因而它可单独用作放大镜观察实物,而惠更斯目镜却只能用来观察像。在冉斯登目镜物方焦面上加一标尺,可以对被观察的物体或物体生成的实像进行长度测量,因此冉斯登目镜常用于测量仪器中。

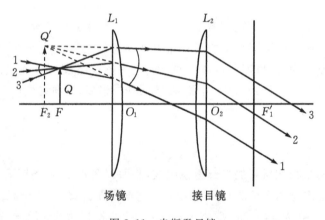

图 2.11　冉斯登目镜

2.5　望远镜

2.5.1　望远镜基本原理

望远镜也是由物镜和目镜所组成。显微镜用于观察近处的小物体,望远镜则用于观察远处的大物体。望远镜用于观看无限远处的物体时,物镜的像方焦点与目镜的物方焦点重合,即光学间隔为零,因而系统的焦点在无限远处。

望远镜的结构和光路与显微镜有些类似(图 2.12),也是先由物镜成中间像,再通过目镜来观察此中间像。与显微镜不同的是,望远镜所要观察的物体在很远的地方(可以看成是无穷远),因此中间像成在物镜的像方焦面上。所以望远镜的物镜焦距较长,而物镜的像方焦点 F_O 和目镜的物方焦点 F_E 几乎重合。

望远镜的视角放大率 M 应定义为最后的虚像对目镜所张视角 ω' 与物体在实际位置所张视角 ω 之比

$$M = \frac{\omega'}{\omega}$$

(2.10)

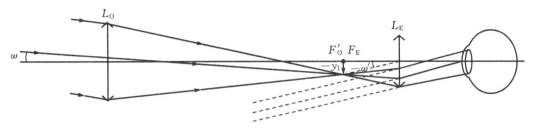

图 2.12 望远镜的光路

由于物距远比望远筒长得多,它对眼睛或目镜所张视角实际上和它对物镜所张视角是一样的。从图 2.12 不难看出 $\omega = -y_1/f_0$,而 $-\omega' = -y_1/f_E$(ω、ω' 的正负号规定同前),代入式 (2.10) 得到

$$M = -\frac{f_0}{f_E} \tag{2.11}$$

式中,负号的意义同前,表示像是倒立的。式(2.11)表明,物镜的焦距愈长,望远镜的放大倍率愈高。

当望远镜对无穷远聚焦时,中间像成在物镜的像方焦面上。这样,平面上的每个点和一个方向的入射线对应。所以当望远镜筒平移时,中间像对镜筒没有相对位移,只有当望远镜的光轴转动时,中间像才会相对它移动。因此望远镜可用来测量两平行光束间的夹角。

有些激光器发出的激光束直径很小,例如常用的氦氖激光器的光束在出口处直径约为 1 mm,然而我们有时希望获得一束直径比较宽阔的激光光束,如果使激光器发出的光束先经过一个高质量的望远镜,便可以实现扩束,这个望远镜就是激光扩束器。它的构造和折射望远镜相仿(图 2.13(a)(b)),所不同的是用发散透镜接受入射光束并经过会聚透镜出射,通常望远镜目镜采用消色差的复合透镜,所以反过来作为扩束器,正好适用于单色的激光。由图 2.13 可以看出,一束较窄的平行光束经望远镜后,便扩展为较宽阔的平行光束。

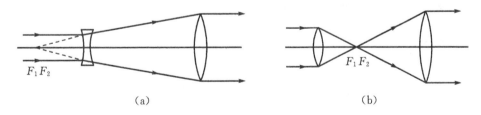

    (a)   (b)

图 2.13 激光扩束镜

在测量人造卫星离地球远度的激光测距仪中,发射激光用的望远镜系统就是采用这种"倒装"的伽利略式望远镜。人造卫星激光测距仪是利用人造卫星上安装的角反射器,将地面发射的激光反射回地面,通过对激光往返时间间隔的精确计算,精密测定人造卫星与测量站间的距离,我国人造卫星激光测距技术已达到了国际先进水平,测量的精度达到 ±5 cm。

顺便提及,在要求不高的情况下,进行激光扩束还可以采用 20× 或 40× 的显微镜物镜、焦距很短的发散透镜,甚至有时可用短焦距的凸或凹面反射镜。

2.5.2　反射式望远镜

反射式物镜对于较宽光谱范围的入射光都不产生色差,光路可折叠,所以大型天文望远镜的物镜一般都做成反射式的,这种望远镜称为反射式望远镜,反射面可采用平面、抛物面、双曲面、椭球面等不同形式。如图 2.14 所示,牛顿物镜是由抛物面反射镜和光轴倾斜 45° 的平面反射镜组成。如图 2.15 所示,卡塞格林(Cassegarain)物镜是由抛物面反射镜和双曲面反射镜构成,图中平行光轴的入射光线经抛物面镜反射后会聚在抛物面的焦点 F_1' 上,而该焦点又与双曲面的一个焦点重合,所以物镜的像方焦点位于双曲面的另一个焦点 F_0' 上。

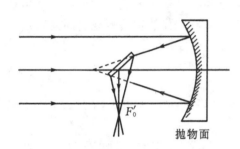

图 2.14　牛顿物镜

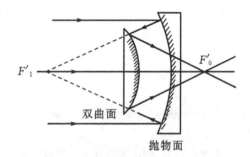

图 2.15　卡塞格林(Cassegarain)物镜

此外,由于通常的玻璃透镜对紫外光和红外光的吸收都比较强烈,而镀铝反射镜对可见光、紫外光、红外光的反射率都较高,所以有些红外仪器和光电测量仪器也采用反射式物镜。

反射式物镜的最大缺点是稳定性差。温度的变化和物镜自重所引起的镜面形变对成像质量有较大的影响;反射镀层的反射率也将随时间的推移而逐渐下降;若采用非球面作反射式物镜,则加工、检验、装配、校正都比球面困难。为了克服反射式物镜的这些缺点,可以采用折反式物镜,它是由透镜和反射镜组合而成。其中的反射面通常是球面,透镜则仅仅用于补偿球面反射镜的像差。采用这种物镜的望远镜称为折反射望远镜。

2.6　棱镜光谱仪

在第 1 章中介绍过棱镜的折射与色散。棱镜光谱仪便是利用棱镜的色散作用将非单色光按波长分开的装置,其结构的主要部分见图 2.16。棱镜前那部分装置称为准直管(或平行光管),它由一个会聚透镜 L_1 和放在它第一焦面上的狭缝 S 组成,S 与纸面垂直。光源照射狭缝 S,通过缝中不同点射入准直管的光束经 L_1 折射后变为不同方向的平行光束。非单色的平行光束通过棱镜后,不同波长的光线沿不同方向折射,但同一波长的光束仍维持平行。棱镜后的透镜 L_2 是望远物镜。不同波长的平行光束经 L_2 后会聚到其像方焦面上的不同地方,形成狭缝 S 的一系列不同颜色的像,这便是光谱。若光谱仪中的望远物镜装有目镜,可供眼睛来直接观察光谱,则称之为分光镜。若光谱中仅在望远物镜的焦平面上放置感光底片,是用来拍摄光谱的,则称之为摄谱仪。若光谱中在望远物镜的焦平面上放一狭缝,是用来将某种波长的光分离出来的,则称之为单色仪。

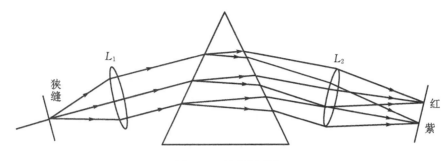

图 2.16　棱镜摄谱仪

不同物质发射的光具有自己特有的光谱,它反映了这种物质本身的微观结构。所见光谱是研究物质微观结构的重要手段,此外还可通过光谱来分析物质的化学成分。

色散本领和色分辨本领是标志任何类型分光仪器性能的两个重要指标,下面讨论棱镜的色散本领,而色分辨本领问题留待其他章节介绍。

偏向角对波长的微商,称为棱镜的角色散本领(用 D 代表),即

$$D = \frac{\mathrm{d}\delta}{\mathrm{d}\lambda} \tag{2.12}$$

只有通过狭缝中点的光线才在棱镜的主截面内折射。由于不在棱镜主截面内的光线偏折的方向不同,在望远物镜焦平面上的像(即光谱线)是弯的。可以证明,沿产生最小偏向角的方向入射时,光谱线弯曲得最少。所以在光谱仪中棱镜通常是装在接近于产生最小偏向角的位置。因此棱镜的角色散本领可通过微分得到

$$D = \frac{\mathrm{d}\delta_{\min}}{\mathrm{d}\lambda} = \frac{\mathrm{d}\delta_{\min}}{\mathrm{d}n}\frac{\mathrm{d}n}{\mathrm{d}\lambda} = \left(\frac{\mathrm{d}n}{\mathrm{d}\delta_{\min}}\right)^{-1}\frac{\mathrm{d}n}{\mathrm{d}\lambda} \tag{2.13}$$

由于 $n = \dfrac{\sin\dfrac{\alpha+\delta_{\min}}{2}}{\sin\dfrac{\alpha}{2}}$,所以

$$\frac{\mathrm{d}n}{\mathrm{d}\delta_{\min}} = \frac{\cos\dfrac{\alpha+\delta_{\min}}{2}}{2\sin\dfrac{\alpha}{2}} = \frac{\sqrt{1 - \sin^2\left(\dfrac{\alpha+\delta_{\min}}{2}\right)}}{2\sin\dfrac{\alpha}{2}}$$

$$= \frac{\sqrt{1 - \sin^2 i_1}}{2\sin\dfrac{\alpha}{2}} = \frac{\sqrt{1 - n^2\sin^2\left(\dfrac{\alpha}{2}\right)}}{2\sin\dfrac{\alpha}{2}} \tag{2.14}$$

最后得到

$$D = \frac{2\sin\dfrac{\alpha}{2}}{\sqrt{1 - n^2\sin^2\dfrac{\alpha}{2}}}\frac{\mathrm{d}n}{\mathrm{d}\lambda} \tag{2.15}$$

其中 $\mathrm{d}n/\mathrm{d}\lambda$ 称为色散率,它是棱镜材料的性质。由于角色散本领正比于色散率,光谱仪中的棱镜常用色散率尽可能大的玻璃(如重火石玻璃)制成。

2.7　投影仪

电影机、幻灯机、印相放大机以及绘图用的投影仪等,都属于投影仪器。它们的主要部分是一个会聚的投影镜头,使画片成放大的实像于屏幕上(图 2.17)。由于通常镜头到像平面(幕)的距离比焦距大得多,所以画片总在物方焦面附近,物距 $s \approx f$,因而放大率 $V = -s'/s \approx -s'/f$,它与像距成正比。

为了使动画片后的光线进入投影镜头,投影仪器中需要附有聚光系统。总的来说,聚光系统的安排应有利于幕上得到尽可能强的均匀照明。通常聚光系统有两种类型,其一适用于画片面积较小的情况,这时聚光镜将光源的像成在画片上或它的附近。其二适用于画片面积较大的情况,这是聚光镜将光源的像成在投影镜头上。图 2.17 中只列出第二种情况。

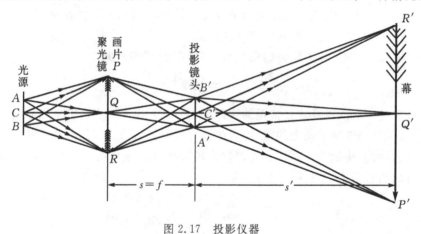

图 2.17　投影仪器

2.8　照相机

摄影仪器的成像系统刚好与投影仪器相反,拍摄对象的距离 s 一般比焦距 f 大得多,因此像平面(感光底片)总在像方焦面附近,像距 $s' \approx f'$(图 2.18),在小范围内调节镜头与底片间的距离,可使不同距离以外的物体成清晰的实像于底片上。照相机镜头上都附有一个大小可改变的光阑。光阑的作用有二

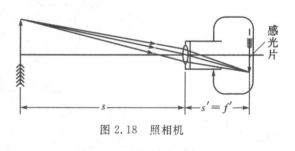

图 2.18　照相机

个,一是影响底片上的照度,从而影响曝光时间的选择;二是影响景深。如图 2.19 所示,照相机镜头只能使某一个平面 II 上的物点成像在底片上,在此平面前后的点成像在底片前后,来自它们的光束在底片上的截面是一圆斑。如果这些圆斑的线度小于底片能够分辨的最小距离,还可认为它们在底片上的像是清晰的。对于给定的光阑,只有平面 II 前后一定范围内的物点,在底片上形成的圆斑才会小于这个限度。物点的这个可允许的前后范围,称为景深。当光阑直径缩小时,光束变窄,离平面 II 一定距离的物点在底片上形成的圆斑变小,从而景深加

大。除光阑直径外,影响景深的因素还有焦距和物距。令 x、x' 分别为物距和像距(从焦点算起),当物距改变 δx 时,像距改变 $\delta x'$、$\delta x'/\delta x$ 的数值愈小,愈有利于加大景深。由牛顿公式可知,$\delta x'/\delta x = -f^2/x^2$(设物、像方焦距相等),对给定的焦距 f 来说,x 愈小,则景深愈小。因此在拍摄不太近的物体时,很远的背景可以很清晰,而在拍摄近物时,稍远的物体就变得模糊了。

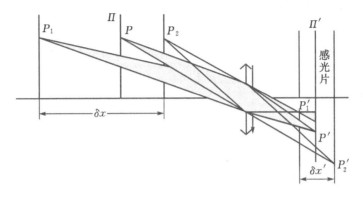

图 2.19　景深

2.9　光纤内镜

现代科学技术中用的光导纤维是将玻璃(或石英等)拉得很细后变成柔而刚的光学纤维丝。这种光学纤维丝比头发还细得很多,每根纤维丝分内外两层,内芯为光密媒质,外包层为光疏媒质。光线在内外层界面上经过多次全反射后沿着弯曲路径传到另一端。实际应用时,一般将许多根柔软可弯且具有一定机械强度的光学纤维有规则地排列在一起构成纤维束,它要求每根纤维都有良好的光学绝缘,能独立传光。在独立传光过程中都携带着一个像元,而纤维束两端的排列要一一对应,因此,从出射端射出

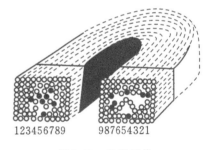

图 2.20　光纤导像

的像与入射像完全一致,如图 2.20,就可以用来传光导像。医学上利用这个原理,把光学纤维制成观察内脏的纤镜——内窥镜。医用内窥镜的作用:①导光,把外部的光线导入内部器官内;②导像,把内部器官的像导出体外,便可直接看到体内器官及状况。

目前用光学纤维制成的胃镜、膀胱镜、食道镜、子宫镜等广泛地应用在临床诊断上。随着科学技术的发展,心脏血管、肾脏和胆道等纤镜将会出现。各类纤镜将为医学事业的发展开辟新途径。

2.10　光度学

2.10.1　辐射能通量

我们知道,可见光在电磁辐射中只占一个很窄的波段。研究光的强弱的学科称为光度学,

而研究各种电磁辐射强弱的学科称为辐射度量学。

在辐射量度学中,电磁波源的某发射表面上单位时间发射的电磁波能量称为辐射通量,单位为瓦特(W)。单位时间内投射到垂直于电磁波传播方向的单位面积上的电磁波能量就是辐照度,即平均能流密度,单位为 W/m^2。例如当太阳光垂直入射到地面时,辐照度为 $1.35\ kW/m^2$。

对于非单色辐射,辐射能通量的概念显得太笼统,人们更关心能量的频谱分布。用 Ψ 代表辐射能通量,以 $\Delta\Psi_\lambda$ 表示在波长范围 λ 到 $\lambda+\Delta\lambda$ 以内的辐射通量。对于足够小的 $\Delta\lambda$,可以认为 $\Delta\Psi_\lambda \propto \Delta\lambda$,于是写成 $\Delta\Psi_\lambda = \varphi(\lambda)\Delta\lambda$,则某面元上辐射的各种波长的总辐射通量为

$$\Psi = \sum_\lambda \Delta\Psi_\lambda = \sum_\lambda \varphi(\lambda)\Delta\lambda \tag{2.16}$$

取 $\Delta\lambda \to 0$ 的极限,则有

$$\Psi = \int \varphi(\lambda)\Delta\lambda \tag{2.17}$$

这里 $\varphi(\lambda)$ 表示在波长 λ 附近单位波长间隔内的辐射通量,描述辐射能在频谱中的分布,又称辐射通量谱密度。

研究光的强度,或更广泛些,研究电磁辐射的强度,都离不开检测器件,如光电池、热电偶、光电倍增管、感光乳胶等。一般说来,每种检测器件对不同波长的光或电磁辐射有不同的灵敏度。在光学的发展史中可见光波段曾占有特殊的地位。随着人们认识的发展和检测技术的进步,眼睛的作用越来越多地被客观的(或者说物理的)仪器所取代。可见光强度的度量已可归入更普遍的辐射度量之内。但是在某些领域中,人类的眼睛仍不失为一个重要的接收或检测器件而保持其特殊地位。例如,虽然人们越来越多地用照相机去拍摄显微镜和望远镜所成的像,但用肉眼观察还是不可避免的。又如,照明技术是直接为人类创造适当的工作环境而服务的,它就不能不考虑人类眼睛对光的适应性。

2.10.2 视见函数

在很多情况下,我们只关心人眼能够感觉到的可见光的强度,我们要测量的是能使人眼产生视觉的光的强度。而人眼对不同波长的光的视觉灵敏度是不一样的,为此引入相对灵敏的概念,又称视见函数 $V(\lambda)$。通常在较明亮环境中,人的视觉对波长 555.0 nm 左右的黄绿色光最敏感。设任一波长 λ 的光和波长 555.0 nm 的光产生同样强度的视觉所需的辐射适量分别为 Ψ_λ 和 Ψ_{555},则两者之比

$$V(\lambda) = \frac{\psi_\lambda}{\psi_{555}} \tag{2.18}$$

叫做视见函数。视见函数的值是因人而异的。根据对大量正常眼的测量值统计平均的结果,1971 年国际照明委员会规定了视见函数的标准值,将这些值画成曲线如图 2.21 所示。

图 2.21 为视见函数曲线 ($V(\lambda)$-λ),图中 a 是在明亮环境(白昼视觉)中的视见函数曲线,而 b 是在光照很弱(暗视觉)环境中的视见函数曲线。在白昼视

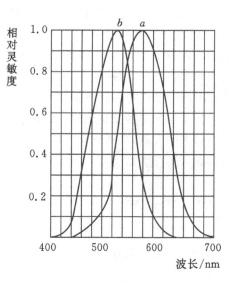

图 2.21　视见函数曲线

觉曲线中,最大值在550 nm附近;在暗视觉曲线中,最大值在 510 nm 附近,此时人眼对 507 nm 的蓝绿光最敏感,所以在夜色朦胧之夜,我们总感到周围世界笼罩了一层蓝绿的色彩。

2.10.3　光通量

　　光度学的单位是用来描述人的视觉感受的单位,因而与通常所说的物理学的单位不同。例如在物理学中描述光的能流通量的物理量是光功率,它的单位是 W。但因人的亮暗感与照明光的波长有关,不能用能流通量表示人的视觉的感受。为了把光功率与人的视觉联系起来,定义描述视觉感受到的光功率的量,叫做光通量。

　　量度光通量的多少,要将辐射通量以视见函数为权重因子折合成对眼睛的有效数量。光度学单位是将辐射度量学的单位乘以白昼视觉的视见函数 $V(\lambda)$ 得到的。对于波长 λ 的光,光通量 $\Delta\Phi_\lambda$ 与辐射通量 $\Delta\Psi_\lambda$ 的关系为

$$\Delta\Phi_\lambda = V(\lambda)\Delta\Psi_\lambda \tag{2.19}$$

多色光的总光通量为

$$\Phi \propto \sum_\lambda V(\lambda)\Delta\Psi_\lambda = \sum_\lambda V(\lambda)\psi(\lambda)\Delta\lambda \tag{2.20}$$

取 $\Delta\lambda \to 0$ 的极限并写成等式,则有

$$\Phi = K_{\max}\int V(\lambda)\psi(\lambda)\Delta\lambda \tag{2.21}$$

式中 $K_{\max}$ 是波长为 5500Å 的光功当量,也可以叫做最大光功当量,其值由 Φ 和 Ψ 的单位决定。光通量单位为 lm(lumen,流明)。$K_M = 683$ lm/W。

2.10.4　发光强度和亮度

　　当光源的线度足够小,或距离足够远,从而眼睛无法分辨其形状时,把它叫做点光源。在实际中多数情形里,我们看到的光源有一定的发光面积,这种光源叫做面光源,或扩展光源。

　　点光源 Q 沿某一方向 r 的发光强度 I 定义为沿此方向上单位立体角内发出的光通量。如图 2.22 所示,我们以 r 为轴取一立方角元 $\mathrm{d}\Omega$,设 $\mathrm{d}\Omega$ 内的光通量为 $\mathrm{d}\Phi$,则沿 r 方向的发光强度为

$$I = \frac{\mathrm{d}\Phi}{\mathrm{d}\Omega} \tag{2.22}$$

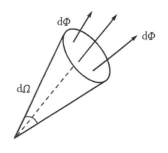

图 2.22　发光强度

发光强度的单位为坎德拉(Candela,记作 cd)。大多数光源的发光强度因方向而异。

　　扩展光源表面的每块面元 $\mathrm{d}S$ 沿某方向 r 有一定的发光强度 $\mathrm{d}I$,如图 2.23 所示,设 r 与法线 n 的夹角为 θ,当一个观察者迎着的 r 方向观察时,它的投影面积为 $\mathrm{d}S^* = \mathrm{d}S\cos\theta$。面元 $\mathrm{d}S$ 沿 r 方向的光度学亮度(简称亮度)B 定义为在此方向上单位投影面积的发光强度,或者更具体一些,它是在 r 方向上从单位投影面积在单位立体角内发出的光通量。用公式表示,则有

$$B = \frac{\mathrm{d}I}{\mathrm{d}S^*} = \frac{\mathrm{d}I}{\mathrm{d}S\cos\theta} \tag{2.23}$$

或
$$B = \frac{\mathrm{d}\Phi}{\mathrm{d}\Omega \mathrm{d}S^*} = \frac{\mathrm{d}\Phi}{\mathrm{d}\Omega \mathrm{d}S\cos\theta} \qquad (2.24)$$

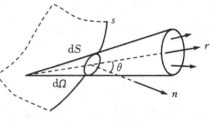

图 2.23 亮度

从式(2.24)可知,光度学亮度的单位为 lm/(m²·sr)[流明/(米²·球面度)]或为 lm/(cm²·sr)[流明/(厘米²·球面度)],后者记作 sb(stilb,熙提);1 sb＝1 lm/(cm²·sr)。

把式(2.22)中的光通量 Φ 换为辐射能通量 Ψ,即得到辐射强度,其单位为 W/sr(瓦/球面度)。把式(2.24)中的 Φ 换为 Ψ,得到辐射亮度,其单位为 W/(m²·sr)[瓦/(米²·球面度)]或为 W/(cm²·sr)[瓦/(厘米²·球面度)]。

通常扩展光源上每一面元的亮度随方向而变。如果扩展光源的发光强度 $\mathrm{d}I \propto \cos\theta$,从而亮度不随角 θ 而变,这类光源称为遵从朗伯定律的光源,也叫余弦发射体或朗伯光源,太阳辐射的规律接近于朗伯定律。

发光强度和亮度的概念不仅适用于自身发光的物体,还可推广到反射体。光束投射到光滑的表面上,会定向地反射出去;而投射到粗糙的表面上时,它朝所有的方向漫反射。一个理想的漫反射面应是遵循朗伯定律的;也就是说,无论入射光从何方来,沿各个方向,漫反射光的发光强度总是与 $\cos\theta$ 成正比,因而亮度相同。涂了氧化镁的表面被照亮以后或者从内部被照明的优质玻璃灯罩、积雪、白墙以及十分粗糙的白纸,都很接近这类理想的漫反射体。这类物体称为朗伯反射体。

2.10.5 照度

一个被光线照射的表面上的照度定义为照射在单位面积上的光通量。假设面元 $\mathrm{d}S'$ 上的光通量为 $\mathrm{d}\Phi'$,则此面元上的照度为

$$E = \frac{\mathrm{d}\Phi'}{\mathrm{d}S'} \qquad (2.25)$$

照度的单位记为 lx(lux,勒克斯)或 ph(phot,辐透):
$$1\ \mathrm{lx} = 1\ \mathrm{lm/m^2}, 1\ \mathrm{ph} = 1\ \mathrm{lm/cm^2}$$
故 1 lx＝10^{-4} ph。把式中的光通量换成辐射能通量,则得辐射照度,即辐射能流密度,其单位为 W/m² 或 W/cm²。

如图 2.24,设点光源的发光强度为 I,被照射面元 $\mathrm{d}S'$ 对它所张的立体角为 $\mathrm{d}\Omega'$,则照射在 $\mathrm{d}S'$ 的光通量

$$\mathrm{d}\Phi' = I\mathrm{d}\Omega = \frac{\mathrm{d}S'}{r^2} \qquad (2.26)$$

从而照度为

$$E = \frac{\mathrm{d}\Phi'}{\mathrm{d}S'} = \frac{I\cos\theta'}{r^2} \qquad (2.27)$$

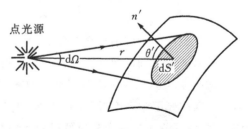

图 2.24 点光源的照度

上式表明,$E \propto \cos\theta'$ 和 $1/r^2$,后者是读者熟知的平方反比律。

2.10.6 光度学单位的定义

上面引进了一系列光度单位:流明、坎德拉、熙提、勒克斯等,选择其中之一为基本单位,其他便可作为导出单位。在光度学中采用发光强度的单位为基本单位。早年发光强度的单位叫做烛光,它是通过一定规格的实物基准来定义的。最初的基准是标准蜡烛,后来用一定燃料的标准火焰灯,以至标准电灯。所有上述标准具在一般实验室中都不易复制,并且很难保证其客观性和准确度。1948 年第 9 届国际计量大会决定用一种绝对黑体辐射器作标准具,并给予发光强度以现在的命名——坎德拉。坎德拉是国际单位制(SI)的七个基本单位之一,其修正了的定义是 1967 年第 13 届国际计量大会上规定:"坎德拉是在 101325 N/m² 压力下,处于铂凝固温度的黑体的(1/600000)m² 表面垂直方向上的发光强度"。现代照明技术和电子光学工业的发展,各种新型光源和探测器的出现,要求对各种复杂辐射进行准确测量,而上述坎德拉的定义是以铂在凝固点下的光谱成分为基点的,要换算到其他光谱成分,还要相应的视见函数值,很不易准确。此外上述定义中未明确规定最大光功当量 K_{max} 之值,影响整个光度学和辐射度量学之间的换算关系。1979 年第 16 届国际计量大会通过决议,废除上述坎德拉的定义,并规定其新定义为:

坎德拉是发出 540×10^{12} Hz 频率的单色辐射源在给定方向上的发光强度,该方向上的辐射强度为(1/683)W/sr。

在上述定义中,频率是当视见函数 $V(\lambda)$ 取最大值 1 时,且在空气中波长接近 5550Å 的单色辐射的频率为略去其尾数而得。因频率与空气折射率无关,在定义中采用频率比波长更为严密。这个定义等于说规定了最大光功当量 K_{max} 之值为 683 lm/W。有了坎德拉和流明,亮度和照度的单位熙提和勒克斯也就定下来了。

复习思考题

1. 当物点在垂直光轴方向上下移动时,系统的孔径光阑是否改变?
2. 放大镜通光口径的大小是限制被观察物面的大小,还是控制到达像面各点光束的大小?
3. 为什么在汽车上和十字路口安装的都是球面反射镜而不是平面反射镜?
4. 为什么在十字路口的球面反射镜比汽车的后视镜要大得多?
5. 反射镜是否会产生色差?通过一个凸透镜观察物体的虚像时,能否看到透镜产生的色差?
6. 用红、绿、蓝三块滤色玻璃分别盖住三个幻灯机的镜头,如果将这三个幻灯机照射屏幕上同一位置,屏幕上被照明处呈何色? 如果将这三块玻璃同时盖住一个幻灯的镜头,从它出射的光又呈何色?
7. 凹透镜可否单独用作放大镜?
8. 为什么调节显微镜是改变镜筒与载物台的相对位置而不改变筒长,调节望远镜时则需要调节目镜相对于物镜的距离?
9. 将一具已正常调节的望远镜用来观察地面上的建筑物,怎样调节镜筒的长度?
10. 远视眼和近视眼的观众用伽利略望远镜看戏时,各自应怎样调节镜筒?

11. 变焦距镜头广泛用于普通的照相机和电视摄像机中,其焦距的改变是通过组成镜头的各透镜间的相对移动来实现的。试设计一种方案以实现这种作用。

习题二

2.1 人眼的分辨极限角一般认为是 $1'$,实用上常取 $2' \sim 4'$,试计算上述两种情况下,在明视距离处人眼可分辨的最小距离。

2.2 航天飞机上的宇航员称,他恰好能分辨在他下面 100 km 地面上的某两个点光源,设光源的波长为 500 nm,瞳孔直径为 4 mm。求在理想条件下这两个点光源的间距是多少?

2.3 波长为 $2.3 \sim 4.4$ nm 的软 X 光称为"水窗",在此"水窗"内,X 光对水的透射率极大而对生物蛋白质的透射率极小,因而是用来观察生物样品的最佳波段,试估计用 3 nm 的软 X 光源,可设计制造放大倍数为多少的显微镜? 它可能分辨的最小距离为多少?

2.4 一台油浸显微镜恰可分辨 4000 条/mm 的明暗相间的线条,已知照明光的波长为 435.8 nm,油液的折射率为 1.52,假设线条之间是非相干的,试求物镜的数值孔径和入射光的孔径角。

2.5 一台天文望远镜物镜的直径为 5 m,对于可见光的平均波长为 $\lambda = 550$ nm,试计算其最小分辨角,并估计望远镜的有效放大倍数。已知日地距离约为 1.5×10^8 km,该望远镜能分辨太阳表面两点的最小距离是多少?

2.6 一台反射式望远镜,其物镜口径是 8 cm,目镜放大率 $80 \times$,试分析用该望远镜所能分辨的两颗最近星体的角距离(用秒表示、设光波长 600 nm)。

2.7 一架显微镜,物镜焦距为 4 mm,中间像成在物镜第二焦点后 160 mm 处,如果目镜是 $20 \times$,问显微镜总的放大率是多少?

2.8 开普勒望远镜的物镜焦距为 25 cm,直径为 5 cm,而目镜焦距为 5 cm,调节望远镜的远点置向无限远处,如果在目镜外放置一毛玻璃,改变毛玻璃的位置时,在毛玻璃上可以看到一个尺寸最小但边界清晰的圆形光圈,试求此时毛玻璃与目镜相距多远?

第 3 章

光学的干涉

在几何光学中,我们基于光线的概念讨论光学系统的成像问题时,并未涉及光的本性。但是光是电磁波,用几何光学定律不能解释表现光的波动特性的诸如光的干涉、衍射、偏振等各种现象。为了解释这些现象,必须涉及光的本性。波动光学就是从光是电磁波这一基本观点出发来讨论各种条件下光传播的规律,例如数列相干光波在传播路径中相遇而产生的干涉,光波在传播路径中波前受限而产生的衍射,光波在各向异性的晶体中的传播,以及光和物质相互作用时发生的某些现象等。

3.1 光的波动性

3.1.1 光是电磁波

光与电磁波一样,都有表现波动特性的干涉、衍射现象,在两种不同介质分界面上都会发生反射和折射;光在真空中的传播速度等于电磁波在真空中的传播速度,这些结果说明了光是电磁波。

3.1.2 光谱

以电磁波形式或粒子(光子)形式传播的能量,它们可用光学元件反射、成像或色散,这种能量及其传播过程被称为光辐射。从图 3.1 中的电磁波谱可见,光辐射包括紫外辐射、可见光和红外辐射三部分,位于 X 射线和微波辐射之间。尽管与整个电磁波谱相比光辐射谱的区域并不大,然而,在对辐射体进行研究的过程中,它为人们提供了最丰富的信息。

1. 可见光

广义地讲,光指的是光辐射;而从狭义上讲,通常人们提到的"光"指的就是可见光。可见光是波长在 $380\sim780$ nm 范围内的光辐射,也就是人视觉能感受到"光亮"的电磁辐射。当可见光进入人眼时,人眼的主观感觉依波长表现为紫色、蓝色、绿色、黄色、橙色和红色,图 3.1 中标有其相应的波长范围。

可见光是一种波长很短的电磁波,其波长范围为 $0.40\sim0.76$ μm 之间,频率范围为 $7.5\times10^{14}\sim3.9\times10^{14}$ Hz,它是光学研究的对象。可见光的一个重要特点就是引起人眼的视觉,人眼所看见的不同颜色,实际上是不同波长的可见光,白光则是各种颜色的可见光的混合。在真空中,光的不同波长范围与人眼不同颜色感光之间的对应关系,大致如下:

红 760 nm～620 nm

橙 620 nm～597 nm

黄　597 nm～577 nm

绿　577 nm～492 nm

青　492 nm～450 nm

蓝　450 nm～435 nm

紫　435 nm～390 nm

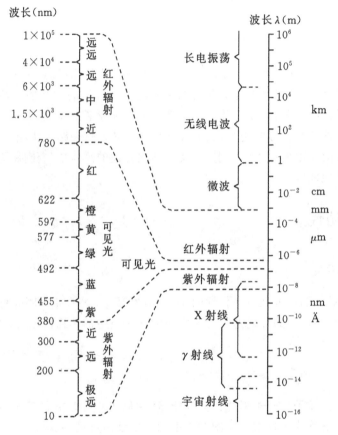

图 3.1　电磁辐射光谱区

光辐射光谱区的标尺通常采用波长,有时也用到频率和波数,它们之间的关系是

$$\lambda = \frac{c}{\upsilon} = \frac{1}{\sigma} \qquad (3.1)$$

式中:λ 代表波长;υ 和 σ 分别代表频率和波数;c 是真空中的光速。

过去光波波长通常使用的单位是 Å(埃),现在按国际单位制,一般在可见至紫外波段波长用 nm(纳米),在红外波段波长用 μm(微米)表示。频率单位是 Hz(赫兹),波数的单位是 m^{-1},波长单位之间的换算关系如下:10 Å＝1 nm＝10^{-9} m。

1905 年,爱因斯坦在光电效应的基础上提出了光的粒子性,每一个光子具有的能量 E 为 $E = h\upsilon = hc/\lambda$,式中:$h$ 为普朗克常量,其值为 6.62×10^{-34} J·s。表明光子能量的大小与光的频率有关而与光强无关。频率愈高,光子的能量越高。光子也具有动量 P,它的方向为光子的运动方向(即光的传播方向),其值为 $P = h\upsilon/c = h/\lambda$。

2. 紫外辐射

紫外辐射的波长范围是 400～10 nm。为了研究的方便,通常将其分为三部分:近紫外、远紫外和极远紫外。由于极远紫外辐射在空气中几乎会被完全吸收掉,只能在真空中传播,所以又被称为真空紫外辐射。

在进行太阳紫外辐射的研究工作中,常将紫外辐射分为 A 波段(400～315 nm)、B 波段(315～280 nm)和 C 波段(<280 nm)。常用的人工紫外光源高压汞灯在 A 波段和 B 波段大致的中间位置分别有波长为 365 nm 和 297 nm 的一条汞谱线,而在 C 波段的 254 nm 汞谱线是杀菌应用上的重要谱线。

3. 红外辐射

红外辐射的波长范围位于 0.76～1000 gm。该区域的划分受探测器发展的影响,通常分为近红外、中红外和远红外。有时也根据探测特点划分,比如,在天文领域分为近红外(0.76～25 pm)和远红外(25～1000 pm)两部分,这是由于前者基本上可以在大气内进行探测,而后者只能利用高空气球、火箭及人造天体在大气层之外探测。

3.1.3 光源

凡是能发光的物体都称为光源。光源可以分为普通光源和激光光源两大类。普通光源按发光特点可以分为热光源、非热光源两大类,前者有太阳、白炽灯等,后者有气体放电管的电致发光、荧光、磷光、化学发光、生物发光等。

按照一般光源的发光机理,光是由光源中大量原子或分子(下面以原子为例)从较高的能量状态跃迁到较低的能量状态过程中对外辐射出来的,这种辐射有两个特点,一是各个原子辐射是彼此独立的、

图 3.2　正弦波列

无规则的、间歇性进行的,因此,同一时刻不同原子所发的光波频率、振动方向和相位差都各不相同,是随机分布的。二是光源中各个原子每次发光时间很短(约 10^{-8} 秒左右),每次发出的光波是一段有限长的、振动方向和频率一定的正弦波列,如图 3.2 所示。

3.1.4 光源的发光原理

从物理学来说,任何出自天然或人工的物质,凡能发出可见电磁辐射的都可叫做光源。在辐射能应用技术中,所谓光源是指把任何形态的能量(例如热能或电能)转变为可见辐射能的器件。

物体发射光能一般有两种不同形式;一种叫热辐射,一种叫"发光。

第一种形式,物体在发射辐射过程中,可以不改变内能,只要通过加热来维持它的温度,辐射就可以继续不断地进行下去。这种辐射叫热辐射或称温度辐射。热辐射是由于物体内部热运动的一种现象。任何物体、固体、液体、甚至相当厚的气体都能发射这种辐射。热辐射的光谱是连续光谱,红、橙、黄、绿、青、蓝、紫。所有颜色光线都有,不同波长色光的能量随波长连续改变。第二种形式,物体在发射辐射过程中,不能仅用维持其温度来使辐射继续下去,而要依靠其他一些激发过程来获得能量以维持辐射。这种辐射叫"发光"。维持"发光"的来源是多种多样的,例如:

(1)物体中的原子或离子受到被电场加速的电子的轰击,使电子受到激发。当它由激发状

态回复到正常状态时,就会发出辐射,这一过程叫电致发光。如稀薄的气体或蒸气在放电管中所发出的辉光。就是这种过程。

(2)物体被光照射或预先被照射而引起它自身的发光,叫光致发光。荧光和磷光就属于这一类。日光灯管壁上发出的荧光是被管内水银蒸气的辉光所激发的。钠蒸气当被另一钠光灯发出的黄光照射时,也会发出黄光,这就是所谓共振辐射。

(3)由于化学反应而发光叫化学发光。如磷或腐物中的磷在空气中被缓慢氧化而发光。

(4)物体加热到一定温度也会发射辐射,这叫热发光。如本生火焰中放入钠或钠盐就能发出钠的黄光。热发光与热辐射不同,后者在任何温度下都在进行,而前者要达到一定温度后才产生。达到一定温度,火焰中的质点(原子、分子、离子,电子)有足够的动能去碰撞钠原子,使钠原子激发。当然上面所提的几种过程并不是截然分得很清楚的。但是它们的共同特点都是非平衡辐射,不能仅用温度来描述。它们的光谱主要是线光谱、带光谱,但也有连续光谱(例如弧柱中固体质点及炽热的电极头所发出的就是连续光谱)。

关于第二种形式辐射的性质,物质的结构及光谱规律,通常在原子物理学及光谱学中有详细介绍,这里我们就不再多说了。

按傅里叶分析,一个长度有限的波列,实际是由许多不同频率的简谐波组成,因此,光源发出的光是大量简谐波叠加的光波。

在光学中,我们把具有单一波长的光称为单色光,由很多不同波长复合起来的光称为复色光。显然,普通光源发出的光是复色光。但在光学实验中却常常需要具有一定波长的单色光。通常我们是用各种光谱分析仪或使用滤光片从复色光中获得近似单色的准单色光。准单色光是由一些波长相差很小的单色光组成的,有一定的波长范围。我们常用准单色光中光波强度大于最大强度的一半的波长范围 $\Delta\lambda$ 来表征单色光的单色程度,如图 3.3 所示。$\Delta\lambda$ 称准单色光的谱线宽度。$\Delta\lambda$ 愈小,谱线的单色性愈好。

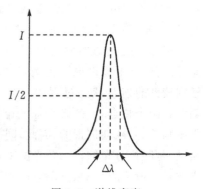

图 3.3　谱线宽度

在实验中,经常采用钠光作为单色光源,实际上钠光光谱中包含黄色光的两条谱线(D 线),但这两条谱线靠得很近,其波长可视为近似相同,因此钠光可当作单色光。

20 世纪 60 年代初发明的激光器是一种新的光源,其发光机理与普通光源不同,它是一种方向性和单色性非常好的强光光源,因而在生产和技术上得到了广泛的应用。

3.1.5　光强

按照经典电磁理论,光源中大量分子、原子形成的电偶极子的振动引起电场强度 E(简称电矢量)和磁场强度 H(简称磁矢量)的周期变化,从而产生光波。光波存在的区域形成光波场。在无限大均匀介质中 E 和 H 同相且互相垂直,它们又都与传播方向垂直,组成右手螺旋系统,如图 3.4 所示。图中实线表示矢量 E 在 Oxz 面内振动,虚线表示矢量日在 Oyz 面内振动。光波是一种横波,其电场和磁场的大小有下列关系:

$$\sqrt{\varepsilon}E = \sqrt{\mu}H \tag{3.2}$$

ε,μ 为光在介质中的介电常量和磁导率。光在介质中的速度为

$$v = \frac{1}{\sqrt{\varepsilon\mu}} \tag{3.3}$$

设真空中的介电常量和磁导率为 ε_0,μ_0。则介质的折射率为

$$n = \frac{c}{v} = \sqrt{\frac{\varepsilon\mu}{\varepsilon_0\mu_0}} \tag{3.4}$$

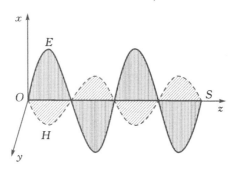

图 3.4　电磁波传播

大量实验证明,各种检测光的元件(例如感光胶片、光电池、光电倍增管)对光的反应以及光化学作用、光合作用、眼睛的视觉等,主要是由电磁波中的电场所引起。这是因为在光和物质相互作用的过程中,通常情况下,物质中带电粒子受的电场力作用比磁场力大得多。因此,我们选择电场强度 E 表示光场,并把电矢量 E 叫作光矢量。

光波的能量是存在于电磁场中的,电磁场的能量密度即单位体积中的能量为

$$w = \frac{1}{2}\varepsilon E^2 + \frac{1}{2}\mu H^2 \tag{3.5}$$

$\frac{1}{2}\varepsilon E^2$ 与 $\frac{1}{2}\mu H^2$ 分别为电场和磁场的能量密度。在光波传播过程中同时伴随有能量传输,波的强弱可用单位时间内通过垂直于传播方向单位面积的能量即能流密度 S 来衡量。在不考虑介质吸收的情况下,

$$S = \frac{1}{2}\left(\varepsilon E^2 + \frac{1}{2}\mu H^2\right)\sqrt{\frac{1}{\varepsilon\mu}} = EH \tag{3.6}$$

在各向同性介质中,光能沿波的传播方向流动,而且 E 和 H 垂直于波的传播方向,并与传播方向构成右手螺旋系,于是可将 S 写为矢量,即

$$\boldsymbol{S} = \boldsymbol{E} \times \boldsymbol{H} \tag{3.7}$$

这个矢量称为能流密度矢量,又常称为坡印廷(Poynting)矢量。

对于电矢量振幅为 E_0、磁矢量振幅为 H_0,沿 z 方向传播的简谐平面光波可表示为:

$$\boldsymbol{E} = \boldsymbol{E}_0\cos\omega\left(t - \frac{r}{u}\right), \quad \boldsymbol{H} = \boldsymbol{H}_0\cos\omega\left(t - \frac{r}{u}\right) \tag{3.8}$$

电场和磁场的变化频率在 10^{14} Hz 量级,S 随 t 变化非常快,它的瞬时值是无法直接测量的,人眼、感光板、光电管等接收器都只能对它在一定时间间隔内的平均值产生响应。通过光场中某处 P 的平均能流密度或光功率面密度称为该点的光强,用符号 I 表示,单位为 W/m²。将上式从 t 到 $t+T$ 的时间间隔内求平均,并用符号 $\langle S\rangle$ 表示,则

$$I = \overline{S} = \langle S \rangle = \frac{1}{T} \int_t^{t+T} S \, \mathrm{d}t$$

$$= \frac{1}{T} \int_t^{t+T} E_0 H_0 \cos^2 \omega \left(t - \frac{r}{u} \right) \mathrm{d}t = \frac{1}{2} \sqrt{\frac{\varepsilon}{\mu}} E_0^2 \tag{3.9}$$

上式表明,光场中某点的光强与介质的折射率和光振动振幅的平方成正比,也就是说测量光强的接收器只能给出关于光波振幅的信息,而不能反映光波的相位。在实际工作中经常测量和研究的是同一介质中某接收面上的相对光强分布,因而常将上式中的常数略去而写为

$$I = E_0^2 \tag{3.10}$$

如果在不同介质中比较光强时,则应写为

$$I = nE_0^2 \tag{3.11}$$

3.2 波的叠加与干涉

3.2.1 波动的独立性和叠加性

在力学中,从几个振源发出的波相遇于同一区域时,只要振动不是很强烈,就可以保持自己的特性(频率、振幅和振动方向等),按照自己原来的传播方向继续前进,彼此不受影响。这就是波动的独立性的表现。在相遇区域内,介质质点的合位移是各波分别单独传播在该点所引起的位移的矢量和。因此,可以简单地没有任何畸变地把各波的分位移按照矢量加法叠加起来,这就是波动的叠加性。这种叠加性是以独立性为条件的,是最简单的叠加。通常情况下,波动方程是线性微分方程,简谐波的表达式就是它的一个解。如果有两个独立的函数都满足同一个给定的微分方程,那么这两个函数的和也必然是这个微分方程的解,这就是两个独立波的叠加的数学意义。

如果两列波的频率相等,在观察时间内波动不中断,而且在相遇处振动方向几乎沿着同一直线,那么它们叠加后产生的合振动可能在有些地方加强,在有些地方减弱,这一强度按空间周期性变化的现象称为干涉。在叠加区域内,各点处的振动强度如果有一定的非均匀分布,那么这种分布的整体图像称为干涉图样。例如水面上两水波的干涉。

3.2.2 相干与非相干叠加

设有两个不同点光源 1、2 发出的同频率的单色光在空间某一点的光矢量为 E_1 和 E_2,它们的大小分别为:

$$E_1 = E_{10} \cos(\omega t + \varphi_1) \tag{3.12}$$

$$E_2 = E_{20} \cos(\omega t + \varphi_2) \tag{3.13}$$

叠加后合成的光矢量 $E = E_1 + E_2$。

在一般情况下叠加后光矢量的计算比较复杂,下面我们讨论两个光矢量的振动方向相同的情况,这时上式矢量相加便可简化为标量相加,即

$$E = E_1 + E_2 = E_{10} \cos(\omega t + \varphi_1) + E_{20} \cos(\omega t + \varphi_2) \tag{3.14}$$

其合成光矢量的量值是

$$E = E_0 \cos(\omega t + \varphi) \tag{3.15}$$

式中, E_0 称为合成光矢量的振幅, 其大小为:

$$E_0 = \sqrt{E_{10}^2 + E_{20}^2 + 2E_{10}E_{20}\cos(\varphi_2 - \varphi_1)}$$

$$\text{tg}\varphi = \frac{E_{10}\sin\varphi_1 + E_{20}\sin\varphi_2}{E_{10}\cos\varphi_1 + E_{20}\cos\varphi_2} \tag{3.16}$$

由于普通光源一次持续发光时间 τ_0 约为 10^{-8} 秒, 而人眼所能感受光强度变化的时间约为 0.1 秒, 感光胶片一般不超过 10^{-3} 秒。因此, 接受器所能感受的时间 $\tau \geq \tau_0$, 所以实际观察到的光强是 τ 时间内的平均光强, 而平均光强是正比于 $\overline{E_0^2}$, 所以

$$I \propto \overline{E_0^2} = \frac{1}{\tau}\int_0^\tau E_0^2 \,\mathrm{d}t$$

$$= \frac{1}{\tau}\int_0^\tau [E_{10}^2 + E_{20}^2 + 2E_{10}E_{20}\cos(\varphi_2 - \varphi_1)]\mathrm{d}t$$

$$= E_{10}^2 + E_{20}^2 + 2E_{10}E_{20}\frac{1}{\tau}\int_0^\tau \cos(\varphi_2 - \varphi_1)\mathrm{d}t \tag{3.17}$$

若在观察时间 τ 内, 两光波的相位差 $(\varphi_2 - \varphi_1)$ 不恒定, 是瞬息万变的, 即 $(\varphi_2 - \varphi_1)$ 多次重复地取 $0\sim 2\pi$ 范围内的各个值, 而且取各个值的机会均等, 因而

$$\int_0^\tau \cos(\varphi_2 - \varphi_1)\mathrm{d}t = 0 \tag{3.18}$$

则式 (3.17) 简化为

$$\overline{E_0^2} = E_{10}^2 + E_{20}^2 \tag{3.19}$$

或

$$I = I_1 + I_2 \tag{3.20}$$

由上式可知, 若相位差不恒定, 两束光叠加后的光强等于两束光分别照射的光强 I_1 和 I_2 之和, 光波的这种叠加称为非相干叠加。两个普通光源或普通光源不同部分发出的光的叠加都属于非相干叠加。

若在观察时间 τ 内, 两束光的相位差 $(\varphi_2 - \varphi_1)$ 是恒定的, 即 $\cos(\varphi_2 - \varphi_1)$ 为一常数, 则式 (3.17) 简化为

$$\overline{E_0^2} = E_{10}^2 + E_{20}^2 + 2E_{10}E_{20}\cos(\varphi_2 - \varphi_1)$$

或

$$I = I_1 + I_2 + 2\sqrt{I_1 I_2}\cos(\varphi_2 - \varphi_1) \tag{3.21}$$

由式 (3.21) 可知, 由于两束光存在相位差 $\Delta\varphi = (\varphi_2 - \varphi_1)$, 叠加后的光强不是简单地相加, 而是多了一项 $2I_1 I_2\cos(\varphi_2 - \varphi_1)$, 该项称为干涉项, 光波的这种叠加称为相干叠加。

如果 $I_1 = I_2$ 时, 则叠加后的光强为

$$I = 2I_1[1 + \cos(\varphi_2 - \varphi_1)] = 4I_1\cos^2\frac{\Delta\varphi}{2} \tag{3.22}$$

现在考察相位差, 沿着波的传播方向相位逐渐落后, 每前进一个波长, 相位落后 2π。在距离为 r 处, 相位落后 $2\pi/\lambda$。故 $\varphi_1 = \varphi_{10} - 2\pi r_1/\lambda$。$\varphi_2 = \varphi_{20} - 2\pi r_2/\lambda$。式中 $\varphi_{10}, \varphi_{10}$ 为两振源的初相。于是,

$$\Delta\varphi = \varphi_1 - \varphi_2 = \varphi_{10} - \varphi_{20} + \frac{2\pi(r_2 - r_1)}{\lambda} \tag{3.23}$$

如果两振源的初相相同, $\varphi_{10} = \varphi_{20}$, 则 $\Delta\varphi$ 正比于波程差 $(r_2 - r_1)$。

当 $\Delta\varphi=0$、$\pm2\pi$、$\pm4\pi$、$\cdots$时,则 $I=4I_1$,光强达到最大值,亦即该处最亮。

当 $\Delta\varphi=\pm\pi$、$\pm3\pi$、$\pm5\pi$、$\cdots$时,则 $I=0$,光强达到最小值,亦即该处最暗。

图 3.5 表示了相干叠加时光强 I 随相位差 $\Delta\varphi$ 变化的情况。由图 3.5 可看出,相干叠加时,空间各点的光强一般不同。因此,将产生一个稳定的光强分布图,称为干涉图样,这一现象称为光的干涉。

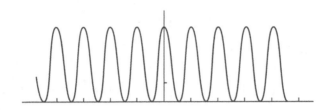

图 3.5　光强分布图

从上面的讨论可以看出,光的干涉条件和机械波的干涉条件相同,即要形成稳定的干涉图样。相干叠加的光波必须满足的条件是:它们的光矢量应振动方向相同,频率相同,相位差恒定。满足相干条件的光称为相干光,产生相干光的光源称为相干光源。

3.2.3　相干光的获得

根据光源的发光机理,我们知道两个独立的普通光源或同一光源的不同部分发出的光不是相干光,因为它们的频率一般不同,光矢量的振动方向及相位差随时间无规则地变化,不满足相干条件,这种非相干光源发出的光的叠加是不会产生稳定干涉图样的。

要实现相干叠加,观察到稳定的干涉图样,必须用满足相干条件的相干光。实际上利用普通光源获得相干光的方法的基本原理是把由光源上同一点发出的光设法分为两部分,然后再使这两部分叠加起来,由于这两部分光的相应部分实际上都来自于同一发光原子的同一次发光,所以它们将满足相干条件而成为相干光。

把光源上同一点发出的光分成两部分的方法有两种:一种是分波阵面法,它是采用光学方法把点光源发出的光波的同一波阵面上分割出两部分次光源,如图 3.6 所示,单色平行光照射到 S 狭缝上,根据惠更斯原理,S 可以看作新的波源,对外发射子波,S_1 和 S_2 是处在同一波阵面上的二个狭缝,由于它们是从同一光源分离出来,又处在同一波阵面上,所以必然满足相干条件。另一种方法是分振幅法,它是采用把面光源射到透明薄膜上的光束 a 分离为两部分,一部分是在薄膜的上表面反射的 a' 光束,另一部分是在薄膜的下表面反射后再透射出来的 a'' 光束,如图 3.7 所示。由于 a' 光束和 a'' 光束都是由 a 光束分离出来的,所以必然满足相干条件。第三种方法是分振动面法,利用某些晶体的双折射性质,可将一束光分解为振动面互相垂直的两束光。再通过一个偏振片,即可产生满足相干条件的两束光。

而在激光光源中,所有发光的原子或分子都是步调一致的动作,所发出的光具有高度的相干稳定性。从激光束中任意两点引出的光都是相干的,可以方便地观察到干涉现象。因而不必采用上述获得相干光的方法。

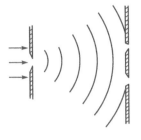
图 3.6　分波阵面法

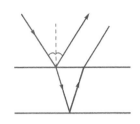
图 3.7　分振幅法

3.3　分波面法产生的干涉

下面我们介绍几种历史上利用分波面获得相干光的方法。

3.3.1　杨氏双缝实验

杨氏双缝实验是利用单一光源形成两束相干光,从而产生干涉效应的典型实验,在历史上,它是判断光具有波动性的最早实验。1801 年,托马斯·杨用此实验测出光的波长,从而成为历史上第一个测出光的波长的人。

实验装置如图 3.8 所示,单色平行光垂直照射开有狭缝 S 的不透明的遮光板(称为光阑)上,后面置有另一开有两个距离很小的平行狭缝 S_1 和 S_2 的光阑,S_1 和 S_2 到 S 距离相等。由于 S_1 和 S_2 处在同一波阵面上,它们的相位差为零,所以 S_1 和 S_2 就成了两个同相相干光源,它们发出的光在空间叠加将产生干涉现象,若在 S_1 和 S_2 后放一屏 E,在 E 上将出现一组稳定的明暗相间的条纹,称干涉条纹。

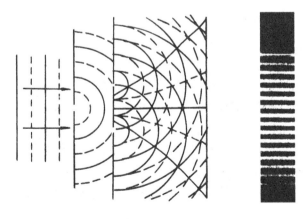
图 3.8　杨氏双缝实验

下面对屏幕 E 上的干涉条纹分布作定量分析,如图 3.9 所示,设相干光源 S_1 和 S_2 之间的距离为 d,其中点 M 到屏幕 E 上的距离为 D,令 P 为屏幕 E 上的任意一点,P 距 S_1 和 S_2 的距离分别为 r_1 与 r_2,从 S_1 和 S_2 发出的光到达 P 处的波程差是

$$\delta = r_2 - r_1 \approx d\sin\theta \qquad (3.24)$$

此处 θ 是 PM 和 M 处中垂线之间所成之角,实验中使屏幕的距离足够远,满足 $D \gg d$ 和 $D \gg x$, 此时 θ 角很小,则有 $\sin\theta \approx \mathrm{tg}\theta$。由图可看到 $\mathrm{tg}\theta = x$,所以

$$\delta \approx d\sin\theta \approx d\,\mathrm{tg}\theta = d\,\frac{x}{D} \tag{3.25}$$

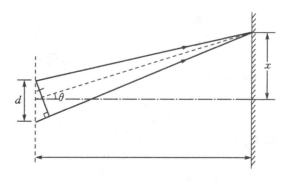

图 3.9　杨氏双缝实验几何光路

根据波的干涉加强与减弱条件可知,当

$$\delta = d\,\frac{x}{D} = \pm k\lambda \quad (k = 0,1,2,\cdots)$$

或

$$x = \pm k\,\frac{D\lambda}{d} \tag{3.26}$$

此时,P 处的光强极大,形成明条纹,当 $k=0$,有 $x=0$,因此,通过 O 点的 E 屏幕上出现一平行于狭缝的明条纹,称为中央明纹。按顺序与 $k=1$、$k=2$、$\cdots$ 相应的明条纹称第一级、第二级$\cdots$明条纹。当

$$\delta = d\,\frac{x}{D} = \pm(2k-1)\,\frac{\lambda}{2} \quad (k = 1,2,\cdots)$$

或

$$x = \pm(2k-1)\,\frac{D\lambda}{2d} \tag{3.27}$$

P 处的光强极小,形成暗条纹。对应于 $k=1$、$k=2$、$\cdots$,相应的暗条纹称第一级、第二级$\cdots$暗条纹。

　　如果波程差 δ 既不满足式(3.26),也不满足式(3.27),则 P 处的光强将介于最明和最暗之间。

　　由式(3.26)和式(3.27)可求得屏幕 E 上相邻明条纹或暗条纹中心的间距都是

$$\Delta x = x_{k+1} - x_k = \frac{D}{d} \cdot \lambda \tag{3.28}$$

可见,干涉条纹是一系列等距离分布的明暗相间的直条纹。

　　根据式(3.22)可得到干涉条纹的强度

$$I = 4I_1 \cos^2 \frac{\Delta}{\varphi} \tag{3.29}$$

显然,各级干涉条纹中心的强度相同,与级数无关。

由式(3.28)可见:

(1)若单色光的波长一定,双缝之间的间距 d 增大或双缝至屏的距离 D 变小,则干涉条纹间距 Δx 变小,即条纹变密。实验中总是使 d 较小而 D 足够远,不致使条纹过密而不能分辨。

(2)若 d 与 D 保持不变,Δx 正比于波长 λ,也就是短波长的紫光的条纹比长波长的红光条纹要密。为此,在实验中如用白光作光源,则屏幕 E 上除中央明纹仍为白色外,其他各级条纹由于不同波长的光形成明、暗条纹的位置不同而呈现彩色条纹;彩色条纹的颜色由内向外的排列是从紫到红。当波程差 δ 满足关系

$$\delta = k_1\lambda_1 = k_2\lambda_2 \tag{3.30}$$

时,λ_1 的第 k_1 级条纹和 λ_2 的第 k_2 级条纹发生在同一位置,这种现象就是条纹的重叠。

(3)若 Δx、d、D 由实验测出时,可利用式(3.27)来测定光的波长 λ。

如果用激光器作为光源,由于激光有良好的相干性和较高的亮度,就可直接把激光投射在双缝上,而不必利用光阑。也可在激光的输出端的高反射膜上划两条狭缝,用作杨氏干涉的双缝。此时屏上也可以观察到一套稳定明显的干涉条纹。说明激光束的不同部位是相干的。

例 3.1 在杨氏双缝实验装置中,光源波长 $\lambda = 6.4 \times 10^{-5}$ cm,两狭缝间距 d 约为 0.4 mm,光屏离狭缝距离 D 为 50 cm,试求:

(1)光屏上第一明条纹中心和中央明纹中心之间的距离。

(2)若 P 点离中央明纹的中心距离 x 为 0.1 mm,问两光束在 P 点的相位差是多少?

(3)求 P 点的光强和中央明条纹中心 O 点的强度之比。

解 (1)根据条纹间距公式(12.7)

$$\Delta x = \frac{D}{d}\lambda = \frac{50}{0.04} \times 6.4 \times 10^{-5} = 8.0 \times 10^{-2}(\text{cm})$$

(2)两束光到达 P 点的波程差为

$$\delta = \frac{x}{D}d = \frac{0.01}{50} \times 0.04 = 0.8 \times 10^{-5}(\text{cm})$$

根据相位差与波程差关系得

$$\Delta\varphi = \frac{2\pi}{\lambda}\delta = \frac{2\pi}{6.4 \times 10^{-5}} \times 0.8 \times 10^{-5} = \frac{\pi}{4}$$

(3)根据光强公式(12.4)得

$$\frac{I_r}{I_0} = \frac{4I_1\cos^2\dfrac{\Delta\varphi}{2}}{4I_1\cos^2\dfrac{\Delta\varphi_0}{2}} = \frac{\cos^2\dfrac{1}{2}\dfrac{\pi}{4}}{\cos^2 0} = \cos^2\frac{\pi}{8} = 0.8536$$

例 3.2 在杨氏双缝实验中,设两缝间的距离 $d = 0.2$ mm,屏与缝之间距离 $D = 100$ cm,试求:

(1)以波长为 5890×10^{-10} m 的单色光照射时,第 10 级明条纹中心距中央明纹中心的距离;

(2)第 10 级干涉明纹的宽度;

(3)以白光照射时,屏上出现彩色干涉条纹,求第二级光谱的宽度。

解 (1)任一级明条纹中心离开中央明条纹中心距离为

$$x = \pm k\frac{D}{d}\lambda$$

因求第 10 级明条纹中心离开中央明条纹中心的距离,故取 $k=10$,所以

$$x_{10} = \frac{10 \times 1}{0.2 \times 10^{-3}} \times 5890 \times 10^{-10} = 2.945 \times 10^{-2} (\text{m})$$

(2)第 10 级明条纹的宽度,则为第 10 级和第 11 级暗条纹之间距,由暗条纹公式可知

$$d \frac{x}{D} = (2k-1) \frac{\lambda}{2}$$

任一级暗条纹离开中央明条纹的距离

$$x_{暗} = (2k-1) \frac{D\lambda}{2d}$$

$$\Delta x_{10} = x_{11暗} - x_{10暗} = \frac{D\lambda}{2d} [(2k_{11}-1) - (2k_{10}-1)]$$

$$= \frac{D}{d}\lambda = \frac{1}{0.2 \times 10^{-3}} \times 5890 \times 10^{-10} = 2.945 \times 10^{-3} (\text{m})$$

(3)由于 $x \propto \lambda$,则 $x_{紫} < x_{红}$,所以在同一级干涉光谱中,紫色光比红色光靠近中央明纹,离开中央明纹的排列次序为紫、蓝、青、绿、黄、橙、红,第 2 级谱线取 $k=2$,

$$x_{紫} = \pm k \frac{D}{d}\lambda_{紫}$$

$$x_{红} = \pm k \frac{D}{d}\lambda_{红}$$

所以第 2 级光谱线宽度

$$\Delta x = x_{红} - x_{紫} = \pm k \frac{D}{d}(\lambda_{红} - \lambda_{紫})$$

$$= \frac{1}{0.2 \times 10^{-3}} \times 2 \times (7600 - 4000) \times 10^{-10}$$

$$= 3.6 \times 10^{-3} (\text{m})$$

3.3.2 洛埃镜实验

杨氏双缝实验的缺陷是光强小(狭缝限制)因而使得屏幕上干涉条纹不够清晰。后来又有许多干涉现象明显的获得相干光的实验问世。洛埃镜实验就是其中的一个。

洛埃镜实验应用一个光源直接发出的光与它在一个平面镜上反射光构成相干光。图3.10表示的是洛埃镜的实验装置图。S_1 是一狭缝光源,MN 为一块下表面涂黑的普通平板玻璃(称洛埃镜),从 S_1 发出的光,一部分直接射到屏幕 E 上,另一部分以掠射角(近 90°的入射角)入射到平面镜 MN 后反射到屏幕 E 上,这部分反射光好象从 S_1 的虚像 S_2 发出的一样,S_1 和 S_2 形成一对相干光源,它们发出的光在屏幕上(斜线部分)相遇,产生明暗相间的干涉条纹。以上实验,干涉条纹位置和间距的计算与杨氏实验相同,但值得指出的是在洛埃镜实验中,如果将屏幕平移到与洛埃镜一端接触,即图 3.10 虚线所示位置,这时到达接触点处 N 的两光束的波程差为零。理应在 N 点出现零级明条纹,但实际是一暗条纹。这是因为其中反射光束从光疏介质(空气)到光密介质(玻璃)界面上反射时,反射光有大小为 π 的相位突变造成的。由波动理论知道,相位变化 π,相当于波程少了(或多了)半个波长 $\frac{\lambda}{2}$,这种现象称为半波损失。

今后在讨论有关光学问题时,若有半波损失,在计算时必须计及,否则会得出与实际情况不符

的结果。

　　洛埃德镜实验所得的干涉图除 O 点为暗条纹的特点之外,它与前述诸干涉图样不同之处,还在于它只在 O 点的一侧有干涉条纹,而杨氏双狭缝等的干涉条纹是对称地分布在零级条纹的两侧的。

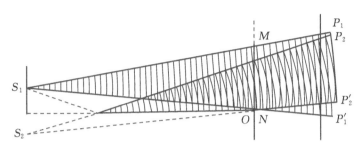

图 3.10　洛埃镜实验

3.3.3　菲涅耳双棱镜和双平面反射镜实验

　　在杨氏做完双狭缝实验后不久,曾有反对的意见,认为该实验中的亮暗相间且等宽的干涉图样或许是由于光经过狭缝边时发生的复杂变化,而不是由于真正的干涉。但几年之后,菲涅耳做了几个新实验,这些实验对于两束光的干涉的证明使大家都满意。这就是上面提过的双棱镜实验和双平面反射镜实验。

　　这两个实验的原理是这样的:在双棱镜实验(图 3.11)中,所用双棱镜的折射角 α 很小,并且主截面垂直于作为光源的狭缝 S;双棱镜的两个棱镜的底边相接(实际上是做在一起),借助于棱镜的折射,将自 S 发出的波阵面分为向不同方向传播的两个部分,这两部分波阵面好像自图中所示的虚光源 S_1。和 S_2 发出的一样。在两波相交的区域 $P_1 P_2'$ 产生干涉。

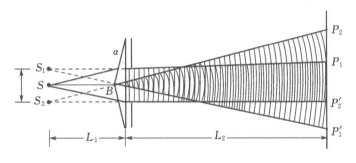

图 3.11　双棱镜实验

　　在由两个平面玻璃以很小的夹角组成的菲涅耳双平面反射镜的实验(图 3.12)中,借助于两平面的反射,将自 S 发出的波阵面分为向不同方向传播的两个部分,这两部分波阵面如同自图中所示的虚光源 S_1 和 S_2 中发出的一样,在两波相交的区域 $P_2 P_2'$ 产生干涉。在给定距离的幕上,相邻条纹的间隔决定于自 S 发出的光的波长和两虚光源的距离。

　　双棱镜与双平面反射镜实验中相邻条纹的间隔分别为:

$$\Delta l = \frac{(L_1 + L_2)}{2(n-1)\alpha L_1}\lambda \tag{3.31}$$

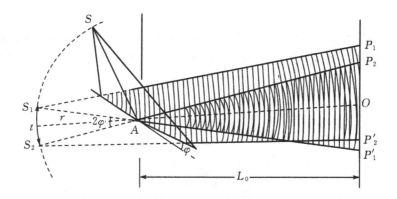

图 3.12　菲涅耳双平面反射镜的实验

$$\Delta l = \frac{(r + L_0)}{2r\varphi}\lambda \tag{3.32}$$

在这两种实验中,角 α 和 φ 都必须很小,否则条纹太密,得不到明显的干涉图样。

3.3.4　条纹的移动

在干涉装置中,人们不仅注意干涉条纹的静态分布,而且关心它们的移动和变化,因为干涉的许多应用都与条纹的变化有关,造成条纹移动的因素来自三方面:光源的移动;装置结构的变化;光路中介质的变化。

探讨条纹移动时,通常采用两种方式提出问题:

(1)固定干涉场中的一点 P,观察有多少条干涉条纹移过此点,如显微镜或望远镜中心的叉丝。

(2)跟踪干涉场中某级条纹(一般是 0 级条纹,看它朝什么方向移动多少距离)。

下面仅就由于光源(狭缝)S 的位置发生横向移动时所引起的干涉条纹移动进行讨论。在图 3.13 所示装置中,当光源 S 未移动时,0 级明纹生在 P_0 处,设当光源 S 沿 X 轴发生微小位移 δs,移动到 S' 处时,0 级明条纹发生位移 δx,移动到 P'_0 处。对 0 级明纹的 P'_0 来说,两光路的光程应相等,则有:

$$R_1 + r_1 = R_2 + r_2 \quad R_1 - R_2 = r_2 - r_1$$

可见,当 S 向下移动时,即 0 级明纹向上移动;

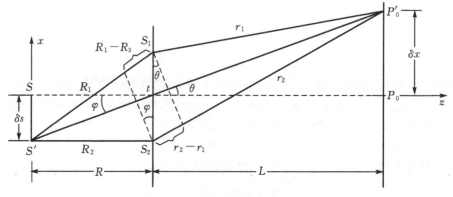

图 3.13　杨氏双缝光源下移光路

$$R_1^2 = R^2 + \left(\frac{d}{2} + \delta_s\right)^2 \quad R_2^2 = R^2 + \left(\frac{d}{2} - \delta_s\right)^2$$

可得 $(R_1 - R_2)2R = 2d\delta_s$,即:$R_1 - R_2 = d\delta_s/R$

$$r_2 - r_1 \approx d\sin\theta \approx d\tan\theta = d\frac{\delta_x}{D}$$

$$\delta_X = \frac{D}{R}\delta_s \tag{3.33}$$

由此可见,在光源和屏至双孔距离一定的条件下,条纹平移的距离和光源平移的距离成正比,条纹移动的方向和光源移动的方向则相反。

从上面的讨论还可以看出,由于干涉条纹的取向沿 Y 方向,当点光源沿 Y 方向平移时,不会引起干涉条纹的变动。因此将点光源换为平行于狭缝的线状光源时,在傍轴近似条件下,线光源上各点所产生的干涉条纹彼此重叠。即用线光源时可以增加条纹的可见度,却不至于引起条纹位置的变化,所以在通常的实验中都采用狭缝光源。

对于其他两光束分波前干涉装置,同样可以用上述方法分析点光源移动所引起的条纹变化。但须注意,在某些装置中(例如劳埃德镜),点源移动时将引起两相干光源距离的变化,从而将引起条纹间距的改变。

3.4 干涉条纹的可见度

3.4.1 干涉条纹的可见度(或反衬度)

为了描述在干涉区域内某点 P 附近干涉条纹的清晰程度,引入干涉条纹的可见度,可见度 γ 的定义为

$$\gamma = \frac{I_M - I_m}{I_M + I_m} \tag{3.34}$$

式中,I_M 和 I_m 分别为 P 点附近的光强极大值和极小值。由式可知,当 $I_m = 0$,$\gamma = 1$,此时可见度高,干涉条纹清晰可见;当 $I_M = I_m$ 时,$\gamma = 0$,可见度为零,干涉条纹消失。

3.4.2 相干光波的相对光强对可见度的影响

光强分别为 I_1 和 I_2 的两相干光波叠加时,有 $I_M = (A_1 + A_2)^2$,$I_m = (A_1 - A_2)^2$

$$\gamma = \frac{2A_1A_2}{A_1^2 + A_2^2} \tag{3.35}$$

可见当 $A_1 = A_2$ 时,$\gamma = 1$,反衬度最大,如图 3.14 所示。当 $A_1 \ll A_2$ 或 $A_1 \gg A_2$ 时,即 A_1、A_2 相差悬殊时,$\gamma = 0$,反衬度最小。此时干涉条纹消失,叠加区域内的光强几乎是一片均匀的亮度。因此在相干条件中应该附加上一个条件,即二相干光波的光强和振幅相等或者相差不大。

双光束干涉时,任一点的光强为

$$I = A^2 = A_1^2 + A_2^2 + 2A_1A_2\cos\Delta\Phi$$

令,$I_0 = A_1^2 + A_2^2$,则

$$I = I_0(1 + \gamma\cos\Delta\varphi) \tag{3.36}$$

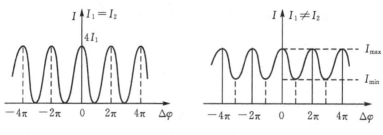

图 3.14　反衬度

3.4.3　光源的宽度对可见度的影响

在讨论杨氏双缝实验时,总是认为狭缝光源 S 是无限细的,实际上,任何一个实际的狭缝都有一定的宽度。任何一个有一定宽度的狭缝光源 S 都可看成是由许许多多不相干的无限细的小缝光源组成。而每一个小缝光源都在屏幕上产生一组干涉条纹,所以屏幕上呈现出的将是许多组干涉条纹进行非相干叠加的结果。由于小缝光源的位置不同,以致各组条纹之间产生位移,这样,干涉场的总强度分布中暗条纹的强度不为零,因而条纹的可见度下降。当光源大到一定程度时,条纹可见度可以下降到零,我们完全看不见干涉条纹。

条纹可见度降为零时,光源的宽度称为临界宽度。下面我们以杨氏干涉实验为例,求出光源的临界宽度。假设光源是以 S 为中心的扩展光源 $S'S''$(见图 3.15),那么扩展光源的每一个发光点都在屏幕上产生各自的一组条纹,整个扩展光源产生的条纹就是每一个点光源产生的条纹的相加。如果扩展光源的边缘点 S'' 和 S' 到 S_1 和 S_2 的光程差分别等于 $\pm\lambda/2$,则 $S'S''$ 通过杨氏装置产生的条纹与光源中心 S 产生的条纹相互位移半个条纹间距,S' 与 S'' 的条纹相互位移一个条纹间距,光源上的其他点源产生的条纹在一个条纹间距之间。这样一来,屏幕的光强将处处相等,看不见条纹。这时光源的宽度即为临界宽度。

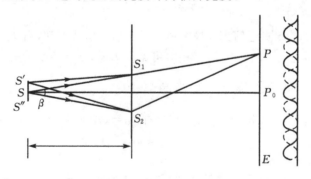

图 3.15　光源临界宽度

由图 3.15 的几何关系,可以得到

$$S'S_2 - S'S_1 = \frac{b_c d}{2l}$$

式中 b_c 为光源临界宽度。根据上述分析,b_c 应满足下式:$\dfrac{b_c d}{2l} = \dfrac{\lambda}{2}$

可得：

$$b_c = \frac{l}{d}\lambda \tag{3.37}$$

一般认为，光源宽度不超过临界宽度的 1/4 时，条纹的可见度仍是很好的。临界宽度的 1/4 称为许可宽度。

现在我们把问题反过来，若果给定了光源宽度 b_c，应如何在光源 S 的波阵面上割取次波源 S_1、S_2，才能使由 S_1、S_2 发出的次波是相干的，这就是所谓空间相干性问题。由(3.36)式知，这时的双缝间距极限 d_0 和干涉孔径角 θ_0 为

$$d_0 = \frac{l}{b}\lambda \tag{3.38}$$

或者是：

$$\theta_0 = \frac{d_0}{l} = \frac{\lambda}{b} \tag{3.39}$$

式中 θ_0 是 S_1、S_2 对 S 的张角（一般地定义为到达干涉场某一点的两支相干光从发光点发出时的夹角）。它表明，当所割取的 S_1、S_2 对光源中心的张角 $\theta < \theta_0$ 时，则由 S_1、S_2 发出的次波是相干的；反之，当 $\theta \geqslant \theta_0$。时，则由 S_1、S_2 发出的次波不是相干的。也就是说，凡是在极限干涉孔径角以内的双缝，它们的次波是相干的，如图 3.16 中的 S''_1、S''_2；反之，凡是在极限干涉孔径角以外的双缝，它们的次波不是相干的，如 S'_1、S'_2。

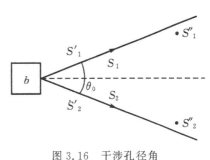

图 3.16　干涉孔径角

式(3.37)和(3.38)同样形式简单，在于涉仪理论中有着重要意义。它们虽然是从杨氏装置推导出来的，但可以证明它们也适用于其他干涉装置。

例 3.3　在杨氏双缝实验中，如果用折射率 $n = 1.58$ 的透明薄膜盖在一个缝上，如图 3.17 所示，并用 $\lambda = 6.328 \times 10^{-7}$ m 的氦氖激光照射，发现中央明条纹向上移动 3 条，试求薄膜的厚度。

解　由于 P 点是放入薄膜后，中央明条纹中心的位置，显然 S_1 和 S_2 到达 P 点的两条光线的光程差为零。设薄膜的厚度为 x，即

$$r_2 - (r_1 - x + nx) = k\lambda = 0$$

P 点又是未放进介质前 N 级明条纹的位置，所以

$$r_2 - r_1 = N\lambda = 3\lambda$$

两式联解得

$$x = \frac{3\lambda}{n-1} = \frac{3 \times 6.328 \times 10^{-7}}{1.58 - 1}$$
$$= 3.27 \times 10^{-6}\,(\text{m})$$

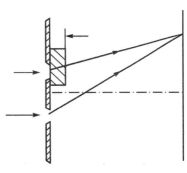

图 3.17

3.5　分振幅法产生的干涉——薄膜干涉

如图 3.18 所示，MM' 是透明介质薄膜，一束光 OA 入射到薄膜上 A 点，它产生反射光束 1 和折射光束 AB。光束 AB 入射到薄膜下表面上 B 点，一部分反射，一部分折射，形成反射光束 BC 和透射光束 $1'$。光束 BC 在上表面的 C 点一部分反射后形成透射光束 $2'$，另一部分折回薄膜上侧形成光束 2。这些反射和折射的光束是从同一光束分出来的，因而是相干的，它们在 P 和 P' 点相遇时就会产生干涉。这种由薄膜两表面反射或透射出去的光所产生的干涉，通常称为薄膜干涉。因为入射光在界面反射和折射时所携带的能量一部分反射回来，一部分透射出去，透射光和反射光的能流都比入射光的能流小，而能流密度正比于振幅的平方，所以可形象地说成是振幅被"分割"了。这种由薄膜表面的反射和折射将一束光分成两束（或多束）相干光的方法称为分振幅法。

实际上一束光入射到薄膜上时，它将在表面上相继产生多次反射和折射而形成多束反射光和透射光。但是通常的介质膜的反射率都很低，在这多束光中，除起初两条外其余都很弱，它们对干涉场的贡献很小，因而可以忽略不计。例如一束光接近正入射到平行平面玻璃上时（见图 3.19，图中的入射角是夸大了的），反射率约为 4%，对于这种玻璃板所分割出的多光束叠加而产生的干涉，可以只考虑初始两条，从而作为两光束干涉处理。

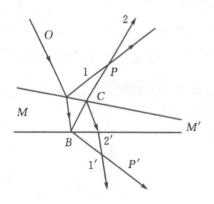

图 3.18　光束入射透明介质薄膜

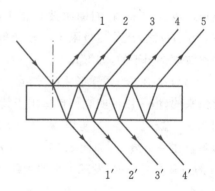

图 3.19　光束接近正入射到平行平面玻璃

在我们的周围可以见到许多种薄膜干涉现象。例如肥皂泡和在平静水面上的油膜表面的彩色图样，金属或半导体经高温处理后，表面的氧化层所呈现的彩色，以及许多昆虫（蝉、蜻蜓）翅翼上所见的缤纷色彩等，皆是薄膜前后表面反射光的干涉所致。近来发现，孔雀羽毛的美丽色彩源于其羽支内周期性排列的纳米尺度微小结构。

薄膜干涉通常分为平行平面膜产生的等倾干涉和非平行平面膜产生的等厚干涉两种类型，我们分别在本节和下节讨论。

3.5.1　等倾干涉

1. 等倾干涉条纹分布

有一块平行薄膜，厚度为 e，折射率为 n_2，置于折射率为 n_1 的介质中（设 $n_1 < n_2$），如图 3.

20 所示。由宽面光源上某点 S_1 发生的一束光线射到薄膜表面 A 上分为二部分。一部分在上表面反射,成为 a 光线,另一部分折射进入薄膜,在另一界面上反射后又折射进入 n_1 介质,成为 b 光线。由于 a 与 b 是由同一光线分离出来,满足相干条件,所以可看到干涉条纹。

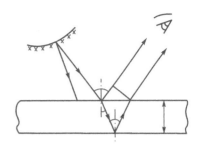

图 3.20　等倾干涉

　　由于干涉而产生明暗条纹的条件取决于 a 与 b 两条光线的光程差。为此,过 C 点作 CD 垂直于 a 光线,由于 C 和 D 到观察点的光程相等,所以两条光线的光程差为

$$\delta = n_2(AB + BC) - n_1 AD + \frac{\lambda}{2}$$

式中附加了 $\frac{\lambda}{2}$,是由于 a 光线自光疏介质射到光密介质在薄膜上表面反射时产生的半波损失,而 b 光线自光密介质射到光疏介质在薄膜的下表面反射时不产生半波损失,因此 a 光线、b 光线因半波损失而产生的附加的光程 $\frac{\lambda}{2}$。根据几何关系得

$$AB = BC = \frac{e}{\cos\gamma}$$

$$AD = AC\sin i = 2e\,\mathrm{tg}\gamma\sin i$$

又根据折射定律

$$n_1 \sin i = n_2 \sin\gamma$$

由以上三式可得

$$\delta = 2n_2\frac{e}{\cos\gamma} - 2n_1\mathrm{tg}\gamma\sin i + \frac{\lambda}{2} = 2e\sqrt{n_2^2 - n_1^2\sin^2 i} + \frac{\lambda}{2}$$

附加的光程差 $\frac{\lambda}{2}$ 前应取正号或负号,理论上无从得出明确的结果。而且从实用观点看也无必要去追究,因为取正号或负号的差别仅仅在于干涉条纹的干涉级相差 1 级,对条纹的其他特征(如形状、间距、可见度)并无影响。而且在实际测量中,通常都只计算干涉级的变化,只有少数情况需要确定条纹的绝对级数,所以上式中取正号或负号一般并不重要。

　　薄膜干涉的明、暗条件为

$$\delta = 2e\sqrt{n_2^2 - n_1^2\sin^2 i} + \frac{\lambda}{2}$$

$$= \begin{cases} k\lambda & (k = 1,2,3\cdots) \quad \text{明条纹} \\ (2k+1)\dfrac{\lambda}{2} & (k = 0,1,2,\cdots) \quad \text{暗条纹} \end{cases} \tag{3.40}$$

由式(3.40)可见,当介质和波长一定(即 n_1,n_2,e,λ 一定)时,光程差取决于倾角 i,同一级干涉条纹上的各点对应同一倾角,所以称为等倾干涉条纹。

　　在图 3.20 中,若所用光源是非单色的,则由于各种波长的光各自在薄膜表面形成自己的一套彩色干涉图样,而各套图样的干涉条纹互相错开,因而在薄膜表面形成彩色绚丽的花纹,这正是前面提到的薄膜干涉现象。

2. 观察等倾干涉的装置和光路

　　按照等倾干涉的定义,为了获得等倾干涉条纹,必须具备两个条件:一是要有厚度均匀的薄膜；二是入射到薄膜上的光束要有各种不同的入射角。图 3.21 是一种常用的观察等倾干涉的简单装置的示意图，图中会聚透镜 L 的光轴与薄膜 F 表面的法线重合，与薄膜表面成 45°角放置的分束镜 M 可使入射光一半反射一半透射。用扩展光源照明时，接收屏 P 置于透镜 L 的焦平面内，若用眼睛直接观察，则需调焦在无穷远处。

如图所示，从点 S 发出沿水平方向前进的光线 SC，经分束镜反射后正入射到薄膜 O 处，经膜两表面反射后沿原路径到达分束镜上 C 点，然后穿过分束镜和透镜的中心与接收屏交于 O' 点。从 S 发出的与水平方向成任意角 θ 的入射光线 SA 经分束镜反射后以入射角 i 入射到薄膜上的 B 处，再经膜两表面反射形成反射光线对（为了简洁，图中未画出膜内的折射和下表面上的反射），穿过分束镜和透镜在屏上的 B' 点叠加产生干涉，干涉结果决定于这对光线到达 B' 点的光程差。以 SC 为轴线，SA 为母线画一圆锥面，沿此圆锥面入射的光线经分束镜反射后入射到薄膜上以 O 为心，OB 为半径的圆周上。每一入射线经膜两表面反射后形成一对反射线，这些反射光线对分别交于接收屏上以 O' 为圆心，$O'B'$ 为半径的圆周上。因为凡是入射角相同的光线所形成的反射光线对在接收屏上叠加时有相同的光程差，从而有相同的干涉结果，所以此圆周上各点有相同的光强。再考虑从 S 发出的以 θ 为顶角的一光锥，在此光锥内的光线可看成是分布于顶角在 0 到 θ 范围内连续变化的各圆锥面上。沿同一圆锥面入射的光线有相同的入射角，经反射后形成的各反射光线对在接收屏上各自相交于具有相等光强的同一圆环上。因为入射角是连续变化的，由(3.39)式可知，这些圆环的光强也是连续变化的，即接收屏上生成的干涉图样是以 O' 为圆心，强度连续变化的一系列明暗相间的同心圆环。如图 3.22 所示。

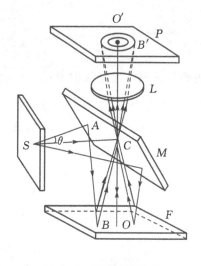

图 3.21　等倾干涉装置

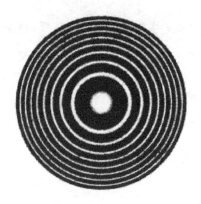

图 3.22　等倾干涉图样

3. 等倾干涉圆条纹的性质

（1）相邻条纹的角距离。等倾干涉环中心的干涉级最高，从中心到边缘干涉级逐渐减小。为了简便起见，我们首先假定第 K 级极大对应的膜内折射角为 i_2，如图 3.23 所示。

$$2n_2 h\cos i_2 = (2k-1)\frac{\lambda}{2}$$

对第 $k+1$ 级亮条纹,有

$$2n_2h\cos i'_2 = [2(k+1)-1]\frac{\lambda}{2}$$

两式相减得

$$2n_2h[\cos i'_2 - \cos i_2] = \lambda$$

由于

$$\cos i'_2 - \cos i_2 \approx (\frac{d\cos i}{di})_{i=i_2}(i'_2 - i_2)$$
$$= -\sin i_2 \Delta i_2$$

可得

$$2n_2h\sin i_2 \Delta i_2 = \lambda$$

即,相邻条纹间的角距离

$$\Delta i_2 = \frac{\lambda}{2n_2h\sin i_2} \tag{3.41}$$

由此可见,从中心愈往外,K 愈小,干涉环分布愈密。

（2）干涉环的角宽度。干涉环的角宽度即是亮条纹中心到相邻暗条纹中心的角距离。对 K 级亮纹与 K 级暗纹分别有

$$2n_2h\cos i_2 = (2k-1)\frac{\lambda}{2} \quad 2n_2h\cos(i_2+\delta i_2) = k\lambda$$

两式相减得

$$\delta i_2 = \lambda/4n_2h\sin i_2 \tag{3.42}$$

由此可见,中央条纹没有周围的细锐。

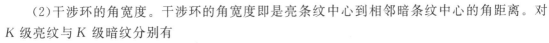

图 3.23　等倾干涉几何光路

4. 透射光的干涉条纹

在图 3.17 中,从薄膜下表面透射出来的光束也是相干的,因此从膜的下方也应观察到干涉条纹。不过当薄膜上下两侧处于同种介质中时,$1'$ 和 $2'$ 两光束之间没有附加的光程差,所以反射光和透射光的干涉图样是互补的,而且由于 $1'$ 和 $2'$ 两束光的振幅相差很太,所以透射光干涉图样的可见度很低。

3.5.2　等厚干涉

上面讨论的是单色光入射到平行平面薄膜时所产生的干涉现象。现在讨论薄膜厚度不均匀时所产生的干涉现象。

1. 观察等厚干涉的实验装置

点光源 S 照明尖劈形薄膜,从两表面反射的光波叠加形成干涉场。若要计算从 S 经两表面到场中任一点 P 的光程差是颇为复杂的,我们仅限于讨论膜很薄且位于薄膜表面附近场点的干涉。如图 3.24 所示,当膜很薄时,图中的 A,P 两点相距很近,在 AP 区间内膜厚可视为相等,从 S 发出经两表面反射到达 P 点的一对相干光线的光程差仍可由

$$\delta = \begin{cases} 2h\sqrt{n-n_0^2\sin^2 i_1} \pm \lambda/2 \\ \text{或 } 2nh\cos i_2 \pm \lambda/2 \end{cases} \tag{3.43}$$

式中 i_1 为 A 处入射角,h 为 A 处膜厚。如果用入射角完全相同的

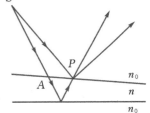

图 3.24　等厚干涉

单色光投射到薄膜上,则光程差仅仅决定于薄膜的厚度。在薄膜厚度相同的地方,反射光线对所产生的光程差相同,从而有相同的干涉结果,这种干涉称为等厚干涉。等厚干涉条纹的形状取决于薄膜上厚度相同点的轨迹。

下面我们只研究单色光在劈尖形状的薄膜上的干涉和牛顿环。

2. 劈尖的干涉

两块平面玻璃片,如果一端叠合,另一端夹一细丝,这样在两块玻璃片之间形成的空气薄膜称为空气劈尖,如图 3.25(a)所示,两玻璃片的交线称为棱边,与棱边平行的线上各点对应的劈尖厚度相等,两玻璃片的夹角称为劈尖角。当平行光垂直入射时,在空气劈上、下表面反射的光线 a 与 b 将发生干涉,设劈尖某一点的空气膜厚度为 e,此时 $n_2 = 1$(空气)、$i = 0$(垂直入射),可得 a 与 b 两条光线的光程差为

$$\delta = 2e + \frac{\lambda}{2}$$

$$= \begin{cases} 2k\dfrac{\lambda}{2} & (k = 1,2,3\cdots) \quad 明条纹 \\ (2k+1)\dfrac{\lambda}{2} & (k = 0,1,2,\cdots) \quad 暗条纹 \end{cases} \tag{3.44}$$

式中,$\dfrac{\lambda}{2}$ 是附加光程差,这是由于空气劈的折射率比上、下两玻璃片的折射率都小,在空气劈上、下表面只有下表面的反射光有半波损失的缘故。

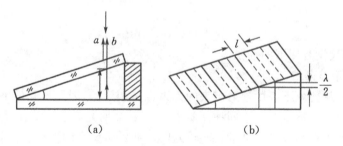

图 3.25　劈尖的干涉

由此可见,在单色光垂直入射的情况下,在干涉图样中同一条干涉条纹下的薄膜厚度相等,所以劈尖干涉是等厚干涉。空气劈的棱边由于 $e = 0$,光程差为 $\dfrac{\lambda}{2}$,所以棱边为暗纹,劈尖表面出现与棱边平行的、明暗相间的、均匀分布的干涉条纹,如图 3.25(b)所示。离棱边越远,k 则越大,即条纹的次越大。

由式(3.44)可求得两相邻明条纹(或暗条纹)对应的空气层厚度差为 Δe

$$\Delta e = e_{k+1} - e_k = \frac{1}{2}(k+1)\lambda - \frac{1}{2}k\lambda = \frac{\lambda}{2} \tag{3.45}$$

设相邻明条纹(或相邻暗条纹)间的距离为 l,则由图 3.23(b)可知

$$l\sin\theta = \frac{\lambda}{2} \quad 即 \quad l = \frac{\lambda}{2\sin\theta}$$

通常 θ 很小,所以 $\sin\theta \approx \theta$,则上式变为

$$l = \frac{\lambda}{2\theta} \tag{3.46}$$

由此可见,劈尖角 θ 越小,条纹间距越大,若能测得相邻条纹间距离 l,便可由式(3.46)求出入射光的波长或微小角度 θ。

若劈尖不是空气劈尖,而是由折射率为 n 的介质制成,则光程差的公式应为 $\delta = 2ne + \dfrac{\lambda}{2}$,式(3.45)和式(3.46)分别变为:

$$\Delta e = \frac{\lambda}{2n} \tag{3.47}$$

$$l = \frac{\lambda}{2n\theta} \tag{3.48}$$

若用复色光照明,每一单色成分将各自形成一套干涉条纹,并且在同一级中波长愈长对应于厚度 h 愈大的位置。若用白光照明,则可在接近劈棱的地方观察到彩色条纹。在同级条纹中劈尖朝厚度增加的方向是按由紫到红的色序排。用一根铁丝做成矩形框,放入肥皂水中,然后再竖起来,这时框中形成一层肥皂液的薄膜,在重力作用下成为上薄下厚的尖劈状,在阳光照射下就可看到一组横向排列的彩带。

劈尖干涉在实际中有很多应用,利用劈尖干涉可以测定微小的角度、微小的厚度、单色光的波长和介质的折射率等。

例 3.4　为了测量一根细的金属丝直径 D,按图 3.26 办法形成空气劈尖,用单色光垂直照射形成等厚干涉条纹,用读数显微镜测出干涉明纹的间距,就可以算出 D,已知 $\lambda = 0.5893\ \mu m$,测量结果是:金属丝与劈尖顶的距离 $L = 28.880\ mm$,第一条明条纹到第 31 条明条纹的距离为 4.295 mm,求 D。

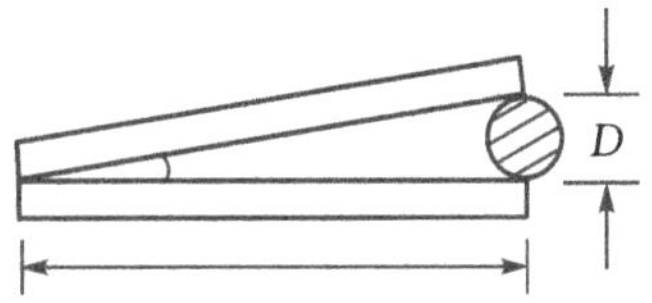

图 3.26

解　因角度 θ 很小,故可取 $\sin\theta \approx \dfrac{D}{L}$,于是得 $l \cdot \dfrac{D}{L} = \dfrac{\lambda}{2}$,故 $D = \dfrac{L}{l} \cdot \dfrac{\lambda}{2}$,设相邻两条明条纹间的距离为 l,由题设有

$$l = \frac{4.295}{30} = 0.1432\,(mm)$$

故金属丝直径为

$$D = \frac{L}{l} \cdot \frac{\lambda}{2} = \frac{28.880}{0.1432} \times \frac{0.5893 \times 10^{-3}}{2} = 0.05942\,(mm)$$

例 3.5　利用空气劈尖的等厚干涉条纹,可以测量精密加工件表面极小纹路的深度。在工件表面上放一平板玻璃,使其间形成空气劈尖,以单色光垂直照射玻璃表面,观察干涉条纹,由于工件表面不平,观察到干涉条纹如图 3.27(a)所示,试根据条纹形状,说明工件表面条纹是凹的或是凸的?并证明纹路的深度可用下式表示:

$$H = \frac{a}{b} \frac{\lambda}{2}$$

式中 a, b 如图所示。

解　设 k 和 $k+1$ 级条纹对应空气劈的厚度分别为 e_k 和 e_{k+1} 相邻两条纹对应的厚度差为

$$\Delta e = e_{k+1} - e_k = \frac{1}{2}.$$

由于同一级条纹对应同一空气劈尖厚度,根据图中 $k+1$ 级条纹向劈尖薄处弯曲,说明劈尖薄

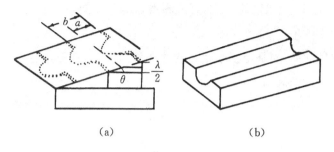

（a）　　　　　　　　（b）

图 3.27

处有一空气层厚度与 e_{k+1} 相同,所以工件必有一个半圆形的凹槽,如图 3.27(b)所示,又根据 $\triangle ABE \backsim \triangle ACD$ 得

$$\frac{AC}{AB} = \frac{AD}{AE} \quad 即 \quad \frac{a}{b} = \frac{H}{\frac{\lambda}{2}}$$

所以

$$H = \frac{a}{b} \cdot \frac{\lambda}{2}$$

3. 牛顿环

在一块平板玻璃板 A 上面,放一个曲率半径为 R 的平凸透镜,如图 3.28(a)所示,透镜与平板玻璃间形成一个环状的类似劈尖的空气层,当平行的单色光垂直入射时,在空气层上、下两表面的反射光 a 与 b 发生干涉,于是得到一组等厚条纹,该条纹是以接触处为中心的许多明暗相间的同心圆环,称为牛顿环,如图 3.28(b)所示。

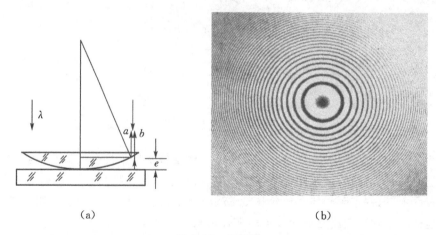

（a）　　　　　　　　（b）

图 3.28　牛顿环

若半径为 r 的环形干涉条纹下面的空气厚度为 e,由图 3.28(a)可知

$$r^2 = R^2 - (R - e)^2 = 2Re - e^2 \tag{3.49}$$

由于 $R \gg e$,所以 e^2 项可略去,于是得

$$e = \frac{r^2}{2R} \tag{3.50}$$

在厚度为 e 处，a，b 两相干光的光程差为

$$\delta = 2e + \frac{\lambda}{2}$$

可知牛顿环的明、暗环条件为

$$2 \cdot \frac{r^2}{2R} + \frac{\lambda}{2} = \begin{cases} k\lambda & (k = 1,2,3\cdots) \quad \text{明环} \\ (2k+1)\frac{\lambda}{2} & (k = 0,1,2,\cdots) \quad \text{暗环} \end{cases}$$

所以干涉条纹的半径

$$r = \begin{cases} \sqrt{\dfrac{(2k-1)R\lambda}{2}} & (k = 1,2,3\cdots) \quad \text{明环} \\ \sqrt{kR\lambda} & (k = 0,1,2,\cdots) \quad \text{暗环} \end{cases} \tag{3.51}$$

若透镜凸面和平玻璃上表面之间不是空气层，而是折射率为 n 的介质，则式(3.51)应为

$$r = \begin{cases} \sqrt{\dfrac{(2k-1)R\lambda}{2n}} & (k = 1,2,3\cdots) \quad \text{明环} \\ \sqrt{\dfrac{kR\lambda}{n}} & (k = 0,1,2,\cdots) \quad \text{暗环} \end{cases} \tag{3.52}$$

由式(3.49)可知，在牛顿环实验中，若已知入射光的波长 λ，又测得某级暗环(或明环)所对应的半径 r，就可求出平凸透镜的曲率半径 R，若已知 R，也可求出 λ。而且，干涉暗环的半径与自然数的平方根成正比，即它与等倾干涉圆环有相似的图样，从中心到边缘干涉环的分布越来越密集。但是牛顿环与等倾干涉环不同，它是愈往外干涉级愈高。若用复色光照明则可得到一系列彩色环，在同级干涉环中波长短的距中心较近。

例 3.6 用氦-氖激光器发出的波长为 $0.633\ \mu\mathrm{m}$ 的单色光，在牛顿环实验中，得到下列的测量结果，第 k 个暗纹半径为 $5.63\ \mathrm{mm}$，第 $k+5$ 个暗纹半径为 $7.96\ \mathrm{mm}$，求曲率半径 R。

解 应用式(12.19)有

$$r_k = \sqrt{kR\lambda}, \quad r_{k+5} = \sqrt{(k+5)R\lambda}$$

可得

$$5R\lambda = (r_{k+5}^2 - r_k^2)$$

$$R = \frac{(r_{k+5}^2 - r_k^2)}{5\lambda} = \frac{(7.96 \times 10^{-3})^2 - (5.63 \times 10^{-3})^2}{5 \times 6.33 \times 10^{-7}}$$

$$= 10.0\,(\mathrm{m})$$

例 3.7 如图 3.29 所示的实验装置中，平面玻璃板片 MN 上放有一油滴，当油滴展开成圆形油膜时，在波长 $\lambda = 600\ \mathrm{nm}$ 的单色光垂直入射下，从反射光中观察油膜所形成的干涉条纹。已知玻璃折射率 $n_3 = 1.50$，油膜的折射率 $n_2 = 1.20$，试问：

(1)此为等倾干涉还是等厚干涉？

(2)当油膜中心最高点与玻璃片上表面相距 $h = 1250\ \mathrm{nm}$ 时，看到条纹形状如何？可看到几级明纹？明纹所在处的油膜厚度为多少？中心点的明暗情况如何？

(3)当油膜继续扩展时，条纹如何变化？中心点条纹又如何

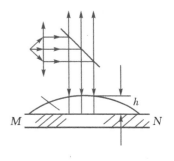

图 3.29

变化?

解　(1)由于油滴成圆形,且油膜厚度 e 在改变,对不同厚度形成不同的干涉条纹,所以为等厚干涉。

(2)由于 $i=0$,在空气与油膜和油膜与玻璃之间的反射光线均有半波损失,因此计算这两束反射光的光程差时,不产生附加光程差,所以油膜上下表面反射光的光程差为

$$\delta = 2n_2 e = k\lambda, \quad k = 0,1,2\cdots$$

$e = \dfrac{k\lambda}{2n^2}$ (e 为第 k 级明纹对应的油膜厚度)明纹

当　$k=0, e_0 = 0$ nm; $k=1, e_1 = 250$ nm;

　　$k=2, e_2 = 500$ nm; $k=3, e_3 = 750$ nm;

　　$k=4, e_4 = 1000$ nm; $k=5, e_5 = 1250$ nm。

由上述讨论可知,由于对应同一厚度为一圆周,所以形成的干涉条纹是以最高点为中心,明暗相间的同心圆,且油膜边缘处为 0 级亮环,在 $e=h=1250$ nm 处为一亮斑,共看到 5 条明环纹和中心一亮斑(分别对应 $k=0,1,2,3,4,5$)。

(3)当油膜逐渐展开时,此时油膜的半径扩大,厚度减小,圆形条纹级数减小,间距增大,中心点明暗交替变化。

3.5.3　薄膜干涉应用举例

薄膜干涉原理在生产技术中有着相当广泛的应用,例如可以制作各种类型的增透膜、增反膜,利用等厚干涉条纹可以精密测量微小的角度和长度,精密检测各种光学元件表面的质量等。

1. 透镜表面质量的检测

在光学冷加工车间中,为了检测透镜表面的研磨质量,可将玻璃样板与待测透镜表面紧贴,用单色平行光正入射于其上,在反射光中就可观察到样板表面与透镜表面之间的空气层所形成的与牛顿环类似的等厚干涉环(如图 3.30)。这些干涉环通常称为"光圈",根据光圈的形状、数目以及用手加压后条纹的移动情况,就可检验出透镜表面与样板表面的偏差。如果被检透镜表面与样板表面的形状和曲率完全相同,两表面完全贴合,整个表面呈均匀照明,不产生干涉条纹。如果产生一些规则的同心环状干涉条纹,则表示透镜表面的曲率与样板相比尚有偏差,偏差的大小可由光圈的多少来确定。如果干涉条纹在某处偏离圆形,说明透镜表面在该处有不规则起伏。

根据光圈的多少虽然可以判断透镜表面与样板表面曲率偏差的多少,但仅仅根据光圈数尚不能确定它是偏大还是偏小,为此只需轻轻压一下样板边缘,根据光圈移动的情况就可作出判断。如图 3.31 所示,如果透镜表面曲率偏大,空气层边缘部分较中心厚,轻轻下压样板边缘,空气层厚度减小,相应各点光程差也变小,与中心相距一定距离处条纹的干涉级降低,所以原来靠近中心的低级次圆环就要向边缘移

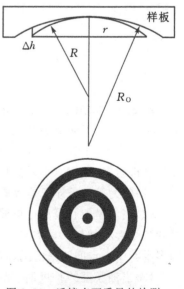

图 3.30　透镜表面质量的检测

动。反之,若透镜表面曲率偏小,空气层的中央比边缘厚,轻轻下压样板时,干涉环向中心收缩。因此根据干涉环的移动情况,就可以断定应进一步研磨透镜表面的中心还是边缘部分。

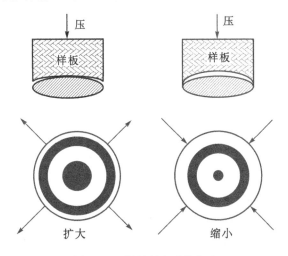

图 3.31　判断研磨透镜方法

2. 增透膜和增反膜

当光波入射到光学元件表面时,一部分能量因反射而损失。在光学成像仪器中,为了校正各种像差,需要采用复合透镜。表面很多时,反射光的损失是相当可观的,对于一个具有四个玻璃-空气界面的透镜组来说,由于反射损失的光能约为入射光的 20%,随着界面数目的增多,因反射而损失的光能更多。而且这些反射光还会在仪器中形成杂散光,使像的对比度下降。

早在 1891 年泰勒(Demis Tayler)就惊奇地发现,他的望远镜使用时间愈长,看到的像愈明亮。他立即想到这是由于镜头表面受腐蚀而产生了折射率较低的薄膜所致,并利用化学腐蚀成功地制造了增透膜,成为发展光学薄膜的先驱。除了增透膜和增反膜外,在现代科学技术中又提出了对各种膜系的要求。为了各种应用的需要,利用高反射膜制造了偏振分光膜、彩色分光膜、冷光膜等,研究它们的物理性质及制作技术已构成了现代光学的一个分支——薄膜光学。

为了减少反射的损失,可在元件表面镀一层比玻璃折射率小的薄膜。如果对薄膜的折射率和厚度选择得正确,对于某特定波长(通常选择人眼最敏感的 $\lambda = 550$ nm 光波)可使从薄膜上下两表面的反射光干涉相消,从而增加透射光能,这种薄膜称为增透膜或消反射膜。若使得薄膜两表面的反射光将产生相长干涉而增强反射光,这种薄膜称为增反膜。比如 He-Ne 激光器中的谐振腔的反射镜就是采用镀多层膜(15~17 层)的办法,使它对 6328Å 的激光的反射率达到 99% 以上(一般最多镀 15~17 层,因为顾虑到吸收问题)。

例 3.8　在某些光学玻璃上,为了增加反射光的强度,往往在玻璃上镀一层薄膜,这种薄膜称为增反膜。今在 $n_3 = 1.52$ 的玻璃上镀层 ZnS 薄膜($n_2 = 2.35$)为了使 6.328×10^{-7} m 的单色光反射强度最大,ZnS 薄膜的最小厚度 e 应为多少?

解　实际使用时,单色光垂直入射到薄膜上,如图 3.32 所示,在 ZnS 薄膜上、下表面反射光干涉加强的条件是

$$\delta = 2n_2 e + \frac{\lambda}{2} = k\lambda$$

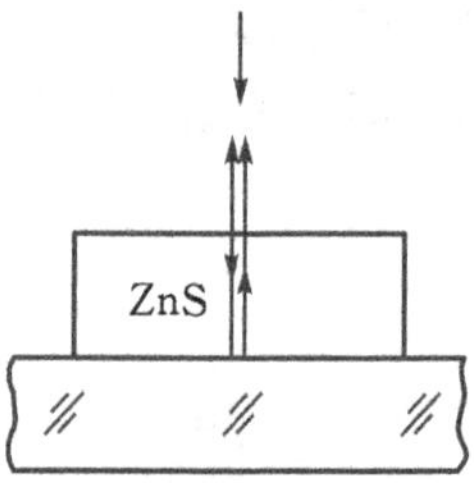

式中 $\frac{\lambda}{2}$ 为 ZnS 薄膜上、下表面反射时由于 $n_1 < n_2$、$n_2 > n_3$ 因半波损失

而产生的附加光程差。

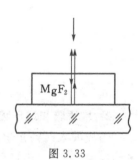

图 3.32

解得

$$e = \frac{(2k-1)\lambda}{4n_2}$$

根据题意,取 $k=1$ 时,e 最小,所以

$$e = \frac{\lambda}{4n_2} = \frac{6.328 \times 10^{-7}}{4 \times 2.35}$$
$$= 6.73 \times 10^{-8} (\mathrm{m})$$

例 3.9 为了增加照相机镜头(玻璃 $n_3 = 1.52$)的透射光强度,往往在镜头上镀一氟化镁 $\mathrm{MgF_2}$ ($n_2 = 1.38$)透明薄膜,这种薄膜称为增透膜,为使透镜对人眼和照相底片最敏感的波长为 550 nm 的绿光反射最小,试求氟化镁的最小厚度?

解 如图 3.33 所示,根据增透膜的条件,在 $\mathrm{MgF_2}$ 上下表面反射光干涉减弱,由于 $n_3 > n_2 > n_1$,上、下表面反射光均有半波损失,所以光程差

图 3.33

$$\delta = 2n_2 e = (2k+1)\frac{\lambda}{2}$$

得

$$e = \frac{(2k+1)}{4n_2}\lambda$$

当 $k=0$ 时,e 最小,得

$$e = \frac{(2k+1)}{4n_2}\lambda = \frac{5.500 \times 10^{-7}}{4 \times 1.38} = 9.96 \times 10^{-8} (\mathrm{m})$$
$$= 99.6 (\mathrm{nm})$$

3.6　迈克尔逊干涉仪

利用干涉原理可以制成各种型式的干涉仪,它们是科学研究和精密测量的重要仪器。干涉仪的种类很多,这里只介绍在科学发展史上起过重要作用并在近代物理和近代计量的发展上仍起着重要作用的迈克尔逊干涉仪。

3.6.1　迈克耳逊干涉仪简图及原理

图 3.34 中,M_1、M_2 是精细磨光的平面反射镜,M_1 固定,M_2 借助于螺旋及导轨(图中未画出)可沿光路方向做微小平移,G_1、G_2 是厚度相同,折射率相同的两快平行平面玻璃板 G_1 和 G_2 保持平行,并与 M_1 或 M_2 成 $\frac{\pi}{4}$ 角。G_1 的一个表面镀银层,使之成为半透半反射膜。

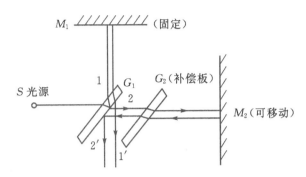

图 3.34　迈克耳逊干涉仪

从扩展光源 S 发出的光线,进入 G_1 上,折成 G_1 的光线一部分在薄膜银层上反射,之后折射出来形成射向 M_1 的光线 1,它经过 M_1 反射后再穿过 G_1 向 E 处传播,形成光 $1'$。另一部分穿过 G_1 和 G_2 形成光线 2,光线 2 向 M_2 传播,经 M_2 反射后在穿过 G_2,经 G_1 的银层反射也向 E 处传播,形成光 $2'$。显然,$1'$、$2'$光是相干光,故可在 E 处看到干涉图样。若无 G_2,由于光线 $1'$经过 G_1 三次,而光线 2 经过 G_1 一次。因而 $1'$、$2'$光产生极大的光程差,为保证 $1'$、$2'$光能相遇,故引进 G_2,使 $2'$光也经过等厚的玻璃板三次。由上可知,迈克耳逊干涉仪是利用分振幅法产生的双光束来实现干涉的仪器。

3.6.2　干涉图样的讨论

M_2'是 M_2 关于 G_1 银层这一反射镜的虚象,M_2 反射的光线可看作是 M_2'反射的。因此,干涉相当于薄膜干涉。

(1)若 $M_1 \perp M_2$,从 M_2'和 M_1 之间的空气层可等效成一等厚的空气薄膜,P 处观察的两条光线等效于通过空气层上、下表面反射的光线,相干涉的结果是在 P 处可看到一组环形的等倾干涉条纹。如图 3.35 中的图(a)~图(e)所示。将 M_1 向 M_2'的移动过程中,干涉环的半径

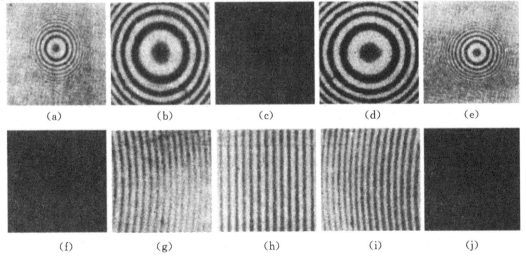

(a)　　　　　(b)　　　　　(c)　　　　　(d)　　　　　(e)

(f)　　　　　(g)　　　　　(h)　　　　　(i)　　　　　(j)

图 3.35　干涉图样的讨论

不断减小,圆环不断向中心收缩,条纹变稀变粗,同一视场中条纹数愈来愈少(图(a)～(b))。当 M_1 移至与 M_2' 重合时,整个视场一片均匀照亮(图(c))。如继续移动 M_1,使它逐渐离开 M_2',h 不断增大,干涉环将不断地从中心冒出,条纹变细变密(图(d)和(e)),随着 h 不断增大,干涉环的对比度也随之下降。当 h 增至使得光程差超过光波的相干长度时,干涉图样完全消失。

(2)若 M_1、M_2 不严格垂直,则 M_1 与 M_2' 就不严格平行,在 M_1 与 M_2' 间形成一劈尖,从 M_1 与 M_2' 反射的光线 $1'$、$2'$ 类似于从劈尖二个表面上反射的光,所以在 E 上可看到互相平行的等间距的等厚干涉条纹。如图 3.35 中的图(f)至图(j)所示。由于从扩展光源入射的光事实上具有不同的入射角,光程差不仅取决于厚度,还与入射角有关,所以观察到的并非严格的等厚直线条纹,而是多少有些弯曲的条纹。起初 M_1 距 M_2' 较远(楔形空气膜较厚),由于光源是扩展的,这时条纹可见度很小。当 M_1 与 M_2' 的间隔逐渐缩小时,开始出现越来越清晰的条纹,不过最初这些条纹不是严格的等厚线,它们的弯曲方向凸向棱边。在 M_1 向 M_2' 靠近的过程中,这些条纹将朝着背离棱边的方向移动。当 M_1 与 M_2' 十分靠近甚至相交时,条纹变直。如果沿原方向继续推进 M_1,使它远离 M_2',条纹将朝棱边方向移动并开始发生弯曲,不过弯曲方向与前面相反。当 M_1 和 M_2' 的距离过大时(楔形空气膜太厚),条纹可见度逐渐减小,直到看不见。

白光干涉图样只能在空气膜极薄的地方看到数条,且中间是白色直条纹(若 G_1 背面未镀银膜,则因有附加光程差,将是黑色直条纹),两侧分布着彩色条纹,这是由于条纹间距与波长成正比,较高级次的各色条纹互相重叠和交错,从而使可见度下降为零,条纹消失的缘故。因为干涉仪中 M_1 与 M_2' 的相对位置是看不见的,所以只能从条纹的形状和变化规律反过来推断。白光条纹就常用来确定干涉仪中两臂间光程差为零时反射镜的位置,精确地标定此位置对于精密测长是十分重要的。

(3)如果 M_2 移动 $\dfrac{\lambda}{2}$ 时,M_2' 相对 M_1 也移动 $\dfrac{\lambda}{2}$,则在视场中可看到一明纹(或暗纹)移动到与它相邻的另一明纹(或暗纹)上去,当 M_2 平移距离 d 时,M_2' 相对 M_1 也运动距离 d,此过程中,可看到移过某参考点的条纹个数为:

$$N = \frac{d}{\dfrac{\lambda}{2}} \quad \text{或} \quad d = N\frac{\lambda}{2}$$

这样就可以通过计算吞入或吐出的条纹数目来测定距离。能测准的最小精度至少与波长同数量级。所以迈克尔逊干涉仪为精确地测量长度提供了一种非常精确的方法,同时也为用永久不变的光波波长来规定新的长度标准提供了必要的实验基础。1892 年,迈克耳孙用他的干涉仪最先以光的波长测定了国际标准米尺的长度。用镉蒸汽在放电管中发出的红色谱线来量度米尺的长度,在温度为 15℃,压强为 1 atm 高的干燥空气中,测得 1 m＝1553,163.5 倍红色镉光波长。由于激光技术的发展,在激光技术方面有了很高的精确度。根据 1983 年 10 月召开的国际计量大会决定,1 m 的长度确定为在真空中的光速在 1/299792458 s 通过的距离。根据这个定义,光速的这个数值是个确定值,而不再是一个测量值了。

3.6.3　光源的非单色性对干涉条纹的影响

1. 双线结构使反衬度随 ΔL 作周期性的变化

迈克尔逊干涉仪不仅可用来精确测定波长,还能测量波长接近的两种光谱的波长差。在实际测量光源的光谱线时,常会遇到一些双线结构。例如钠黄光是由 5890Å 与 5896Å,两条谱线组成;因此,测量两种很接近的波长的波长差有着实际的意义。

通常使用的单色光源并非单一频率的理想光源,而是具有一定的波长范围:$\lambda \sim \lambda + \Delta\lambda (\lambda \gg \Delta\lambda)$,每一波长的光均形成自己的一组干涉条纹,各组条纹除零级重合外均有一定的位置差,因而各组条纹在光屏上非相干叠加的结果导致干涉条纹可见度下降。

为简单起见,假定迈克尔逊干涉仪中两臂光强相等。当单色光入射时。由基本公式(3.35)可知,两束相干光叠加后强度随光程差的变化为:$I = I_0(1 + \cos\Delta\Phi)$

其中,$\Delta\Phi = k\Delta L, k = 2\pi/\lambda, I_0/2$ 为每束相干光的光强。若用具有双线光谱的光源(如钠光灯)照明时,每条谱线产生的干涉强度分布为:

$$I_1 = I_{10}(1 + \cos k_1\delta) \quad k_1 = 2\pi/\lambda_1$$
$$I_2 = I_{20}(1 + \cos k_2\delta) \quad k_2 = 2\pi/\lambda_2$$

λ_1, λ_2 是双线结构的波长。进一步设 $I_{10} = I_{20}$(两谱线光强相等),总强度是它们的非相干叠加:

$$\begin{aligned}
I &= I_1 + I_2 \\
&= I_0[2 + \cos(k_1\delta) + \cos(k_2\delta)] \\
&= 2I_0\left[1 + \cos\left(\frac{\Delta k}{2}\delta\right)\cos(k\delta)\right]
\end{aligned}$$

其中
$$k = (k_1 + k_2)/2, \Delta k = k_1 - k_2$$

由此可得
$$\gamma = \left|\cos\left(\frac{\Delta k}{2}\delta\right)\right|$$

由上式可知,当我们用双线光谱的光入射迈克尔逊干涉仪时,干涉条纹的反衬度将随着光程差的改变作周期性的变化。若将 M_1 沿导轨平移时,由于光程差随之变化,反衬度时大时小,干涉条纹的清晰度也在不断变化。图 3.36 画出 I_1, I_2 和 I, γ 随光程差 δ 变化的曲线,可以看出条纹反衬度的变化周期与频率分别为:

周期:
$$\delta = 2\pi/\Delta k$$

频率:
$$\frac{\Delta k}{2\pi} = \frac{k_1 - k_2}{2\pi} = \frac{1}{\lambda_1} - \frac{1}{\lambda_2} = \frac{\Delta\lambda}{\lambda^2} \tag{3.53}$$

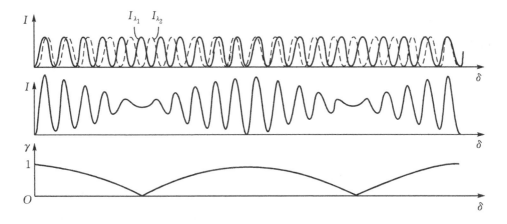

图 3.36　γ 随光程差 δ 变化的曲线

由图 3.36 可以进一步分析出反衬度变化的原因。设开始时两臂等光程(全黑条纹)。这时反衬度为 1,条纹清晰。现移动一臂中的镜面以改变光程差,由于两谱线波长不同,I_1 和 I_2

的峰与谷逐渐错开,条纹的反衬度下降。直到错过半根条纹,一根条纹的峰与另一个的谷恰好重迭时,反衬度降到 0,条纹不见了,视场完全模糊。这时两套条纹移过视场中心的根数 N_1, N_2 之间有如下关系:

$$\delta = N_1\lambda_1 = N_2\lambda_2 \quad \gamma = 0$$

$$N_2 = N_1 - \frac{1}{2} \qquad \lambda_2 = \lambda_1 + \Delta\lambda$$

可得

$$N_1 = \frac{\lambda}{2(\lambda_2 - \lambda_1)} = \frac{\lambda}{2\Delta\lambda}$$

继续移动镜面,当视场中心再移过这么多根条纹时,两套条纹的峰与峰、谷与谷重新重合,反衬度完全恢复。如此下去,周而复始。

由此可见,反衬度变化的空间周期是 $2N_1\lambda_1 = \frac{\lambda^2}{\Delta\lambda}$。此时对应的光程差是实现相干叠加的最大光程差。

2. 单色线宽使反衬度随光程差单调下降

下面以迈克尔逊干涉仪为例,再进一步讨论光源的非单色性对干涉条纹的反衬度的影响。

谱线的线型要由谱密度 $i_{(\lambda)} = \mathrm{d}I/\mathrm{d}\lambda$ 来描述。而总光强为 $I_0 = \int_0^\infty i_{(\lambda)}\,\mathrm{d}\lambda$。为了计算方便,用 k 作自变量 $I_0 = \frac{1}{\pi}\int_0^\infty i_{(k)}\,\mathrm{d}k$,系数 $1/\pi$ 的选择带有人为约定的性质。干涉仪中不同波长的光强非相干叠加的结果可以写成如下积分形式:

$$I_{(\delta)} = \frac{1}{\pi}\int_0^\infty i_{(k)}\left[1 + \cos(k\delta)\right]\mathrm{d}k$$

$$= I_0 + \frac{1}{\pi}\int_0^\infty i_{(k)}\cos(k\delta)\,\mathrm{d}k$$

假设光源的光谱宽度为 $\Delta\lambda$。为简单起见,假设在 $\Delta\lambda$ 内各个波长的强度相等,即谱线的线型 $i(k)$ 如图 3.37 所示。

$$I_{(\delta)} = I_0 + \frac{1}{\pi}\int_0^\infty i_{(k)}\cos(k\delta)\,\mathrm{d}k$$

$$= I_0\left[1 + \frac{1}{\Delta k}\int_{k_0-\Delta k/2}^{k_0+\Delta k/2}\cos(k\delta)\,\mathrm{d}k\right]$$

$$= I_0\left[1 + \frac{\sin(\Delta k\delta/2)}{\Delta k\delta/2}\cos(k_0\delta)\right]$$

由此得反衬度　$\gamma = \left|\dfrac{\sin(\Delta k\delta/2)}{\Delta k\delta/2}\right|$

上式表明,当 δ 由 0 增到下列最大值

$$\delta_{\max} = \frac{2\pi}{\Delta k} = \frac{\lambda^2}{\Delta\lambda} \qquad (3.54)$$

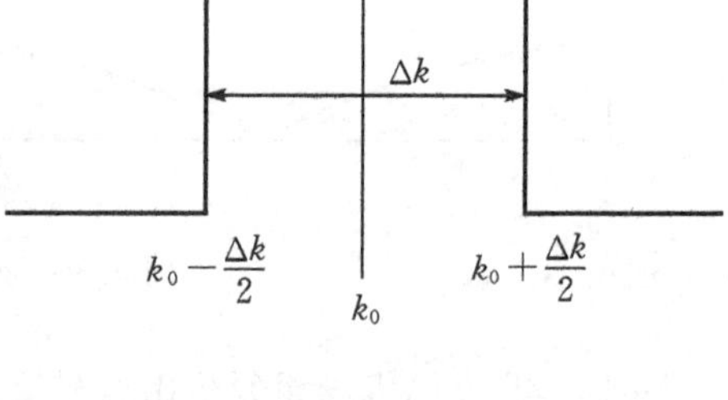

图 3.37　谱线的线型 $i(k)$

此时反衬度单调下降到 0。此时 δ 称为最大光程差。超过此限度,干涉条纹已基本上不可见。

3.6.4　相干长度和相干时间

迈克尔逊干涉仪设计精巧,用途广泛,可测定光谱的精细结构,薄膜的厚度,透镜的曲率半径,气体、液体的折射率和杂质浓度等,是近代的精密仪器。在用迈克尔逊干涉仪作实验时发现,当 M_1 和 M_2' 之间的距离超过一定限度后,就观察不到干涉现象。这是因为一切实际光源发射的光是一个个的波列,各个波列有一定长度。例如在迈克尔逊干涉仪的光路中,点光源先后发出两个波列 a、b,经 G_1 分光再经 M_1、M_2 反射组成相干波列,用 a_1、a_2、b_1、b_2 表示。当两光路光程差不太大时,如图 3.38(a)所示,由同一波列分出来的两波列(例如 a_1 和 a_2,b_1 和 b_2 等等)可以重叠,这时能够发生干涉。但如果两光路的光程差太大,如图 3.38(b)所示,则由同一波列分解出来的两列波不再重叠,而相互重叠的却是不同波列 a、b 分出来的波列(如 a_2 和 b_1),这时就不能发生干涉。这就是说,两光路之间的光程差超过了波列长度 L,就不再能发生干涉。因此,两个分光束产生干涉的最大的光程差 δ_m 为波列长度 L,这称为该光源所发射的光的相干长度。与相干长度对应的时间 $\Delta t = \dfrac{\delta_m}{c}$ 称为相干时间。当同一波列分出来的 1、2 两波列到达观察点的时间间隔小于 Δt 时,这两列波叠加后发生干涉现象,否则就不发生。为了描述所用光源相干性的好坏,常用相干长度或相干时间来衡量。

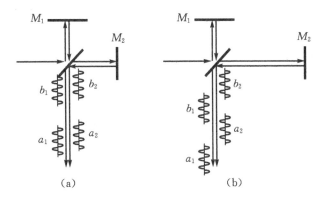

图 3.38　最大的光程差

光源发出的波列越长,即相干时间越长,两波列相互重迭的可能性就越大,干涉条纹越清晰,我们就说时间相干性越好。时间相干性的好坏可由相干时间或相干长度来标志。

由于干涉的最大波程差 的直观理解就是波列的长度。从而有:

$$\delta_{max} = \lambda^2 / \Delta\lambda = L_0 = c \cdot \Delta t$$
$$\Delta\lambda = \Delta(c/\nu) = c\Delta\nu/\nu^2$$

由以上两式,可得 $L_0 = c/\Delta\nu$

$$\tau_0 = L_0/c = 1/\Delta\nu \tag{3.55}$$

式(3.55)表明,波列的空间长度和持续时间都是与谱线的宽度成反比的,这便是时间相干性的反此公式。它告诉我们:波列越短,频带越宽;极短的脉冲具有极宽的频谱。反之,谱线越窄,波列就越长;只有无限窄单色谱线的波列才是无限长的。由此可见,波列长度是有限的"和"光是非单色的"两种说法完全等效,它们是光源同一性质的不同表述。"非单色性"是从光谱观测的角度来看的,因为用光谱仪来分析光源时,直接测得的是它的谱线宽度;"波列长度有限"是由发光机制的断续性引起的,它在干涉的实验中表现出来。

3.6.5　应用

迈克耳逊于1881年发明的干涉仪的主要优点是它光路的两臂分得很开,便于在光路中安置被测量的样品,而且两束相干光的光程差可由移动一个反射镜来改变,调节十分容易,所以迈克耳逊干涉仪有着广泛的应用。迈克耳逊用这种干涉仪做了物理史上极有价值的三个实验:测量以太漂移的实验(1887年),研究光谱线的精细结构(1892年),以镉红线波长为单位直接与米原器进行比较。其中特别是他与莫雷合作试图探索地球相对于以太(绝对惯性系)运动速度的实验所得到的零结果,以及后来的一系列实验,成为爱因斯坦狭义相对论的重要实验基础,对20世纪初物理学的革命起了重要作用。迈克耳逊因其发明的干涉仪及其在精密测量和实验方面的杰出成就,获得1907年诺贝尔物理学奖。

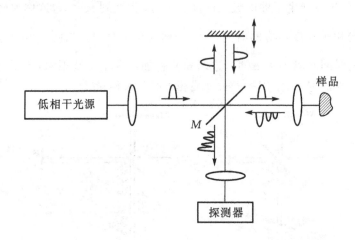

图 3.39　光学相干层析术

迈克耳逊干涉仪还可用于精密测定样品长度和介质的折射率。以迈克耳逊干涉仪为原型发展了菲索干涉仪、特怀曼—格林干涉仪等多种干涉仪,常用于平晶、棱镜、反射镜、透镜等光学元件质量的检测。现代干涉仪大多与电子计算机数据处理系统相结合,可实现干涉图形的自动记录与处理。

而光学相干层析术(Optical Coherence Tomography,OCT)是基于低相干迈克耳孙干涉仪原理和光学超外差测量方法,于20世纪90年代初发展起来的一种探测组织断层微细结构的新的影像技术。其原理如图3.39示,低相干光入射到分束镜 M,被分为互相垂直的两束:一束为信号光,经聚焦后照射到样品内部而得到很弱的后向散射光,经分束镜 M 反射后进入探测器;另一束为参考光,经反射镜反射后进入探测器和信号光叠加。由于光源的相干长度很短,只有信号光和参考光的光程几乎相等(或不大于光源的相干长度)时才会产生干涉,参考臂反射镜的某一位置与样品某一特定深度后向散射信号对应。移动参考臂反射镜可改变参考光脉冲返回的迟滞时间,从而可对样品纵向深度扫描。不同时间迟滞得到的干涉信号的强度带有样品纵向深度的信息,如果信号臂上的聚焦光斑进行横向扫描,检测相应的干涉信号就可得到样品二维(或三维)结构图像。

目前实际使用的光学相干层析扫描仪是石英光纤结构的迈克耳逊干涉仪,如图 3.40 所示。由宽带光源超发光二极管(SLD)或超短脉冲激光器发出的低相干光进入 2×2 光纤耦合器后被分成两束,分别进入参考臂和信号臂。在参考臂设置一个调制器,利用多普勒效应或相位调制技术使参考光频率产生一微小移动,并与信号光形成固定的频差,通过测量二者的外差信号可获取 OCT 图像。图 3.41(a)和(b)是用锁模钛宝石飞秒激光器和超发光二极管(SLD)所获得的生物细胞组织的 OCT 图像。OCT 具有高时空分辨率、高探测灵敏度、无损伤成像、可在体外检测等优点。例如 X 射线 CT 分辨本领为几十 $\mu m \sim 1$ mm,核磁共振为 $100\ \mu m$,OCT 则为 $10 \sim 3\ \mu m$,用飞秒激光作光源可达 $1 \sim 3\ \mu m$,所以 OCT 是继 X 射线 CT、核磁共振等成像技术之后又一新的层析成像技术。OCT 已在眼科、牙科和皮肤科的临床诊断中获得应用。它在材料检测,特别是生物活体组织的检测和成像以及癌症的早期诊断等方面有着重要的应用前景。

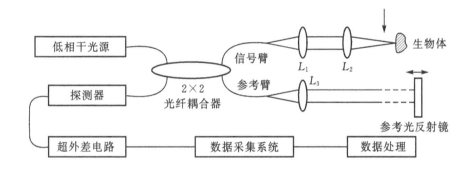

图 3.40　石英光纤结构的迈克耳逊干涉仪

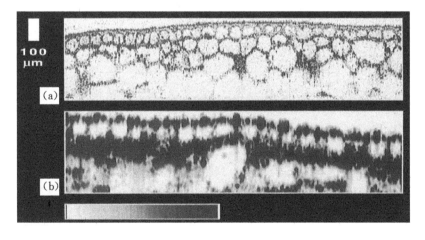

图 3.41　生物细胞组织的 OCT

3.7　多光束干涉：法布里–珀罗干涉仪和标准具

前面讨论的干涉现象,部是两束光的干涉,从两束光干涉的光强公式可见,光强是按 $\cos\Phi$ 的关系随位相差差缓慢变化,从干涉极大过渡到极小。光强的变化是平稳的、缓和的,以致在干涉图样上难于确定最大值的位置,所以双光束干涉条纹比较模糊。而对干涉的实际应用来说,最好是亮条纹很细很窄,亮条纹之间被暗的间隔分开。利用多束光的干涉可以达到这一目的。所谓多束光在这里是指一组彼此平行的光束,而且任意相邻两束光的光程差(或位相差)是相同的。多光束干涉就是指这样的一组光束的相干选加。

3.7.1　多光束干涉光强分布公式

设有一平行平面介质薄膜,厚度为 h,折射率为 n,置于折射率为 n_0 的媒质中(图 3.42)。一束光入射到薄膜上,经膜两表面反射和折射产生多束相干的反射光 1、2、3……和透射光 $1'$、$2'$、$3'$、…。用透镜 L 和 L' 分别把它们会聚起来,就可以在它们的焦平面上产生干涉。如果薄膜表面的反射率很低,这些光束中除开初两条外其余都很弱,可以不考虑其影响。但是,如果薄膜表面的反射率很高,除第一条反射光较强外,其余诸光束的强度差不多。例如薄膜表面镀有反射率为 90% 的高反射膜时,这时诸光束对场点的干涉效应都有贡献,不能忽略。若用扩展光源照明,则可以得到定域在透镜焦平面上的多光束等倾干涉条纹。

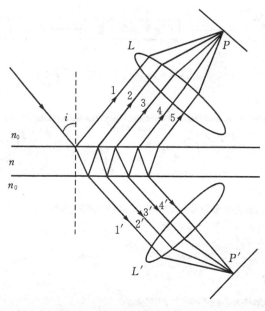

图 3.42　多光束干涉

为了计算在 P(或 P')点的多光束干涉光强,应先讨论诸相干光束的振幅和位相。设入射光以不大的角度 i 投射到薄膜上,在膜内的折射角为 i',相邻两光束到达 P 点的光程差为 $\delta = 2n_2h\cos i'$。相邻两光束在 P 点的位相差,即每一光束较它前一光束落后的位相为 $\Delta\varphi = 4\pi nh\cos i'/\lambda$。此外,还须考虑界面反射的位相跃变问题。因为薄膜上下两侧媒质折射率相同,所以除了反射光线 1 和 2 以外,任何其他相邻两光线间都没有因位相跃变而引起的附加位相差。

我们将反射光与入射光振幅之比,以及透射光与入射光的振幅之比分别称为振幅反射率 (r) 和振幅透射率 (t)。根据计算可得透射光场中任一点 P' 的光强为

$$I_T = \frac{A^2 (1-R)^2}{(1-R)^2 + 4R \sin^2 \frac{\Delta\varphi}{2}} = \frac{I_0}{1 + \frac{4R \sin^2 \frac{\Delta\varphi}{2}}{(1-R)^2}} \tag{3.56}$$

式中 A 为入射光振幅,$I_0 = A^2$ 表示入射光强。$R = r^2$ 表示光强反射率。

3.7.2　强度公式讨论

1. 反射光强度公式

由于平板两边介质的折射率相等,能量守恒导致光强守恒,即应有反射光强度为:

$$I_R = I_0 - I_T = I_0 - \frac{I_0}{1 + \frac{4R \sin^2 \frac{\Delta\varphi}{2}}{(1-R)^2}} = \frac{I_0}{1 + \frac{(1-R)^2}{4R \sin^2 \frac{\Delta\varphi}{2}}} \tag{3.57}$$

式(3.57)表明反射光和透射光的干涉图样互补,也就是说,对于某个入射光方向反射光方向反射光干涉为亮纹时,透射光干涉则为暗纹,反之亦然。两者强度之和等于入射光强度。

2. 等倾条纹

从式(3.56)和(3.57)可以看出,干涉光强随 R 和位相差而变,在特定 R 的情况下,则仅随位相差而变,而位相差取决于倾角,所以光强只与光束倾角有关。倾角相同的光束形成同一个条纹,这是等倾条纹的特征,因此在透镜焦平面上产生的多光束干涉条纹是等倾条纹。当透镜(望远镜)的光轴垂直平板观察时,等倾条纹是一组同心圆环。

3. 条纹强度分布随反射率 R 的变化

根据式(3.56)画出的在不同板面反射率下条纹强度随位相差的变化曲线如图 3.43 所示。由图可见,R 很小时($R = 0.04$),条纹的强度从极大到极小的变化缓慢,可见度很差。但是,随着反射率的增大,透射光暗纹强度降低,亮条纹宽度变窄,而条纹的锐度和可见度增大,当 R 接近 1 时,条纹图样是由在几乎全黑背景上的一组很细锐的亮条纹组成。

R 增大,使强度曲线变陡的原因是,R 的增大意味着无穷系列光束中后面光束的作用越来越不可忽视,从而参加到干涉效应里来的光束数目越来越多,其后果是使干涉条纹的锐度变大,这正是多光束干涉最显著和最重要的特征。

顺便指出,由于反射光干涉图样和透射光图样互补,所以把图 3.43 的纵坐标倒过来看就是反射光条纹的强度分布曲线。当 R 接近 1 时,其条纹图样是由在均匀亮背景上的一组很细的暗条纹组成。这样的条纹不利于实际测量,因此在实际应用中都只利用透射光条纹。

4. 干涉条纹的锐度

条纹的锐度是指亮环的细锐程度或宽窄程度。(3.56)式和对应的图 3.43 曲线表明,对一定的 R 值,透射光强 I_T 极大值的两侧没有零值,因此亮纹没有明确的边界用以度量条纹的宽窄。为此引入半峰(或半值)宽度 $\Delta\varphi$ 描述条纹的宽窄。所谓半峰宽度就是在极大值 I_0 两侧与透射光强 $I_T = I_0/2$ 所对应的两点之间的角距离 $\Delta\varphi$,如图 3.44 所示。即 $\Delta\varphi$ 愈小,表示条纹愈

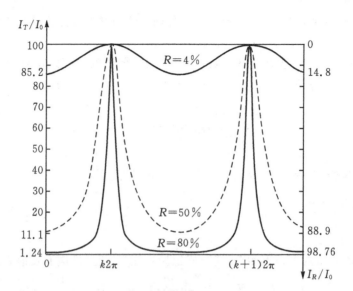

图 3.43　条纹强度随位相差的变化

细或锐度越大。在图 3.44 中,$I_T = I_0/2$ 对应的此时,$\Delta\varphi = 2k\pi \pm \varepsilon/2$。

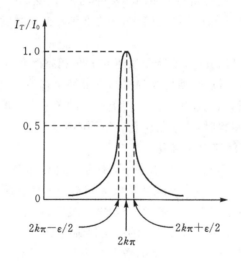

图 3.44　半峰宽度

考虑到 $\dfrac{4R\sin^2\dfrac{\Delta\varphi}{2}}{(1-R)^2} = 1$，$\dfrac{4R\sin^2\dfrac{\varepsilon}{4}}{(1-R)^2} \approx \dfrac{4R\left(\dfrac{\varepsilon}{4}\right)^2}{(1-R)^2} = \dfrac{R\varepsilon^2}{4}\dfrac{1}{(1-R)^2} = 1$

可得半峰宽度

$$\varepsilon = \frac{2(1-R)}{\sqrt{R}} \tag{3.58}$$

由式可见,当 R 接近于 1 时,条纹的半峰宽度趋于无穷大,条纹将变得极为细锐。这对利用条纹进行测量来说是非常有利的。一般情况下,两光束干涉条纹的读数精确度为条纹间距的 1/10。但对于多光束干涉条纹,可以达到条纹间距的 1/100,以至 1/1000。因此,在实际工作中常利用多光束干涉进行最精密的测量。如在光谱技术中测量光谱线的超精细结构,在精密光学加工中检验高质量的光学零件等。

　　若以单色扩展光入射,波长 λ 一定但有各种可能的入射倾角 i,因此影响位相变化的因素是 i,有

$$\Delta\varphi_k = \frac{2\pi}{\lambda}\delta = \frac{4\pi n_2 h\cos i}{\lambda}$$

对上式两边取微分得:$d(\Delta\varphi_k) = -\dfrac{4\pi n_2 h\sin i_k}{\lambda}di_k$

　　令 $\mathrm{d}(\Delta\varphi_k) = \varepsilon$,$\mathrm{d}i_k = \Delta i_k$,表示它是与 i 对应的第 k 级亮纹的半强角宽度。因此得到

$$\Delta i_k = \frac{\lambda\varepsilon}{4\pi n_2 h\sin i_k} = \frac{\lambda}{2\pi n_2 h\sin i_k}\frac{1-R}{\sqrt{R}} \tag{3.59}$$

上式表明,在 n、h、λ、i_k 一定的情况下,R 愈大,ε 愈小,条纹愈窄;在 n、h、λ、R 一定的情况下,i_k 愈大,离中心愈远,条纹也愈窄;在 R、λ、i_k 一定的情况下,光学腔长 nh 愈大,条纹也愈细锐。

3.7.3　法布里-珀罗干涉仪(F-P 干涉仪)

　　法国物理学家法布里(C. Fabry)和珀罗(A. Perot)研制了用两块平板玻璃构成的多光束干涉仪。仪器主要由两块玻璃板 G_1、G_2 组成,如图 3.45 所示,它们相对的平面平行,平面度极高(达几十分之一到几百分之一波长),并镀有反射率很高的银膜。为了避免玻璃板外表面反射光的干扰,G_1、G_2 板的两个外表面使之有一微小楔角。G_1、G_2 间为一定长度的空心圆柱形钢钢(膨胀系数很小的镍铁合金)间隔器,使 G_1、G_2 内表面严格平行且固定不变,这种利用间隔器使 h 固定的装置称为法布里-珀罗标准具,h 通常在 $1 \sim 200$ mm 之间。如果 G_1、G_2 之间平行空气膜的厚度 h 是可以调节的,则称为法布里-珀罗干涉仪。

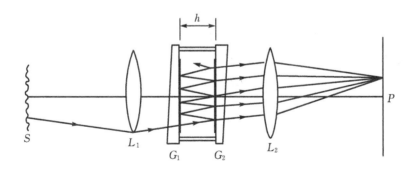

图 3.45　法布里-珀罗干涉仪

　　扩展单色面光源位于透镜 L_1 的物方焦平面上,入射光经 L_1 成为平行光射入 G_1、G_2 空气膜,光线在两表面间反复反射,在多次反射过程中振幅不断递减,但由于内表面反射比极高,所以,振幅递减很慢,即从 G_2 透射出来的是无穷多个振幅递减的,有一定位相差的光波。它们在透镜 L_2 的像方焦平面上相干叠加形成等倾圆环,其形状和性质与迈克尔逊干涉仪相同,只是干涉条纹要锐利的多,如图 3.46 所示。这也正是法布里-珀罗干涉仪胜过迈克耳逊干涉仪的最大优点。

3.7.4　法布里–珀罗干涉仪的应用

1. 两谱线的角距离

设想入射光中包含两个十分接近的波长 λ 和 $\lambda' = \lambda + \Delta\lambda$，它们产生的等倾干涉条纹如图 3.46 所示，具有稍微不同的半径。波长 λ 和 λ' 的光的 k 级亮条纹的角位置分别满足下列条件：$2nh\cos i_k = k\lambda$

$$2nh\cos(i_k - \delta i) = k(\lambda + \delta\lambda)$$

上面两式相减，得 $2nh\sin i_k \delta i_k = k\delta\lambda$

$$\delta i = \frac{k}{2nh\sin i_k}\delta\lambda \tag{3.60}$$

此即为两条纹间的角距离（或称两谱线的角距离）。可知，当干涉级次 k 增大而间隔 h 减小时，两谱线的角距离也增大。故两谱线的角距离反映了干涉仪的色散本领。

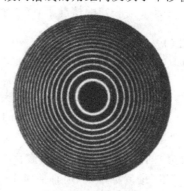

图 3.46　两波长十分接近的入射光产生的等倾干涉条纹

2. 研究光谱线的超精细结构

图 3.47 用一般的棱镜光谱仪或光栅光谱仪是不能把这种结构分开的。由于法布里珀罗干涉仪的条纹很细，这首先使我们有可能更精密地测定它们的确切位置。因此这种干涉仪常用来测量波长相差非常小的两条光谱线的波长差，即光谱学中所谓超精细结构。

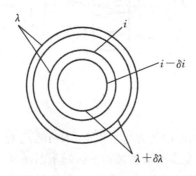

图 3.47　两谱线第 k 级主极大值的角位置

设两种波长成分有相同的强度分布曲线，两谱线 λ 和 λ' 的第 k 级主极大值间的角距离为 δi，而第 k 级亮纹的半强角宽度为 Δi，按照瑞利判据（如图 3.48），当 $\delta i > \Delta i$ 时两亮纹完全可以分辨；当 $\delta i < \Delta i$ 时不能分辨；当 $\delta i = \Delta i$ 时刚好分辨，此时有

$$\Delta i = \frac{\lambda}{2\pi n h \sin i_k} \frac{1-R}{\sqrt{R}} = \delta i = \frac{k}{2nh \sin i_k}\delta\lambda$$

即

$$\frac{\lambda}{\pi}\frac{1-R}{\sqrt{R}} = k\delta\lambda$$

可得

$$\delta\lambda = \frac{\lambda}{k\pi}\frac{1-R}{\sqrt{R}} \tag{3.61}$$

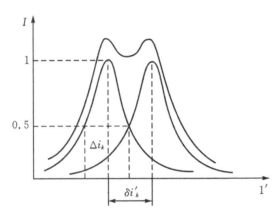

图 3.48 瑞利判据

此式即为法-珀干涉仪所能分辨的最小波长差，或称为分辨极限。例如，当 $\lambda = 632.8$ nm，$h = 40$ cm，干涉环中心处 k 高达 1.26×10^6，若 $R = 94.2\%$，计算的分辨极限为 $\delta\lambda = 0.0001$ nm。就是说，如果两条谱线的波长差小于 0.0001 nm，法-珀干涉仪在上述条件下是不能将它们分辨开的。

由上面讨论可知，分辨极限愈小，分辨能力愈高。我们定义 $\lambda/\delta\lambda$ 为仪器的色分辨本领。

$$\frac{\lambda}{\delta\lambda} = \frac{\sqrt{R}}{1-R}k\pi$$

因此，干涉级愈高、R 愈大，则分辨本领愈高。法-珀干涉仪中，G_1 和 G_2 表面的反射率 R 很高(可高达 98%)，这使干涉条纹非常细锐，而且由于间距 h 大，干涉条纹的级数高，角色散本领大，这两者合起来可使仪器的分辨本领达到很高。

3. 把连续光谱变成分离光谱

若入射法布里-珀罗干涉仪的光是包含许多波长的连续光谱，经过多光束干涉后，只有那些满足透射光干涉极强条件的波长的光波能够穿过法-珀干涉仪，而其他的波长的光将被反射。可见法-珀干涉仪起着滤光的作用，它可以将具有连续光谱的入射光变成一些谱宽很窄的分立光谱，这样可以大大提高透射光的单色性，这一点目前已在激光技术中得到重要的应用。

复习思考题

1. 为什么说光是电磁波？根据是什么？
2. 相干光的条件是什么？怎样获得相干光？

3. 有人认为：相干叠加服从波的叠加原理，非相干光的叠加不服从波的叠加原理，对不对？相干光叠加与非相干光叠加有何区别？

4. 用两平行的细灯丝作为杨氏双缝实验中的 S_1 和 S_2，是否能观察到干涉条纹？在杨氏双缝实验的 S_1 和 S_2 缝后分别放一红色和绿色滤色片，这样能否看到干涉条纹？

5. 为什么要引进光程的概念？如何计算光程差？

6. 写出光程差和相位差的关系式。在讨论光的干涉现象时，为什么常用光程差的概念？

7. 在薄膜干涉中，反射光的光程差 δ 表示为

$$\delta = 2e\sqrt{n_2^2 - n_1^2 \sin^2 i}$$

式中 e 是薄膜的厚度，n_2 和 n_1 是两种介质的折射率，i 是入射角，上式与书中公式比较少了 $\dfrac{\lambda}{2}$ 一项，那么上式是否错了？

8. 为什么劈尖的干涉条纹是等宽的，而牛顿环则随着条纹半径的增加而变密？

9. 单色光从空气射入水中时，其频率、波长、波速、颜色是否改变？怎样改变？

10. 在迈克尔逊干涉仪中多装置一块玻璃片是为了避免相干光干涉时引起太大的光程差，大的光程差对观察有何妨碍？

习题 三

3.1 选择题

1. 在相同时间内，一束波长为 λ 的单色光在空中和在玻璃中，正确的是（ ）。

A. 传播的路程相等，走过的光程相等

B. 传播的路程相等，走过的光程不相等

C. 传播的路程不相等，走过的光程相等

D. 传播的路程不相等，走过的光程不相等

2. 在杨氏双缝实验中，若使双缝间距减小，屏上呈现的干涉条纹间距如何变化？若使双缝到屏的距离减小，屏上的干涉条纹又将如何变化？（ ）

A. 都变宽 B. 都变窄 C. 变宽，变窄 D. 变窄，变宽

3. 二块平玻璃构成空气劈，当把上面的玻璃慢慢地向上平移时，由反射光形成的干涉条（ ）。

A. 向劈尖平移，条纹间隔变小 B. 向劈尖平移，条纹间隔不变

C. 反劈尖方向平移，条纹间隔变小 D. 反劈尖方向平移，条纹间隔不变

4. 用白光源进行双缝实验，若用一纯红色的滤光片遮盖一条缝，用一个纯蓝色的滤光片遮盖另一条缝，则（ ）。

A. 干涉条纹的宽度将发生变化

B. 产生红光和蓝光的两套彩色干涉条纹

C. 干涉条纹的位置和宽度、亮度均发生变化

D. 不发生干涉条纹

5. 有下列说法：其中正确的是（ ）。

A. 从一个单色光源所发射的同一波面上任意选取的两点光源均为相干光源

B. 从同一单色光源所发射的任意两束光,可视为两相干光束

C. 只要是频率相同的两独立光源都可视为相干光源

D. 两相干光源发出的光波在空间任意位置相遇都会产生干涉现象

6. 真空中波长为 λ 的单色光,在折射率为 n 的均匀透明媒质中,从 A 点沿某一路径到 B 点,路径的长度为 L,A、B 两点光振动位相差记为 $\Delta\varphi$,则(　　　)。

A. $L = 3\lambda/(2n)$,$\Delta\varphi = 3\pi$　　　　　B. $L = 3\lambda/(2n)$,$\Delta\varphi = 3n\pi$

C. $L = 3n\lambda/2$,$\Delta\varphi = 3\pi$　　　　　　D. $L = 3n\lambda/2$,$\Delta\varphi = 3n\pi$

7. 双缝干涉实验中,两条缝原来宽度相等,若其中一缝略变宽,则(　　　)。

A. 干涉条纹间距变宽

B. 干涉条纹间距不变,但光强极小处的亮度增加

C. 干涉条纹间距不变,但条纹移动

D. 不发生干涉现象

8. 两块平玻璃构成空气劈尖,左边为棱边,用单色平行光垂直入射,若上面的平玻璃慢慢地向上平移,则干涉条纹(　　　)。

A. 向棱边方向平移,条纹间隔变小

B. 向棱边方向平移,条纹间隔变大

C. 向棱边方向平移,条纹间隔不变

D. 向远离棱边方向平移,条纹间隔不变

E. 向远离棱边方向平移,条纹间隔变小

3.2　填空题

1. 一列平面光在真空中传播,则(1)它是 _____ 波;(2)其波速为 _____ ,(3)通常情况下,把空间任一点的 _____ 选作该点的光矢量。

2. 利用等厚干涉条纹可以检验精密加工后工件表面的质量。在工件上放一平玻璃,使其间形成空气劈形膜。以单色平行光垂直照射玻璃表面时,观察到的干涉条纹弯向劈尖,判断工件表面上纹路是 _____ (凹还是凸)。

3. 用一定波长的单色光进行双缝干涉实验时,欲使干涉条纹的间距变大,可采用的方法是:(1) _____ ;(2) _____ 。

4. 一束波长为 λ 的单色光从空气垂直入射到折射率为 n 的透明薄膜上,要使反射光得到增强,薄膜的厚度应为 _____ 。

5. 波长为 λ 的平行单色光垂直照射到折射率为 n 的劈尖薄膜上,相邻的两明纹所对应的薄膜厚度之差是 _____ 。

6. 用波长为 λ 的平行单色光垂直照射折射率为 n 的劈尖薄膜,形成等厚干涉条纹,若测得相邻明条纹的间距为 Δl,则劈尖角 $\theta =$ _____ 。

7. 两片玻璃一端用一小金属片垫起,一端接触,形成一个空气劈。当小金属片向劈尖移动时,看到的反射干涉条纹将向劈尖移动,条纹间距将 _____ 。当劈尖中充以水,条纹间距将,看到的总条纹数将 _____ 。

8. 单色平行光垂直照射在薄膜上,经上下两表面反射的两束光发生干涉,若薄膜的厚度为 e,且 $n_1 < n_2 > n_3$,λ 为入射光在真空中的波长,则两束反射光的光程差为 _____ 。

9. 由两块玻璃片组成空气劈形膜,当波长为 λ 的单色平行光垂直入射时,测得相邻明条

纹的距离为 $\Delta \ell_1$。在相同的条件下,当玻璃间注满某种透明液体时,测得两相邻明条纹的距离为 $\Delta \ell_2$,则此液体的折射率为 _____。

10. 光强均为 I_0 的两束相干光相遇而发生干涉时,在相遇区域内有可能出现的最大光强是 _____。

3.3　计算题

1. 在杨氏双缝干涉实验中,用波长为 5.0×10^{-7} m 的单色光垂直入射到间距为 d = 0.5 mm的双缝上,屏到双缝中心的距离 $D=1.0$ m。求:

(1)屏上中央明纹第 10 级明纹中心的位置;

(2)条纹宽度;

(3)用一云母片($n=1.58$)遮盖其中一缝,中央明纹移到原来第 8 级明纹中心处,云母处的厚度是多少?

2. 在双缝干涉实验中 $SS_1 = SS_2$ 用波长为 λ 的光照射双缝 S_1 和 S_2,通过空气后在屏幕 E 上形成干涉条纹,已知 P 点处为第三级明条纹,则 S_1 和 S_2 到 P 点的光程差为多少?若将整个装置放于某种透明液体中,P 点为第四级明条纹,则该液体的折射率 n 为多少?

3. 为了测量金属细丝的直径,将金属细丝夹在两块平玻璃板之间,形成劈形空气膜。金属丝和劈棱间距离为 $D=28.880$ mm,用波长 $\lambda=589.3$ nm 的钠黄光垂直照射,测得 30 条明纹间的距离 4.295 mm,求金属丝的直径 d。

4. 牛顿环装置的平凸透镜和平玻璃板之间充满空气,凸透镜的曲率半径为 300 cm,波长 $\lambda=6500$Å 的平行单色光垂直照射到牛顿环装置上,凸透镜顶部刚好与平玻璃板接触,求:

(1)两反射光的光程差 δ 的表达式;

(2)从中心向外数第十个明环所在处的液体厚度 e_{10};

(3)第十个明环的半径 r_{10}。

第4章

光的衍射现象

衍射和干涉一样是十分普遍的现象,是各种波诸如水波、声波、电磁波、物质波等都能表现出的现象。声波、水波、无线电波的波长较长,衍射现象容易被察觉到,例如窗户敞开时,我们可以在房间的角落里听到来自邻室的声音,无线电波可以绕过屏障为接收机所接收等都是极好的例证。然而光波的波长较短,一般情况下光的衍射现象就不如声波或无线电波的衍射那样明显。历史上最早对光的衍射现象作了记录的是格利马尔弟(F. M. Grimaldi,1618—1663)和胡克(R. Hooke,1635—1703),在格利马尔弟的著作中仔细描述了用一个小光源照明小棍时,棍的阴影中出现光带的现象。后来人们就是通过对干涉、衍射现象的长期研究,才逐渐认识到了光的波动性。本章中我们将讨论各种衍射现象及其规律以及它们的重要应用。

4.1 惠更斯-菲涅耳原理

4.1.1 光的衍射现象

当波遇到障碍物时,偏离直线传播,这种现象称为波的衍射。但在日常生活中光的衍射现象不常见,通常给人的印象是光的直线传播,这是由于光的波长很短,以及普通光源是不相干的面光源。但是当光通过很窄的狭缝时,甚至经过物体的边缘,在不同程度上会发生光在几何阴影处出现明暗不均的分布。这种光绕过障碍物偏离直线传播而进入几何阴影,并在光屏上出现光强不均匀分布的现象,就是光的衍射现象。光的衍射现象显示了光的波动特性。

4.1.2 惠更斯-菲涅耳原理

前面我们已讨论过,惠更斯提出了"子波"的概念,可以讨论波的偏离直线传播现象,但是该原理不能解释屏上出现的明暗条纹的分布现象。菲涅耳接受了惠更斯的"子波"假设,并进一步补充了描述子波的基本特征——相位和振幅,增加了"子波相干叠加"的概念,从而发展为惠更斯-菲涅耳原理。该原理内容如下:同一波前上的任一点都可看作新的"子波源",并发射子波,在空间某点 P 的振动是所有子波在该点的相干叠加。

如果已知某时刻的波前 S,则空间任意点 P 的光振动就是该波前 S 上每个面元 dS 发出的子波在该点引起的振动的叠加。如图 4.1 所示,$t=0$ 时刻的波前 S 分为许多小面元 dS,每个面元发出的子波的振幅与面元的大小 dS 成正比,与 dS 到 P 点的距离成反比,且与倾角 θ 有关,由于同一波前上各点振动相位相同,即各 dS 产生的子波的初相相同,假设为零。因此有 dS 发出的子波传到 P 点的振动为

$$\mathrm{d}\widetilde{U}(P) = KF(\theta)\widetilde{U}_0(Q)\,\frac{e^{ikr}}{r}\mathrm{d}\Sigma$$

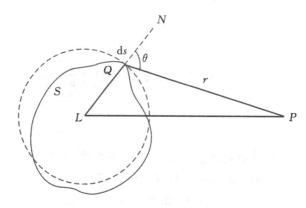

图 4.1　惠更斯-菲涅耳原理

式中 K 为比例系数，$F(\theta)$ 称为倾斜因子，是 $\mathrm{d}S$ 的法线方向和 $\mathrm{d}S$ 到 P 点方向间的夹角 θ 的函数。$\mathrm{d}S$ 是面元的大小，$U_0(Q)$ 是波前 S 上 Q 点处的振幅大小，kr 是从 $\mathrm{d}S$ 传播到 P 点间的相位因子。菲涅耳假设当 $\theta = 0$ 时，$F(\theta) = 1$，当 $\theta \geqslant 90°$ 时，$F(\theta) = 0$；P 点的总振动为

$$\widetilde{U}(P) = K\oiint_{\Sigma}\widetilde{U}_0(Q)F(\theta)\,\frac{e^{ikr}}{r}\mathrm{d}S \tag{4.1}$$

这就是惠更斯-菲涅耳原理的数学表达式，称为菲涅耳衍射积分公式。衍射所研究的基本问题就是根据光传播路径中某一面上（例如衍射屏）光场的复振幅分布，求出其后一面上（例如接收屏）光场的复振幅分布，惠更斯-菲涅耳原理中的次波相干叠加思想把这两个面联系了起来，所以惠更斯-菲涅耳原理的意义就在于把波的传播问题转变成了易于处理的叠加问题。原则上可以用此式计算任何波的衍射现象。但对于一般的衍射问题，这个积分相当复杂，计算是很困难的。因此菲涅耳提出用半波带法加以近似处理，本书后面主要通过半波带法研究光的衍射。

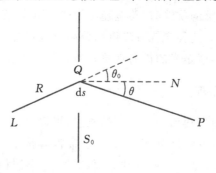

图 4.2　球面波照射具有开孔的衍射屏

4.1.3　菲涅耳-基尔霍夫衍射积分公式

惠更斯-菲涅耳原理最初是作为假设提出来的，并无任何理论证明。1882 年基尔霍夫（Kirehoff，1824—1887）证明，菲涅耳衍射积分公式可根据标量波动微分方程，运用数学中的格林定理和一些边界条件推导出来。他得出了用单色点光源 L 发出的球面波照射具有开孔

的衍射屏 S_0 后,衍射场中任一点 P 的光振动可表示为

$$\widetilde{U}(P) = \frac{1}{i\lambda} \oiint \widetilde{U}(Q) F(\theta_0, \theta) \frac{e^{ikr}}{r} \mathrm{d}\Sigma \qquad (4.2)$$

上式称为菲涅耳-基尔霍夫衍射积分公式。式中 θ 和 θ_0 分别为 L 到 Q 的矢径和 Q 到 P 点的矢径与 Q 点处面元 $\mathrm{d}S$ 的法线之间的夹角(图 4.2),将该式与(4.1)式比较可以看出,两者基本上是一致的。其中,菲涅耳衍射积分公式中的倾斜因子和比例常数分别为:

$$F(\theta_0, \theta) = \frac{1}{2}(\cos\theta_0 + \cos\theta) \quad K = \frac{1}{i\lambda} = \frac{e^{-i\pi/2}}{\lambda}$$

由此可知:首先,次波在各个方向上的振幅是不相等的,在平面波正入射的情况下 $\theta_0 = 0$,当 θ 从 0 增加到 π 时,$F(\theta)$ 从 1 减小到 0,即波法线方向上的振幅最大,其反方向的振幅为零,基尔霍夫公式不仅给出了倾斜因子的函数形式,而且说明了菲涅耳的假设是不正确的;其次,系数 K 表明次波源的相位比入射波超前 $\pi/2$,由此计算所得场点的相位与实际情况符合;再者,式(4.2)表明次波的振幅还与入射光波长成反比。总之,若把积分面看作次波源,它应具有上述的三个性质,然而这些性质都是真实点光源所不具有的,所以惠更斯-菲涅耳原理中的次波源并不是真实的点光源,它完全是为了处理衍射问题而引入的一种假设。

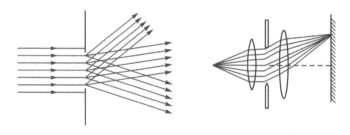

图 4.3　夫琅禾费衍射

基尔霍夫衍射理论为惠更斯-菲涅耳原理奠定了理论基础,克服了惠更斯-菲涅耳原理所存在的问题。但是在推导式(4.2)时所使用的边界条件只有在源点和场点到衍射屏的距离远大于光波长以及衍射孔的线度(D)比光波长大得多的情况下才近似成立,这也就是对菲涅耳-基尔霍夫衍射积分公式(当然也包括菲涅耳积分公式)适用范围的限制条件。不过这种条件在一般的光波衍射问题中都是满足的。基尔霍夫理论也存在着不自洽的问题,严格的衍射理论是电磁场的矢量波理论,本书不作讨论。

4.1.4　菲涅耳衍射和夫琅禾费衍射

通常可以在两种特定的情况下观察光遇到障碍物后产生的衍射,一是假定入射光是平行光,且用来观察衍射花样的屏距离障碍物很远,这时射向屏上的光线可看成是平行光。具体实现时,可在障碍物两边加上透镜,光源放在前一透镜的主焦点上,观察屏放在后透镜的焦平面上,如图 4.3 所示,这种衍射称为夫琅禾费衍射;另一种衍射是光源和观察屏离障碍物的距离都是有限远,或其中一个为有限远,如图 4.4 所示,这种衍射称为菲涅耳衍射。菲涅耳衍射在自然现象和日常生活中较为常见,但衍射图样

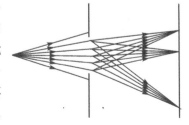

图 4.4　菲涅耳衍射

较复杂;夫琅禾费衍射在实验室中较为常见,其衍射图样分布稳定。

图 4.5 所示为几种衍射孔和它们的菲涅耳衍射及夫琅禾费衍射图样照片。由图可见,入射波前在什么方向受限制,衍射图样就沿该方向扩展,受限制愈严重,该方向上的扩展也愈厉害。菲涅耳衍射图样是带衍射条纹的衍射孔的投影像;夫琅禾费衍射图样则是带衍射条纹的光源的投影像,它与衍射孔的形状很少相似或者完全不相似。

图 4.5　几种衍射孔和它们的菲涅耳衍射及夫琅禾费衍射图样

4.2　巴比涅原理

从菲涅耳-基尔霍夫积分公式可以导出一个很有用的原理。若两个衍射屏 a 和 b 中一个的开孔部分正好与另一个的不透明部分对应,反之亦然,则它们的屏函数满足方程:

$$\tilde{t}_a(x,y) + \tilde{t}_b(x,y) = 1 \tag{4.3}$$

这样一对衍射屏称为互补屏,如图 4.6 所示。设 $\widetilde{U}_a(P)$ 和 $\widetilde{U}_b(P)$ 分别表示 a 和 b 单独放在光源和接收屏之间时接收屏上 P 点的复振幅,$\widetilde{U}_0(P)$ 表示无衍射屏时 P 点的复振幅。根据惠更斯-菲涅耳原理,$\widetilde{U}_a(P)$ 和 $\widetilde{U}_b(P)$ 可表示成对 a 和 b 开孔部分的积分。而两个屏的开孔部分加起来就不存在不透明的区域,因此有:

$$\widetilde{U}_a(P) + \widetilde{U}_b(P) = \widetilde{U}_0(P) \tag{4.4}$$

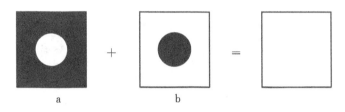

图 4.6　互补屏

上式说明,两个互补屏在衍射场中某点单独产生的复振幅之和等于光波自由传播时在该点的复振幅,这就是巴比涅原理。因为光波在自由传播时通常是满足几何光学定律的,光波场的复振幅容易计算。所以利用巴比涅原理可以比较方便地由一种衍射屏的衍射场求出其互补屏的衍射场。

根据式(4.3)可得出一个非常有实用价值的结论。若 $\widetilde{U}_0(P)=0$,则 $\widetilde{U}_a(P)=-\widetilde{U}_b(P)$。这就意味着在 $\widetilde{U}_0(P)=0$ 的那些点,$\widetilde{U}_a(P)$ 和 $\widetilde{U}_b(P)$ 的相位相差 π,强度 $I_a(P)=I_b(P)$ 相等。这就是说,除几何像点外,两个互补屏分别在接收屏上产生的衍射图样完全相同。巴比涅原理为研究某些衍射问题提供了一个辅助方法,将它用于夫琅禾费衍射最为方便。对于菲涅耳衍射,巴比涅原理虽然也成立,但两个互补屏的衍射图样则不相同。

4.3　单缝的夫琅禾费衍射

4.3.1　单缝的夫琅禾费衍射

现讨论一细长矩形狭缝形成的夫琅禾费衍射,图 4.7 是实验装置,置于透镜 L_1 主焦点上的点光源 S 发出的光经 L_1 变为平行光垂直入射于狭缝上,缝的长度 l 比宽度 a 大得多,在接收屏上出现的不再是一个亮点,而是在与缝垂直方向上扩展开来的衍射图样。图样中心是一个很亮的亮斑,中央亮斑的宽度为其他亮斑宽度的两倍,如图 4.8(a)所示。

若把点光源换成一个平行于狭缝的线光源,例如一单丝灯,而线光源可以看作是一系列非相干点光源的集合,其上任一点都产生一组独立的衍射斑,例如 S 和 S_1 分别产生中心在 S' 和

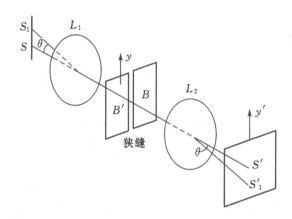

图 4.7 狭缝夫琅禾费衍射

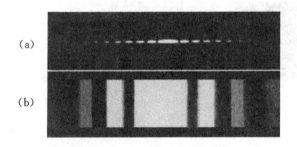

图 4.8 线光源产生的夫琅禾费衍射

S_1' 的衍射斑。各组衍射斑在线光源方向上有一平移,各个点源产生的衍射斑非相干地叠加在一起就得一组线状衍射条纹,如图 4.8(b)所示。

在教室内也可以观察单缝衍射现象,将一张黑纸用刮胡子刀片在中间划一条缝,将这缝放在眼前,观看房顶上的日光灯 S,使缝与日光灯平行,通过狭缝即可观察到一些光带,这些光带就是衍射花样。再仔细观察还可以发现中间的一条亮带比较宽,两侧的光带比较窄。由于光源发出的是白光,衍射条纹会呈现彩色。此时,眼球水晶体的作用与上述装置中的透镜相当,视网膜相当于屏幕。

4.3.2 单缝衍射的光强分布公式

利用振幅矢量图解法推导单缝衍射的光强分布公式,此法简单方便,物理意义清晰,易于理解和掌握,是一种非常有实用价值的方法。如图 4.9 所示,首先将波前分成 N 个平行于缝边缘的等宽的小窄带(称为波带)。把每个窄带对 P 点的贡献作为一个振动来考虑,然后把每个振动按振幅矢量图解法叠加起来。由于每个窄带的宽度相等,可以认为它们在 P 点引起的振动的振幅相等。相邻两波带的振动到 P 点的位相差亦相同,记为 $\Delta\Phi$。按着振幅

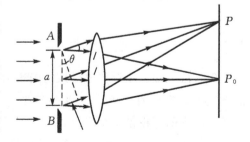

图 4.9 波前划分小无数波带

矢量图解法,每一振幅矢量的长度代表其振幅,两个振幅矢量之间的夹角代表它们的位相差,合成矢量就代表合成振动。

现在我们求 N 个小窄带在 P 点引起的合振幅。将 N 个长度相等的小矢量,每一个的方向比前一个转过相同角度 $\Delta\Phi$ 首尾衔接起来,如图 4.10 所示。显然从 A 到 B 各小矢量组成等边多边形的一部分。在 N 趋于无穷的极限情况下,它是一段圆弧。设圆弧的圆心为 O,半径为 R,圆弧 AB 所张的圆心角 $\angle AOB$ 应等于 A、B 两处切线间的夹角,即第一个和最后一个矢量间的夹角。其实它就是狭缝上、下边缘的衍射光在 P 点的位相差:

$\Delta\Phi = 2\pi a\sin\theta/\lambda$,式中 θ 为衍射光的倾角。

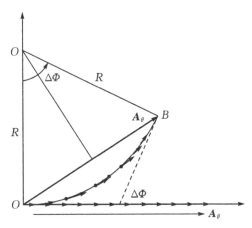

图 4.10 振幅矢量图解法

由图可知:

$$A_\theta = 2R\sin(\Delta\Phi/2) \tag{4.5}$$

当 θ 趋于 0 时,$\Delta\Phi$ 也趋于 0,由小矢量连成的弧线舒展开来变成一条直线,但其长度不变,这个长度就是在屏幕中央 P_0 的合成振幅 A_0,即圆弧 AB 的长度也应该等于 A_0,从而有:$R = \dfrac{A_0}{\Delta\Phi}$,将其带入式(4.5),得:

$$A_\theta = A_0\frac{\sin\dfrac{\Delta\Phi}{2}}{\dfrac{\Delta\Phi}{2}} = A_0\frac{\sin\dfrac{\pi a\sin\theta}{\lambda}}{\dfrac{\pi a\sin\theta}{\lambda}} = A_0\frac{\sin u}{u} \tag{4.6}$$

式中令 $u = \dfrac{\pi a\sin\theta}{\lambda}$,则 P_0 和 P 点的光强分别与 A_0 和 A_θ 的平方成正比,即

$$I(P) = I_0\frac{\sin^2 u}{u^2} \tag{4.7}$$

4.3.3 单缝衍射光强分布的主要特征

将式(4.6)和式(4.7)用曲线表示,可得单缝衍射条纹的光强分布如图 4.11 所示,由图可见,中央亮斑光强最强,分布也最宽,为其他亮斑宽度的两倍。在中央亮斑中心两侧,光强由最大变到零,形成第一级暗点,然后再经过第一级亮斑区,到第二级暗点…,各级亮斑的光强随级数的上升而下降。

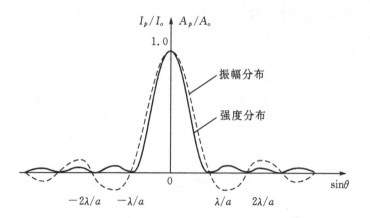

图 4.11　单缝衍射条纹的光强分布

当 $\theta=0$ 时，$u=0$。意为平行主光轴的一组衍射光，会聚于过主焦点 P_0，强度为

$$I_{P_0} = I_0 \lim_{u \to 0} \frac{\sin^2 u_0}{u_0^2} = I_0 = A_0^2 \left(\frac{0}{0} \text{ 型} \right)$$

即各次波源在 $\theta=0$ 的方向上发出的衍射波在接收屏中央最点的相位差为零，它们叠加产生极大强度，称为中央主极大值。而且 P_0 点就是点光源 S 经透镜所生成的几何光学像点。图 4.11 表明，在中央主极大值两侧还对称分布着一些强度为极值的点，可将式(4.7)求一阶导数并使之为零而求得它们的位置。令

$$\frac{\mathrm{d} I_P}{\mathrm{d} u} = 0, \text{即：} \frac{\mathrm{d}}{\mathrm{d} u}\left(\frac{\sin^2 u}{u^2} \right) = \frac{2\sin u\,(u\cos u - \sin u)}{u^3} = 0$$

因为上式分子中任一因子为零均可使分数为零，即：$u = \tan u$ 时，强度也为极大值。但因它们比中央主极大值的强度弱得多，所以称为次极大值。上式是一个超越方程，解此方程须用图解法。如图 4.12 所示，得到超越方程的解，代入(4.7)式，即可得到这些次极大的强度值。

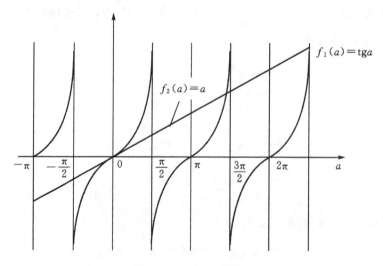

图 4.12　超越方程的解

$$\sin\theta_{10} = \pm 1.43\frac{\lambda}{a} \approx \pm\frac{3}{2}\frac{\lambda}{a} \qquad A_1^2 = 0.0472A_0^2$$

$$\sin\theta_{20} = \pm 2.46\frac{\lambda}{a} \approx \pm\frac{5}{2}\frac{\lambda}{a} \qquad A_2^2 = 0.0165A_0^2$$

$$\sin\theta_{30} = \pm 3.47\frac{\lambda}{a} \approx \pm\frac{7}{2}\frac{\lambda}{a} \qquad A_3^2 = 0.0083A_0^2$$

……

$$\sin\theta_k = \pm\left(k+\frac{1}{2}\right)\frac{\lambda}{a} \tag{4.8}$$

当：$u_k = k\pi \neq 0$，但 $\sin u_k = 0$ 此时 $I_P = I_0\dfrac{\sin^2 u_k}{u_k^2} = 0$，即强度为零（极小值）的位置由下式决定。

$$\frac{\pi a}{\lambda}\sin\theta_k = k\pi \tag{4.9}$$

即：$\sin\theta_k = k\cdot\dfrac{\lambda}{a}$ 其中，$k = \pm 1, \pm 2, \pm 3, \cdots$

公式中的 $k = 1, 2, 3\cdots$ 表示衍射亮斑的级数。正、负号表示强度极大和极小值在中央主极大的两侧对称分布。实际上，在 P_0 两侧的第一个暗点之间范围内，即在 θ 适合 $-\lambda < a\sin\theta < \lambda$ 的范围内，光都没有被完全抵消，屏上各处都有光强分布，经历一个由中心最亮逐渐变暗到第一级暗点处全暗的过程，这个范围称为中央亮斑宽度，也称衍射零级亮斑宽度。通常我们用相邻两极小值之间的角距离表示衍射亮斑的角宽度，则中央亮斑的半角宽为：

$$\Delta\theta \approx \sin\theta = \frac{\lambda}{a} \tag{4.10}$$

它等于其他亮斑的角宽度，即零级衍射斑的角宽度为其他级衍射斑角宽度的两倍。而且中央主极大值的光强比次极大值的光强大得多，在零级衍射斑内大约集中了衍射光能的 93%。通过以上的讨论，可以得到以下结论：

（1）中央亮斑的宽度是各级亮斑宽度的两倍。中央亮斑的光强最大，其他各级亮斑的光强，随衍射条纹的级数 k 的增大而减小。

（2）当照射光的波长 λ 一定时，亮斑宽度与缝宽 a 成反比。缝宽越小，亮斑越宽，衍射现象越显著；缝宽越大，亮斑越窄，衍射现象不明显。如果当 $a \gg \lambda$，各级衍射亮斑向中央明纹靠拢，密集得无法分辨，只能看到光沿直线传播。可见，只有当障碍物的大小与光的波长差不多或更小时，才能观察到明显的衍射现象。

（3）当缝宽 a 一定时，亮斑宽度与照射光的波长 λ 成正比。如果用白光入射单缝时，中央明纹是白色的。在中央亮斑两侧的彩色条纹按光的波长排列，在同一级衍射光谱中靠中央亮斑最近的是紫色，最远的是红色。这种由衍射现象产生的彩色条纹，称为衍射光谱。

实际工作中，我们可利用衍射现象来测量狭缝和线丝的线度，如入射光波长已知，通过测量 φ 角，就可算出狭缝或线丝的线度 a 的大小，如 a 已知，可测量入射光波长。

例 4.1 用波长为 $0.50\ \mu m$ 的单色光测量一单缝的宽度，若测得中央亮斑两侧第五级暗纹间距为 $5\ cm$，单缝后透镜焦距为 $f = 5.0\ m$，试求：（1）单缝宽度；（2）中央亮斑宽度；（3）第一级亮斑宽度。

解 （1）根据单缝衍射图样的对称性，中心两侧第五级暗纹间距为 $5.0\ cm$，所以第五级暗纹到中心的间距 x_0 为

$$x_0 = 5.0 \times 10^{-2}/2 = 2.5 \times 10^{-2} (\text{m})$$

第五级暗纹对应的衍射角 φ 很小,所以有

$$\sin\varphi \approx \text{tg}\varphi = \frac{x_0}{f}$$

由单缝衍射公式得

$$a = \frac{5\lambda}{\sin\varphi} = \frac{5\lambda}{x_0}f$$

$$= \frac{5 \times 0.5 \times 10^{-6}}{2.5 \times 10^{-2}} \times 5.0 = 5 \times 10^{-4} (\text{m})$$

(2)中央亮斑宽度为第一级暗纹到中心距离 x_1 的两倍,即

$$\Delta x_0 = 2x_1 = 2f\frac{\lambda}{a}$$

$$= 2 \times 5.0 \times \frac{0.5 \times 10^{-6}}{5.0 \times 10^{-4}}$$

$$= 1.0 \times 10^{-2} (\text{m})$$

(3)第一级亮斑宽度为 $k=1$ 和 $k=2$ 两暗纹的间距,即

$$\Delta x_1 = x_2 - x_1 = f(\text{tg}\varphi_2 - \text{tg}\varphi_1)$$

$$\approx f(\sin\varphi_2 - \sin\varphi_1)$$

$$= 5.0 \times (2 \times 10^{-3} - 10^{-3})$$

$$= 5 \times 10^{-3} (\text{m})$$

4.4　圆孔夫琅禾费衍射

4.4.1　夫琅禾费圆孔衍射强度分布

大多数光学仪器中所用的透镜的边缘(即光阑)通常都是圆形的,而且大多是通过平行光或近似的平行光成像的,所以夫琅禾费圆孔衍射具有重要意义。

在观察单缝夫琅禾费衍射的装置中,如用一开有小圆孔的屏代替开有单缝的屏,那么在 L_2 的焦平面上即可得到圆孔的夫琅禾费衍射花样。根据菲涅耳-基尔霍夫衍射积分公式,可求得 P 点的光强为 $I(\theta) = I_0\left[\dfrac{2J_1(m)}{m}\right]^2$,式中 I_0 为图样中心 P_0 点的光强,$J_1(m)$ 为一级贝塞耳函数,它是一个特殊函数,可以展开成级数

$$\frac{2J_1(m)}{m} = \sum_{k'=0}^{\infty} \frac{(-1)^{k'}!}{(k'+1)!k'!}\left(\frac{m}{2}\right)^{2k'} = \frac{m}{2}\left\{1 - \frac{1}{2}\left(\frac{m}{2}\right)^2 + \frac{1}{3}\left[\frac{\left(\frac{m}{2}\right)^3}{2!}\right]^2 - \frac{1}{4}\left[\frac{\left(\frac{m}{2}\right)^4}{3!}\right]^2 + \cdots\right\}$$

夫琅禾费圆孔衍射对应的光强分布曲线如图 4.13(a)所示。可见衍射图样是一组同心的明环和暗环,如图 4.13(b)。可以证明在第一暗环范围内的中央亮斑的光强占全部入射光强的 84%,这个中央亮斑称为艾里(S. G. Airy,1801—1892)斑,它的中心是点光源的几何光学像。且爱里斑的半角宽度为

$$\theta_0 \approx \sin\theta_0 = 0.61\frac{\lambda}{R} = 1.22\frac{\lambda}{D} \tag{4.11}$$

式中 $D=2R$ 为小圆孔的直径，λ 是入射光波长。D 愈小，或 λ 愈大，爱里斑半径愈大，即衍射现象愈明显。

我们知道任何一个透镜、反射镜或其他光学元件总有一定的通光孔径，所以即使不加光阑，入射波前都要受到限制而产生衍射。因此，即使将一个点光源置于理想透镜的焦点上，也不可能得到严格的平行光。衍射光束的发散程度可用零级衍射斑的角宽度来量度，为了减少光束的发散应尽可能增大光束的初始直径，为此可应用各种扩束器。例如可使平行光束从望远镜的目镜射入后从物镜射出以达到扩束的目的；还有在用激光测定月球和地球之间的距离时，就曾使用大型天文望远镜作扩束器。

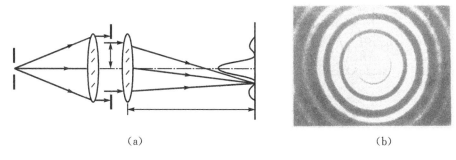

(a)　　　　　　　　　　　　(b)

图 4.13　夫琅禾费圆孔衍射光强分布

4.4.2　光学仪器的分辨本领

光学助视仪器所用的光阑和透镜通常都是圆形的，所以研究圆孔的夫琅禾费衍射，对评价仪器的成像质量具有重要意义。所谓成像仪器的像分辨本领是指仪器分辨开相邻两个物点的像的能力。对于靠得很近的两物点，仪器所成的两个像点还能分辨得开，我们就说它的分辨本领高，反之则低。从几何光学观点看，一个无像差光学系统的分辨本领是无限的。但是实际上任何一个光学元件的通光孔都起着限制光束的光阑的作用，即使所用元件的像差已经充分校正，由于衍射，点物也不能生成点像，而是生成一个夫琅禾费衍射图样。通常把衍射图样的中央亮纹或艾里斑称为衍射像。如果两个物点的衍射像发生了部分重叠，则二者的中央主极大靠得愈近，就愈难分辨出是两个点，这样就限制了仪器的分辨本领。成像系统的分辨本领除了决定于系统本身的结构和性能外，还与照明和接收等复杂因素有关。为简单考虑，我们只讨论系统的像差已得到充分校正，而且成像物体是亮度相等的两个非相干点光源的情况。

由于一个点状物发出的光成的像不是几何光学中的一个点，而是有一定大小的艾里斑。二个相隔很近物点所成的像的中心不重合，见图 4.14(a)，我们则能分辨出这是二个物点；若中心像斑大部分重叠，见图 4.14(c)，我们仅看这个像就无法分辨这是二个物点还是一个物点成的像了，此种状况称不能分辨。怎样的情况才是刚好能够分辨呢？为了给光学仪器规定一个最小分辨的标准，通常采用瑞利判据。瑞利判据规定：两艾里斑的角距离恰等于一个光斑的半角宽度时，为可以分辨的最小极限，这两个物点是刚好可分辨的，见图 4.14(b)。由公式 (4.11)可知，这时二像斑中心的角距离为 $\theta_{\mathrm{m}} \approx 1.22 \dfrac{\lambda}{D}$，这个角也就是二物点对仪器的张角，称为光学仪器的最小分辨角，用下式表示

$$\delta_\varphi = 1.22 \frac{\lambda}{D} \tag{4.12}$$

公式表明,最小分辨角 $\delta\varphi$ 与仪器的通光孔径 D 和入射光波长 λ 有关,通光孔径大则仪器分辨率高。例如,人眼瞳孔的直径为 2 mm,入射光的平均波长为 550 nm,则该人眼的最小分辨角为 3.4×10^{-4} rad $\approx 1'$。可见,最小分辨角受到光的波动性的限制,因此光学仪器的分辨能力是有限的。目前世界上有通光直径为 10 m 的天文望远镜,其最小分辨角 6.714×10^{-8} rad,比人眼的分辨能力提高了 5000 倍。对于光学显微镜,可采用波长更短的紫光照射标本,减小其最小分辨角,从而提高它的分辨能力。

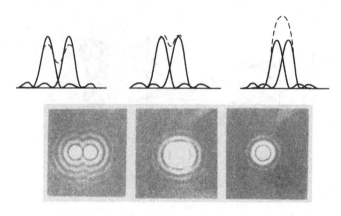

图 4.14　瑞利判据

根据成像系统的具体布置,也可以算出与之相应的刚好分辨开的两物点的角距离(或线距离)。这个距离愈小,仪器的分辨本领就愈高。

通常人们将最小分辨角的倒数称为光学仪器的分辨本领或分辨率。因此,光学(助视)仪器的分辨本领 R 为

$$R = \frac{1}{\delta_\varphi} = \frac{1}{1.22} \frac{D}{\lambda} \tag{4.13}$$

由此可见,光学助视仪器物镜的分辨本领与其通光孔径成正比,与入射光波长成反比。

夜晚远处汽车的灯光,在汽车距离观察者很远时,观察者看到的是一只灯,随着距离的接近,我们可看到灯光由一只灯逐渐变为二只灯,这个事例就是一个很好的不能分辨、恰能分辨、完全分辨事例。

使用瑞利判据时应当注意:(1)我们所讨论的两物点是非相干的,若两物点为相干光源,它们的衍射图样的合成图样不能用强度直接相加的方法求得,随着两光源相位差的不同,分辨极限的差别很大;(2)两个点光源的亮度应相等,如果不等,即使两物点非常靠近,也可能把它们分辨开。

4.5　衍射光栅

4.5.1　衍射光栅

利用单缝衍射可以测量单色光的波长,但单缝衍射所产生的衍射条纹很宽,除了中央明纹

之外,其他各级明纹的光强都很小,各级明纹间分开得也不很清楚,因而难得测得准确结果。为克服这一矛盾,人们制作了光栅。广义地说,任何具有空间周期性的衍射屏都可以叫做光栅。光栅的种类很多,有透射光栅、平面反射光栅和凹面光栅等等。光栅是光谱仪、单色仪等许多光学精密测量仪器中起分光作用的重要元件。

比如用金钢石尖在一块透明的光学玻璃表面刻上大量宽度相等、间距相等的平行刻痕,就得到透射光栅,当入射光射向光栅时,由于刻痕表面凹凸不平,入射光向各方向散射,不易透过,而相邻两刻痕间玻璃平面是可以透光的,相当于一个狭缝。因此,这种光栅是由大量等间距的平行狭缝组成的,利用透射光工作的光栅称透射光栅,还有利用两刻痕间的反射光工作的光栅,称为反射光栅。若刻痕宽度为 b,相邻两刻痕边缘间距即狭缝宽度为 a,则 $d=a+b$ 称为光栅常数。

由于光栅的刻线很多很密(例如实验室研究工作中常用 600 条/mm 和 1200 条/mm 的光栅,总缝数为 5×10^4 条),对缝的平行性和均匀性要求也很高,所以光栅的制作是一项十分精密的工作,必须在专门的光栅刻划机上进行。光栅刻划机可用电子计算机精确控制,一块光栅刻划完成后可用作母光栅进行复制,实际上大量使用的是复制光栅。近年来采用全息曝光生成光刻胶掩模,再用离子束蚀刻技术将条纹转移到玻璃或石英基片上,此方法已成为生产光栅的主流技术。

常见的光栅每 cm 宽度内刻有数千条刻痕,如每 cm 内有 5000 条刻痕,则此时

$$d = a + b = \frac{1\ \text{cm}}{5000\ \text{条}} = 2 \times 10^{-4}(\text{cm})$$

4.5.2 实验装置和衍射图样

观察光栅的夫琅禾费衍射的实验装置如图 4.15 所示。单色点光源 S 发出的光波经 L_1 后成为平行光正入射到光栅 G 上,经光栅上多缝的衍射,在置于 L_2 后焦面的接收屏幕上将观察到的是一列明亮的衍射斑。若 S 为平行于缝的线光源,衍射图样则是一些细锐而明亮的条纹,这些条纹与单缝的衍射条纹有显著的差别:明纹很亮很窄,相邻的两条明纹间有较暗较宽的背景,且随光栅缝数的增加,明条纹愈来愈窄,愈来愈亮,相应明条纹间的暗背景也愈来愈暗(图 4.16)。

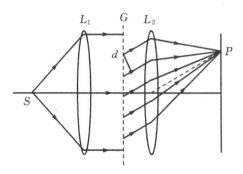

图 4.15 光栅的夫琅禾费衍射的实验装置

光栅衍射条纹与单缝衍射条纹如此不同,原因是前者是透过缝的光的两种作用的综合结果:一是各个狭缝自身都要产生衍射,这种衍射产生的条纹分布与缝宽为 a 的单缝在屏上产生

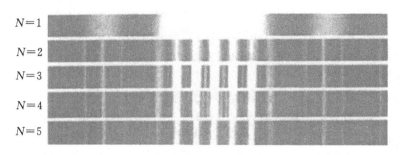

$N=1$
$N=2$
$N=3$
$N=4$
$N=5$

图 4.16　衍射图样与缝数的关系

的衍射条纹分布完全相同,且各条缝的衍射光经透镜后在屏上的光强分布位置完全重合。二是不同狭缝间的光要产生相互干涉现象,对原衍射光强分布产生影响,光栅显示出的条纹即是单狭缝的衍射和多缝的干涉(即多光束干涉)两者共同的作用,习惯上称为光栅的衍射条纹。

4.5.3　多缝衍射光强分布公式

与求解单缝衍射光强度分布公式一样,利用菲涅耳-基尔霍夫积分公式也可以推导出多缝衍射光强分布公式。但是,由于积分区间的复杂性使得计算过程繁琐冗长且物理意义不清晰,在此不作介绍,如有兴趣可参考有关书籍。我们主要介绍常用的推导方法,其物理思想与方法技巧对今后分析和解决此类光学问题会有所帮助。

我们首先设想,在图 4.15 的装置中把衍射屏上的各缝除某一条之外全部遮住。这时接收屏幕上呈现的是单缝衍射图样,其振幅分布和强度上一节已经推导。可以证明在单缝上下平移时,屏幕上衍射图样不动。因此,倘若我们让图 4.15 的装置中的 N 条缝轮流开放,屏幕上获得的衍射图样将是完全一样的。假如 N 条缝彼此不相干,当它们同时开放时,屏幕上的强度分布形式仍与单缝一样,只是按比例地处处增大了 N 倍。然而 N 条缝实际上是相干的,并且它们之间有确定的相位差,因此屏幕上实际的衍射图样与单缝衍射图样大不相同。这在图 4.16 中可以明显看出,由于多缝之间的干涉,屏幕上的强度发生了重新分布。

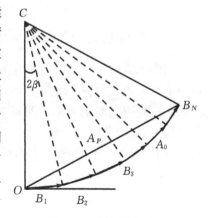

图 4.17　振幅叠加法

如图 4.15 所示,考虑沿某一任意方向 θ 的各衍射线,它们有的来自同一狭缝中不同部分,有的来自不同的狭缝,经物镜 L_1 的聚焦都会合到屏幕上同一点 P,P 点的振动是所有这些衍射线相干叠加的结果。在计算时我们可以先把来自每条狭缝的次波叠加起来,得到 N 个合成振动,然后再把这 N 个合成振动叠加起来,即得到 P 点的总振动。因为来自每条狭缝的的衍射线的合成振幅 A_θ 已计算过了,剩下的问题只是计算这 N 个合成振动的叠加。首先需要计算它们之间的相位差,而各个合成振动之间的相位差与 N 缝对应点发出的衍射线之间的相位差是相同的,对应点衍射线之间的光程差与相位差分别为:$\delta = d\sin\theta$,$\Delta\varphi = \dfrac{2\pi}{\lambda}d\sin\theta$。屏幕上总振幅 A_θ 可用矢量图 4.17 来计算。图中 $OB_1B_1B_2\cdots\cdots B_{N-1}B_N$,各矢量的长度都是单缝的合成振幅 A_θ,它们的方向逐个相差 $\Delta\Phi$。C 表示为这个多边形的

中心,由于等腰三角形 OCB_1 的顶角为记 $\Delta\varphi=2\beta$,所以有

$$R=\frac{A_\theta/2}{\sin\beta}。总主动矢量 A_P = OB_N = 2R\sin N\beta = 2\frac{A_\theta/2}{\sin\beta}\sin N\beta$$

$$= A_\theta\frac{\sin N\beta}{\sin\beta} = A_0\frac{\sin u}{u}\frac{\sin N\beta}{\sin\beta} \tag{4.14}$$

对应的光强分布公式为:

$$I(P) = I_0\left(\frac{\sin u}{u}\right)^2\left(\frac{\sin N\beta}{\sin\beta}\right)^2 \tag{4.15}$$

式中 I_0 为一个单缝在接收屏中心 P_0 点的光强。上式表明,多缝衍射的光强分布正比于两个因子的乘积,其中第一因子 $\mathrm{sinc}^2 u$ 表示单狭缝产生的衍射光强(图 4.18(a)),称为衍射因子;第二个因子 $\frac{\sin^2(N\beta)}{\sin^2(\beta)}$ 表示间隔相等的 N 个缝源所产生的多光束干涉光强(图 4.18(b)),称为干涉因子。即是说,多缝衍射光强分布是多光束干涉光强分布受单缝衍射光强分布调制的结果(图 4.18(c))。

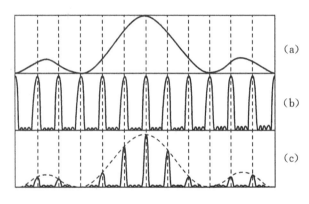

图 4.18 光栅衍射光强分布

4.5.4 光栅的透射场分布

1. 主极大——光栅方程

由干涉因子可知,$\beta=k\pi$ 时,有 $I=I_0\left(\frac{\sin u}{u}\right)^2 N^2$

式中 $\beta=\frac{\pi}{\lambda}d\sin\theta$,即

$$d\sin\theta = k\lambda \tag{4.16}$$

式(4.16)称为光栅方程。此式是研究光栅衍射规律的重要公式。满足光栅方程的明条纹称主极大条纹,也称光谱线,k 称为主极大级数。$\theta=0$ 时,公式满足 $k=0$,称中央主极大(明条纹)。式中"±"表示各级明纹对称地分布于中央明条纹的两侧,当 $k=1,2,\cdots$ 时,分别称为第一级、第二级、$\cdots$主极大条纹。

从光栅方程可见,d 愈小,则明条纹的衍射角 θ 愈大,即明纹分得愈开。对于同一干涉级次,波长愈长,衍射角 θ 愈大,这就是光栅的分光作用。在光栅方程中,衍射角 $|\theta|$ 不可能大于 $\frac{\pi}{2}$,因此能观察到的主极大的最高级次为 $k<(d/\lambda)=(a+b)/\lambda$,例如当 $\lambda=0.40d$ 时,只可能

有 $k=0,\pm1,\pm2$ 级主极大,而没有别的更高级次的主极大;如果 $\lambda\geqslant d$,则除 0 级外别无其他主极大。

2. 谱线的缺级

光栅的每条缝都要产生衍射,各条狭缝发出的同一衍射角的光经透镜后都会会聚于屏上同一点 P,故所有狭缝的衍射条纹在屏幕上完全重合,形成统一的单缝衍射条纹,其分布与其中任一条单缝形成的条纹分布相同,衍射暗纹位置由下式给出

$$a\sin\theta = \pm k'\lambda \quad (k'=1,2,3,\cdots)$$

但应当注意,在图 4.18(b) 中,当 $(a+b)\sin\theta=\pm k\lambda$ 处有一干涉明纹,但单缝衍射图象上该处正好为暗纹。一般地说,当某个衍射角既满足单缝衍射暗纹公式 $a\sin\theta=\pm k'\lambda$,又满足光栅明纹条件公式 $d\sin\theta=\pm k\lambda$ 时,合成结果为暗纹,见图 4.18(c),这一现象称为光谱线的缺级,即当

$$k = \frac{\mathrm{d}}{a}k' = \frac{(a+b)}{a}k' \quad (k'=1,2,3,\cdots) \tag{4.17}$$

例如,当 $(a+b)/a=3$ 时,在 $k=3,6,9\cdots$ 这些级上发生缺级现象。

3. 暗纹位置、次级大的数目

光栅衍射光强分布中,两主极大条纹间分布有一些暗条纹,也称极小值。这些暗纹是各缝衍射光因干涉相消而形成的。在屏上某点 P 的光振动矢量 E 应是来自各缝的光振动矢量 E_1、E_2、E_3、$\cdots E_n$ 之和。由于各缝宽度相等,且对应于同一衍射角 θ,见图 4.19(a),因此,屏上 P 点来自各缝的光矢量大小相等。只要知道了来自相邻各缝的光矢量间的夹角,就可以用矢量多边形法求出合矢量(见图 4.19(b))。相邻两缝沿 θ 角方向发出的光的光程差均等于 $(a+b)\sin\theta$,相应的相位差 $\Delta\varphi$ 均为

$$\Delta\varphi = \frac{2\pi(a+b)\sin\theta}{\lambda}$$

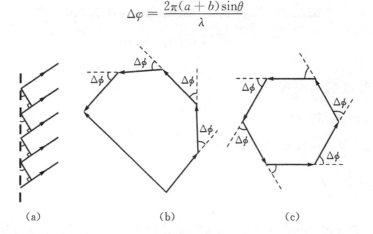

图 4.19　矢量多边形法求暗纹位置

显然,$\Delta\varphi$ 即为各缝光矢量间依次的夹角,如果合矢量 $E=0$,即矢量多边形是封闭的,见图 4.19(c),则 P 点处为暗纹。因此,当光栅总缝数为 N 时,暗纹位置的条件为

$$N\Delta\varphi = \pm m\cdot2\pi (m \text{ 为除 } N \text{ 的整数倍外的自然数}),$$

或改写为

$$N(a+b)\sin\varphi = \pm m\lambda \tag{4.18}$$

式中 $m=1,2,\cdots,N-1,N+1\cdots,(2N-1),(2N+1),\cdots$

当 $m=kN,(k=1,2,\cdots)$ 时，即 m 为 N 的整数倍时，相邻两缝沿衍射角 θ 方向发射的光相位恰好为 2π 的整数倍，因此相干叠加加强，正好是光栅方程确定的主极大条纹位置。

所以每两个主极大之间有 $N-1$ 条暗纹，相邻两条暗纹间有一个次极大，故共有 $N-2$ 个次极大。当 N 愈大，则主极大的宽度愈小，次极大的强度降低，实际形成了二个主极大之间的一片暗区（见图 4.20）。

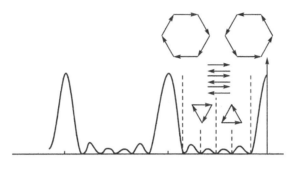

图 4.20　光栅衍射暗纹分布特点

4. 谱线的半角宽度

由光栅方程，第 k 级主极大值位置决定于

$$\sin\theta_k = k\frac{\lambda}{d} \quad 相邻暗纹：\sin(\theta_k + \Delta\theta_k) = \left(k+\frac{1}{N}\right)\frac{\lambda}{d}$$

$$\therefore \ \sin(\theta_k + \Delta\theta_k) - \sin\theta_k = \frac{\lambda}{Nd}$$

又 $\because$ $\Delta\theta_k$ 很小 $\therefore \sin(\theta_k + \Delta\theta_k) - \sin\theta_k \approx \cos\theta_k \cdot \Delta\theta_k$

$$\therefore \ \cos\theta_k \cdot \Delta\theta_k = \frac{\lambda}{Nd} \Rightarrow \Delta\theta_k = \frac{\lambda}{Nd\cos\theta_k} \tag{4.19}$$

上式表明谱线的半角宽度与光栅宽度 Nd 成反比，当 d 一定时，增加缝数 N，$\Delta\theta$ 将减小，亮纹变细。

综上所述可知，当狭缝数目增加时，衍射图样最显著的改变是：衍射光能向各级主极大值中心集中，亮条纹变细，而相邻主极大值之间的极小值和次极大值的数目增多。当 N 很大时，实际上观察到的是在一片暗背景上出现的一些细锐而明亮的条纹。

例 4.2　已知某光栅的 $d=3a$，当用 $\lambda=0.6\ \mu m$ 的光垂直照射该光栅时，可在 30° 衍射角方向观察到第二级干涉明纹，问：(1) 当用 $\lambda=0.55\ \mu m$ 的光垂直照射此光栅共可见到几条明条纹；(2) 当用 $\lambda=0.55\ \mu m$ 与光栅平面法线间夹角为 30° 的入射光时，最多能看到第几级光谱？共可见几条明条纹？

解　(1) 按题意有

$$d\sin30^\circ = 2\lambda \quad 即 \quad d\times\frac{1}{2} = 2\times0.6$$

所以

$$d = 2\times2\times0.6 = 2.4(\mu m)$$

$$a = d/3 = 0.8(\mu m)$$

k 的最大可能值相应于衍射角 φ 为 90°，即 $\sin\varphi=1$，由光栅方程

$$k = \frac{d\sin\varphi}{\lambda} = \frac{2.4}{0.55} = 4.36$$

故 k 最大可能值为 4，最多能看到第四级光谱线．又据 $d=3a$，知光谱的第 $3,6,9\cdots$ 缺级，故实际能看到 0 级、1 级、2 级、4 级谱线共 7 条。

（2）斜入射时，在光栅前已有光程差，相应光栅方程变为

$$d\sin\theta + d\sin\varphi = k\lambda \text{ 和 } d\sin\varphi - d\sin\theta = k'\lambda$$

故有

$$k = \frac{d(\sin\theta + \sin\varphi)}{\lambda} \text{ 和 } k' = \frac{d(\sin\varphi - \sin\theta)}{\lambda}$$

式中 θ 为 30°，φ 最大取 90°，因此

$$k_{max} = 6, k_{min} = 2$$

故斜入射时，最多可看到第 6 级光谱线，实际可看到 0 级、±1 级、±2 级，+4 级、+5 级共 7 条光谱线。

例 4.3　以氢放电发出的光入射某光栅，若测得 $\lambda_1 = 6680\text{Å}$ 时衍射角为 20°，如在同一衍射角下出现更高级次的氢谱线 $\lambda_2 = 4470\text{Å}$，问光栅常数最小各多少？

解　依题意有

$$\begin{cases} (a+b)\sin20° = k\lambda_1 \\ (a+b)\sin20° = (k+n)\lambda_2 (n \text{ 为正整数}) \end{cases}$$
$$\Rightarrow k\lambda_1 = (k+n)\lambda_2$$

即 $k = \frac{\lambda_2}{\lambda_1 - \lambda_2}n$　$(a+b) \propto k$，而 $k \propto n \therefore (a+b) \propto n$

可见，$n=1$ 时，$(a+b) = (a+b)_{min}$

$n=1$ 时，$k = \frac{\lambda_2}{\lambda_1 - \lambda_2} = \frac{4470}{6680 - 4470} = 2.02$ 取 $k=2$

$$\Rightarrow (a+b)_{min} = \frac{2\lambda_1}{\sin20°} = \frac{2\times6680}{\sin20°} = 39062\text{Å} = 3.906\times10^{-4} \text{ cm}$$

4.6　光栅光谱

光栅最重要的应用就是作为分光元件，本节中介绍光栅的分光原理及其色散本领、色分辨本领和自由光谱宽度等特性参数。

4.6.1　光栅的分光原理

由光栅方程 $d\sin\theta = k\lambda$ 可知，当光栅常量 d 一定时，同一级谱线对应的衍射角 θ 随着波长 λ 的增长而增大。如果入射光里包含几种不同波长 $\lambda, \lambda+\Delta\lambda, \cdots$ 的光，则经光栅衍射后除零级外各级主极强位置都不同，彼此分开，这就是所谓的色散现象。在用缝光源照明时，我们所看到的衍射图样中将有几套不同颜色的亮线，它们各自对应一定的波长。各种波长的同级谱线集合构成了光源的一套光谱。不同波长谱线间的距离，随着光谱线数的增高而增大。

当白光入射时，中央明纹为白色，其他同一级的条纹不重合，波长较长的在外，波长较短的在内。在中央零级条纹两侧分布着由紫到红色的条纹，称为光栅光谱。对应同一级的各种波

长条纹的整体称为第一级光谱,这些条纹每一个称为一条谱线。其他级各色主极强亮线都排列成连续的光谱带。光谱关于中央条纹两侧对称分布,如下图 4.21 所示。

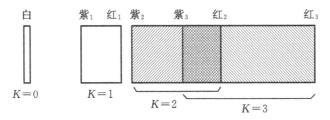

图 4.21　光栅光谱

从第二级光谱开始,各级光谱发生重叠现象,因此,在实际应用中,一般只观察第一级光谱。如果入射光波长成分不连续分布,如用钠灯照明,将可见到与各波长对应的线状光谱。

由于电磁波与物质相互作用时,物质的状态会发生改变,伴随有发射或吸收能量的现象,因此关于物质的发射光谱和吸收光谱的研究已成为研究物质结构的重要手段之一。一定物质发出的光波长成分是一定的,测定其光栅光谱中各谱线的波长及相对光强分布,再与已知物质的特征谱线对照,即可确定发光物质的成分与含量,这就是光谱分析的方法。

4.6.2　光栅光谱仪的性能参数

1. 角色散本领

光栅的角色散本领(angular dispersion power)D 定义为:在同级光谱中,单位波长间隔的两条谱线散开的角度大小,光栅的角色散本领是光栅性能的标志之一,它表征对于一定波长差 $\delta\lambda$ 的两条谱线,所对应的衍射角的差别有多大。为了得到它的具体表达式,只需对光栅方程 $d\sin\theta = k\lambda$ 求微分,即得

$$D = \delta\theta/\delta\lambda = k/d\cos\theta \tag{4.20}$$

由此可见,光栅的角色散本领 D 与光栅常量 d 成反比。光栅常量 d 越小,即单位长度内的狭缝数越多,光栅的角色散本领 D 就越大,谱线散得越开。同时,光栅的角色散本领 D 还与光谱级数 k 成正比,即级次高的光谱有较大的角色散本领 D。

2. 色分辨本领

色散本领只表示两个主极大值在空间上分开的程度。由于衍射,每一谱线都具有一定宽度,当两谱线靠得较近时,尽管主极大值分开了,它们还可能因彼此有部分重叠而分辨不出是两条谱线。因此须引入色分辨本领这一物理量来表征光栅对不同波长的谱线的分辨能力。显然,为了能够分辨波长很接近的谱线,应该要求每条谱线都很细,即谱线的半角宽度必须很小。为了表征光栅分辨相邻两条谱线的能力,作为光栅性能的另一个标志,我们定义光栅的角分辨本领(chromatic resoving power)R 为,恰能分辨的两条谱线的平均波长 λ 与它们的波长差 $\delta\lambda$ 之比,即

$$R = \lambda/\delta\lambda$$

根据瑞利判据,要使波长为 λ 的第 k 级谱线,能够与其相邻的波长为 $\lambda+\delta\lambda$ 的第 k 级谱线分辨清楚的极限是:波长为 λ 的第 k 级主极强外侧第一条暗线,刚好与波长为 $\lambda+\delta\lambda$ 的第 k 级主极强中心重合,即相应于波长差 $\delta\lambda$ 的谱线的衍射角之差 $\delta\theta$ 等于第 k 级主极强的半角宽度

$\Delta\theta$ 。由光栅方程可得,波长相差 $\delta\lambda$ 的同一级光谱在空间分开的角距离 $\delta\theta$ 为:

$$\delta\theta = k\frac{\delta\lambda}{d\cos\theta} \tag{4.21}$$

联立(4.20)与(4.21)式,可得:

$$R = \frac{\lambda}{\delta\lambda} = kN \tag{4.22}$$

即光栅的色分辨本领 R 与光栅的狭缝总数 N 以及光谱级次 k 成正比,而与光栅常量 d 无关。N 越大,k 越高,光栅能分辨的 $\delta\lambda$ 就越小。一般光栅中使用的光谱级次为 1 到 3 级,但光栅总缝数很大,所以光栅有很高的色分辨本领。例如对于 50 mm 长,每 mm 内有 1200 条缝的光栅,其第一级光谱的分辨本领为 6×10^4,在 600 nm 附近的分辨极限为 $\delta\lambda=0.01$ nm。

透射光栅的缺点是,由于单缝衍射因子的作用,衍射图样中无色散的零级主极强占有总光能的很大一部分,其余的光能还要分散到各级光谱中,以致每级光谱的光强都比较小。而且,级次越高,光强越弱。因此,目前在分光仪器中使用的几乎都是反射式的闪耀光栅,这种光栅的优点是能将单缝的中央极强的方向从没有色散的零级转到其他有色散的光谱级上,从而把光能集中在该级光谱线上。

3. 自由光谱宽度

由光栅方程可知,λ_m 的 $k+1$ 级主极大值与 $\lambda_M(\lambda_m+\Delta\lambda)$ 的 k 级主极大值不重叠的条件为:

$$k(\lambda_m + \Delta\lambda) < (k+1)\lambda_m$$

因此可得光栅的第 k 级光谱线的自由光谱宽度(也称色散范围)为

$$\Delta\lambda < \lambda_m/k$$

由于光栅都是在低级次下使用,故其自由光谱宽度很大,在可见光范围内(390~760 nm)自由光谱宽度值约为几百纳米,所以它与棱镜一样可在广阔的光谱区使用,而 F-P 干涉仪在使用时的干涉级次较高(一般为 10^5 量级),因此只能在很窄的光谱区域($\Delta\lambda\approx10^{-3}$ nm)使用。综上所述,光栅的缝宽 a、周期 d 和缝数 N 对光栅特性的影响是各不相同的,缝宽决定对不同干涉级谱线强度的调制量,周期决定谱线位置,光栅的宽度则决定谱线的半角宽度。

4.6.3　X 射线在晶体上的衍射

X 射线又称伦琴射线,是德国科学家伦琴于 1895 年在做阴极射线实验过程中发现的。X 射线用 X 射线管产生,它可使某些物质发出荧光,使气体电离、底片感光,并具有很强的穿透能力。这些特点使 X 射线在医疗、金属探伤等领域得到了广泛的应用。实验证明,X 射线是波长很短的电磁波,波长约为 0.1 nm 左右。由于它波长很短,长期未观察到它的衍射现象。

1912 年德国物理学家劳厄想到,晶体中的原子或分子排列成有规则的空间点阵(见图 4.22),原子间距约为 0.1 nm 的量级,和 X 射线波长量级相同,因此可将晶体作为三维正交光栅来观察 X 射线的衍射。他用天然晶体进行试验,圆满地获得了 X 射线衍射图样,开创了用 X 射线进行晶体结构分析的方法。但他所用方法较复杂。

不久英国布拉格父子提出了一种比较简单的方法来进行 X 射线衍射实验,他们将晶体看作一系列平行的称为晶面的原子层构成,当波长为 λ 的 X 射线掠射到晶体上时,晶体中每个原子都将吸收 X 射线,并立即向各个方向散射,对任一晶面而言,在满足反射定律的方向上,这些散射波叠加的强度最大,这些晶面相当于一个镜面。而不同晶面发出衍射波也将发生相干叠加。如图 4.23 所示,设两晶面间距为 d,当一束平行相干的 X 射线以掠射角 φ 投射时,相邻两层反射线的光程差(见图 4.22)为

$$\delta = AC + CB = 2d\sin\varphi$$

显然,当满足下述条件

$$2d\sin\varphi = k\lambda, k = 1, 2, 3, \cdots \tag{4.23}$$

时,不同层的反射线相干加强。即在该方向出现 X 射线的亮点,上式就是著名的布拉格公式。

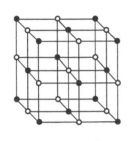

图 4.22　晶体

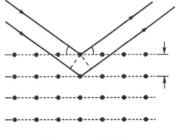

图 4.23　X 射线

从布拉格公式可知,如果已知入射的 X 射线的波长,通过对衍射亮点的位置与强度的测量分析,测定出 φ 角,就可确定晶面间距 d(称晶格常数),从而确定晶体的结构。此种方法称为 X 射线晶体结构分析。反之,如已知晶体结构,也可通过测定 φ 值,确定入射的 X 射线的波长,这类工作称为 X 射线光谱分析,可研究物质的原子结构。

4.7　圆孔和圆屏的菲涅耳衍射

前面已讨论了用菲涅耳-基尔霍夫衍射积分公式计算夫琅禾费衍射场,但是用该公式计算菲涅耳衍射场却十分复杂,在衍射屏具有对称性的一些简单情况下,用代数加法或矢量加法代替积分运算,可以十分方便地对衍射现象作定性或半定量解释。本节中将学习菲涅耳半波带法和矢量图解法,并用它们去处理圆孔和圆屏的菲涅耳衍射。

4.7.1　菲涅耳半波带法

菲涅耳的衍射公式本要求对波前作无限分割,半波带法则用较粗糙的分割来代替,把积分化为有限项求和。此法虽不够精细,但可较方便地得出衍射图样的某些定性特征,故为人们所喜用。如图 4.24 所示,S 为一单色点光源,它发出的光波通过半径为 ρ 的小圆孔产生衍射,S 和衍射场中任一点 P 的连线与球面波在某一时刻的波面 S_0(半径为 R)相交于 O 点,OP 用 r_0 表示,以 P 为中心,分别以 $b+\lambda/2, b+\lambda, b+3\lambda/2, b+2\lambda, \cdots$ 为半径作球面,将波前分割为一系列环形带。其中每一环带的相应边缘两点或相邻环带的对应点到 P 点的光程差为 $\lambda/2$,所以把它们叫作菲涅耳半波带,简称半波带。

根据惠更斯-菲涅耳原理,S 在 P 点产生的振动应为波面上所有各半波带(子波源)发出的子波在 P 点振动的叠加,设 $A_1, A_2, A_3, \cdots, A_k$ 分别表示第 $1, 2, 3, \cdots$,第 k 个半波带在 P 点的振幅,因为相邻半波带在 P 点产生的振动相位相反,则所有各半波带在 P 点产生的合振动的振幅为

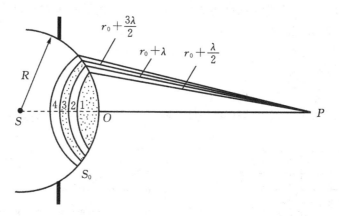

图 4.24 半波带法则

$$A(P) = \sum_{k=1}^{n} (-1)^{k+1} A_k \tag{4.24}$$

根据菲涅耳理论,各半波带在 P 点产生的振动的振幅决定于半波带的面积、半波带到 P 点的距离以及倾斜因子三项因素。下面来分析它们对第 k 个半波带在 P 点产生振动的振幅的影响,在图 4.25 中,第 k 个半波带的半径为

$$\rho_k^2 = R^2 - (R-h)^2 = 2Rh - h^2 = r_k^2 - (r_0 + h)^2$$

其中,$r_k^2 - r_0^2 = (r_0 + k\frac{\lambda}{2})^2 - r_0^2 = kr_0\lambda + (\frac{k}{2}\lambda)^2 \approx k\lambda r_0$

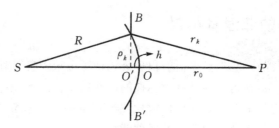

图 4.25 第 k 个半波带在 P 点振幅

上面二式联解可得:

$$h = \frac{kr_0}{2(R+r_0)}\lambda \tag{4.25}$$

由图可知包含 k 个半波带的球冠的面积为

$$S = 2\pi Rh = 2\pi R^2 (1 - \cos\varphi) \tag{4.26}$$

对式(4.26)取微分:

$$dS = 2\pi R^2 \sin\varphi d\varphi \tag{4.27}$$

在三角形 SBP 中,有

$$\cos\varphi = \frac{R^2 + (R+r_0)^2 - r_k^2}{2R(R+r_0)} \tag{4.28}$$

将式(4.28)两边取微分:

$$\sin\varphi d\varphi = \frac{r_k}{R(R+r_0)}dr_k \tag{4.29}$$

将式(4.29)带入将式(4.27),同时令 $dr_k = \lambda/2, dS = S_k (k$ 个半波带的面积),可得:

$\dfrac{S_k}{r_k} = \dfrac{\pi R}{R + r_0} \lambda$,因此,各半波带在 P 点的振动的振幅之所以不同,就只与倾斜因子有关了。

当波面为球面时,$\theta_0 = 0$,倾斜因子变成为 $F(\theta) = (1 + \cos\theta)/2$。随着倾角的增加,$F(\theta)$ 将逐渐减小,当 $\theta = \pi$ 时,$F = 0$,因此各半波带在 P 点产生的振幅应是一个单调下降的收敛数列。

于是,式(4.24)可写为:

$$A(P) = \sum_{k=1}^{n} (-1)^{k+1} A_k = \frac{1}{2} A_1 + \left(\frac{1}{2} A_1 - A_2 + \frac{1}{2} A_3 \right) + \left(\frac{1}{2} A_3 - A_4 + \frac{1}{2} A_5 \right) + \cdots$$
$$= \frac{1}{2} \left[A_1 + (-1)^{n-1} A_n \right] \tag{4.30}$$

当波带数 n 为奇数,P 点为亮点;n 为偶数,P 点为暗点。对于自由空间传播的球面波,A_n 实际上是趋于零的,上式化为 $A(P) = \dfrac{1}{2} A_1$。即球面波自由传播时整个波面上各次波源在 P 点产生的合振动的振幅等于第一半波带在同一点产生的振动振幅之半,强度则为 1/4。

菲涅耳半波带法的优点是处理问题形象、直观,而且结果式(4.30)也很简单。缺点是适用范围较窄,因为对一定的观测点 P 来说,它要求波面恰好能分成若干个完整的半波带。若半波带不完整,对半波带的面积需要重新估计,不易得到定量的结果,此时可采用矢量图解法来处理。

4.7.2　矢量图解法

菲涅耳半波带法只适用于将衍射圆孔露出的波面分成为整数个半波带的情况。如果不能分成为整数个半波带,就要把每一半波带再分为更小的子带,用一个矢量表示每一子带对 P 点振动的贡献,然后用矢量合成图解法求它们的合矢量,即可得到 P 的合振动。例如在图 4.26 中,以 P 为中心,分别以 $r_0 + \lambda/2N, r_0 + 2\lambda/2N, r_0 + 3\lambda/2N, \cdots, r_0 + (N-1)\lambda/2N$,为半径在波面上画圆,将第一个半波带分成了 N 个子带。各子带在 P 点产生的振动振幅用矢量 $\Delta a_1, \Delta a_2, \Delta a_3, \cdots, \Delta a_N$ 来表示,图 4.27(a)表示的是这些矢量的合成图($N = 11$)。图中取半波带中心在 P 点产生的振动相位为零,因为相邻两子带在 P 点振动的相位差为 π/N,所以各矢量的方向相继逐个转过一个小角度 π/N,最后到了 Δa_N 刚好转过角 π。

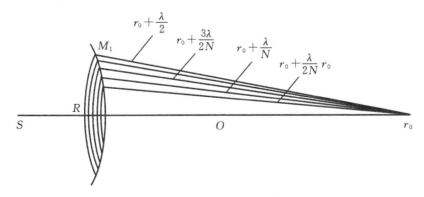

图 4.26　矢量合成图解法

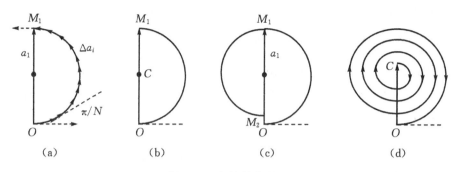

图 4.27　矢量的合成图

又因为倾斜因子的影响,从中央开始各子带在点振动的振幅是逐个减小的,因而各矢量的长度逐个减小。由 Δa_1 的始端 O 到 Δa_N 的末端 M_1 引合矢量 A_1,其长度 a_i 就是第一半波带在 P 点产生振动的振幅。如果把第一半波带分成无穷多个无限小的子带,则图 4.27(a)的折线就过渡到图(b)所示与半圆形相差很小的弧线,而且弧线在 M_1 点的切线方向与在 O 点的切线方向是相反的。

为了表示第二个半波带对 P 点振动的贡献,只需在图 4.27(b)中以 M_1 为起点再画一个稍微小一些的和半圆稍有偏差的弧线,如图 4.27(c)所示。图中 M_1M_2 就是第二个半波带在 P 点的产生振动的振幅矢量 A_2,而 OM_2 则表示第一、二两个半波带在 P 点产生的振动的合振幅。对于各后继半波带,可按上述方法继续往下画,每增加一个半波带就增加一个半圆,而且圈越缩越小,逐渐蜷曲成图(d)所示螺线。在球面波自由传播的情形下,a_n 趋于零,螺线蜷曲至中心 C,于是可得出以 $A_N \approx a_1/2$,这与用菲涅耳半波带法所得结论相一致。

4.7.3　圆孔衍射

我们首先讨论图 4.25 中衍射场中心轴线(S 与小圆孔中心的连线)上任一点 P 的光强,为此需计算小孔露出的波面部分对 P 点所包含的半波带数 k。

因为 $\rho_k^2 = R^2 - (R-h)^2 = 2Rh - h^2 \approx 2Rh$,将 h 的表达式(4.25)带入,可得

$$k = \frac{\rho_k^2}{\lambda} \frac{R + r_0}{R r_0} \tag{4.31}$$

如果我们把接收屏从远离小孔的某位置起向小孔移近,开始时从 P 点看小孔所露出的波面还不到一个半波带,随着 P 点向小孔移近,露出的波带面积增加。当 P 点移到某点,使小孔刚好露出一个半波带时,该点是一个亮点,由式(4.30)可知,$A(P) = A_1$。即把波面大部分挡住而只保留第一个半波带时,P 点的光强为波面未受阻挡时该点光强的四倍,这个惊人的结果只有用波动理论才能解释。继续把 P 点向内移动,光强变弱,当移到刚好露出两个半波带时,P 点光强几乎为零。此后再继续向内移动接收屏,由式(4.31)可知,k 将交替地出现奇数和偶数值,P 点的亮暗将情况将交替地变化。

当 S 和 P 点固定不动时,随着半径 ρ 的增加或缩小,k 也将交替地出现奇数和偶数值,P 点的亮暗也交替地变化。而且由式(4.31)不难看出,改变 ρ 值比改变 r_0 的效果更大。如果小孔的半径远大于光波长($\rho \gg \lambda$),或接收屏离小孔很近,则小孔所露出的波带数很大,a_n 趋于零,$A(P) = A_1/2$,轴线上各点的光强与小孔的大小无关,于是便得到与几何光学一致的结论,

因此我们可以说几何光学是波动光学的一种极限情形。

　　当光源置于无穷远处，即用平行光入射，且接收屏离衍射屏足够远(r_0 很大)时，小孔只露出一个半波带的一小部分，再继续移远观察屏，小孔露出的波面不会大于一个半波带，P 点始终不会出现暗点，这时已进入夫琅禾费衍射区。

4.7.4　圆屏衍射

　　图 4.28 中，S 为点光源，BB' 是一个不透明的小圆屏，在 BB' 后的接收屏上可观察到 BB' 的几何投影中心 P 点是一个亮点，它周围还有很少几圈很淡的同心亮环，如图 4.29 所示。假如以 P 点为中心将到达圆屏处的波面划分为若干个菲涅耳半波带，此时圆屏遮住了开始的 n 个半波带，而且因为半波带的总数很大，最末一个半波带对 P 点振动的贡献实际为零，于是由式(4.30)可得 P 点的振幅为

$$A = \frac{A_{n+1}}{2} \pm \frac{A_{\infty}}{2} = \frac{A_{n+1}}{2} \quad (QA_{\infty} \approx 0)$$

由上式可知，当圆屏很小从而挡住的半波带很少时，除紧挨着圆屏之后的地方外，无论把接收屏移近还是移远，轴线上 P 点总是一个亮点。

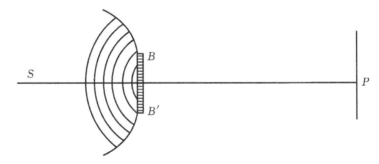

图 4.28　圆屏衍射

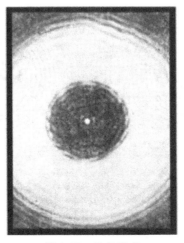

图 4.29　泊松亮点

　　1818 年，菲涅耳参加法国科学院主办的一次竞赛，提出了关于衍射理论的著名论文。泊松根据菲涅耳的理论推断出圆形障碍物阴影中心应出现一个亮点，后来称这个亮点为泊松亮

点。泊松错误地认为这是不可能的,并以此作为反对波动理论的重要论据。不久阿喇果从实验上观察到了泊松预断的亮点,证明了菲涅耳理论的正确,阿喇果的实验给波动理论以有力的支持。

用激光很容易演示小圆屏的衍射,将一个直径为 2～3 mm 的小滚珠粘到一块平板薄玻璃或凸透镜上(或用细丝悬挂),He－Ne 激光经针孔滤去其边缘不均匀部分后照射到滚珠上,滚珠距针孔约 30～40 cm。因为滚珠的投影面积为圆形,对波前的限制相当于一个小圆屏,所以在距离滚珠数米远的屏上可以看到泊松亮点和它周围的衍射环。

4.7.5　菲涅耳波带片

波带片是一种衍射成像元件,根据其振幅透射率函数形式的不同,常使用的有矩形波带片和正弦波带片两类。根据它的作用是调制入射光的振幅或相位,又可将其分为振幅型和相位型两类。

1. 制作原理

在讨论半波带法时已指出,相邻两个半波带在 P 点产生的振动的相位相反,它们对 P 点振动的贡献是相消的;而相隔一个半波带的两半波带在 P 点振动的相位相同,它们对 P 点振动的贡献是相长的。由此不难想到,如果在 O 处放一衍射屏将所有奇数带(或偶数带)全部挡掉,那么剩下的半波带在 P 点的光强将大大增加。例如,假定圆孔对 P 点只露出了 10 个奇数半波带,P 点的振幅为

$$A(P) = A_1 + A_3 + A_5 + \cdots + A_{19} \approx 10A_1$$

一般情况下,可以认为前面几个半波带的倾斜因子相差不大,即满足近轴条件,所以他们发出的次波的振幅近似相等。它几乎是波面全未受阻挡时强度的 400 倍,结果使 P 点成为一个很亮的光点。这种能将每隔一个半波带的光振动的复振幅(振幅或相位)加以改变的衍射屏称为波带片(图 4.30)。

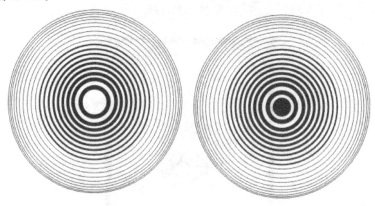

图 4.30　波带片

将式(4.31)变换得:$\rho^2 = k \cdot \dfrac{Rr_0}{R+r_0}\lambda$ 可知:$\rho \propto \sqrt{k}$。上式表明第 k 个半波带外圆的半径与自然数的平方根成正比。在一张大白纸上画许多半径与自然数平方根成正比的同心圆(除了这种圆划分外,由于十字亮线便于对准,在激光准直中使用的波带片不少是作条带或方形划分的),然后把相间的波带涂黑,再用照相微缩的方法把它精缩制版,就可得到一块菲涅耳矩形波

带片,或称黑白波带片。一般的波带片至少有十几个环带,多的可达上百个环带,环带愈多,P 处光点愈小,光强也愈大。为了进一步提高波带片在 P 点产生的光强,可以不挡住相间的带,而在奇数(或偶数)带的位置镀一层透明薄膜,适当控制膜的厚度,使通过它的光波在 P 处产生的振动相位延迟 π,这样各半波带在 P 点所产生的振动相位相同,结果使 P 点光强增加,这种波带片称为相位波带片。

2. 波带片的焦点

将式(4.31)半波带方程可写成另一种形式,$\dfrac{1}{R}+\dfrac{1}{r_0}=\dfrac{k\lambda}{\rho_k^2}$

令等号右边为 $1/f$,$f=\dfrac{\rho_k^2}{k\lambda}=\dfrac{\rho_1^2}{\lambda}$,表示波带片的主焦距,于是上式可写为:

$$\frac{1}{R}+\frac{1}{r_0}=\frac{1}{f} \tag{4.32}$$

式中 R 为物距,r_0 为像距,上式便与薄透镜成像高斯公式的形式完全相同,称为波带片的类透镜物像公式。

应当注意,波带片与普通透镜的成像原理是不相同的。前者是利用光的衍射,后者则是利用光的折射。普通透镜成像时,从物点发出的各光线到像点的光程相等,而从物点发出的光波经波带片各带衍射后到达像点的相位差为 2π 的整数倍,因而产生同相位相干叠加。

复习思考题

1. 单缝衍射图样和双缝干涉图样的光强分布是否有差异?为什么?

2. 在单缝的夫琅禾费衍射中,入射光的波长和缝宽各对衍射图样产生什么样的影响?

3. 用白光垂直入射单缝时,白光中各色光成分的衍射有何不同?

4. 将单缝衍射实验装置放入水中时,其衍射图样与在空气中的图样有何变化?

5. 试分析单缝衍射公式 $a\sin\varphi=\pm k\lambda$ 和双缝干涉公式 $d\sin\varphi=\pm k\lambda$ 的异同。

6. 光栅的衍射条纹是怎样形成的,这种条纹和单缝衍射条纹及双缝干涉条纹的联系与区别是什么?

7. 光栅衍射明纹公式 $(a+b)\sin\varphi=\pm k\lambda$,而单缝衍射暗纹公式是 $a\sin\varphi=\pm k\lambda$,上述二公式有矛盾吗?为什么?

8. 何谓光栅缺级?其原因是什么?

9. 用单色光斜入射于光栅上时,与垂直照射情况相比得到的干涉条纹级数能否上升?能看到的总条纹数有否变化?

习题四

4.1　选择题

1. 根据惠更斯-菲涅尔原理,若已知光在某时刻的波振面为 S,则 S 的前方某点 P 的光强度决定于波振面 S 上所有面元发出的子波各自传到 P 点的(　　)。

　A. 振动振幅之和　　　　　　　B. 光强之和

　C. 振动振幅之和的平方　　　　D. 振动的相干叠加

2. 波长 λ 的平行单色光垂直入射到缝宽 $a=3\lambda$ 的狭缝上,一级明纹的衍射角为(   )。

A. $\pm30°$　　　　B. $\pm19.5°$　　　　C. $\pm60°$　　　　D. $\pm70.5°$

3. 一衍射光栅对某波长的垂直入射光在屏幕上只能出现零级和一级主极大,欲使屏幕上出现更高级次的主极大,应该(   )。

A. 换一个光栅常数较大的光栅　　　B. 换一个光栅常数较小的光栅

C. 将光栅向靠近屏幕的方向移动　　D. 将光栅向远离屏幕的方向移动

4. 某单色光垂直入射到每厘米有 5000 条狭缝的光栅上,在第四级明纹中观察到的最大波长小于(   )。

A. 4000Å　　　　B. 4500Å　　　　C. 5000Å　　　　D. 5500Å

5. 已知光栅常数为 $d=6.0\times10^{-4}$ cm,以波长为 6000Å 的单色光垂直照射在光栅上,可以看到的最大明纹级数和明纹条数分别是(   )。

A. 10,20　　　　B. 10,21　　　　C. 9,18　　　　D. 9,19

4.2　填空题

1. 用纳光灯的纳黄光垂直照射光栅常数为 $d=3$ μm 的衍射光栅,第五级谱线中纳黄光的(589.3 nm)的角位置 $\Phi_5=$_____。

2. 若波长为 6250Å 的单色光垂直入射到一个每毫米有 800 条刻线的光栅上时,则该光栅的光栅常数为_____;第一级谱线的衍射角为_____。

3. 为了测定一个光栅的光栅常数,用波长为 632.8 nm 的光垂直照射光栅,测得第一级主极大的衍射角为 $18°$,则光栅常数 $d=$_____,第二级主极大的衍射角 $\theta=$_____。

4. 在夫琅禾费衍射光栅实验装置中,S 为单缝,L 为透镜,屏幕放在 L 的焦平面处,当把光栅垂直于透镜光轴稍微向上平移时,屏幕上的衍射图样_____。

4.3　计算题

1. 单缝衍射中,缝宽度 $a=0.40$ mm,以波长 $\lambda=589$ nm 单色光垂直照射,设透镜焦距 $f=1.0$ m。求:(1)第一级暗纹距中心的距离。(2)第二级明纹距中心的距离。

2. 波长 600 nm 的单色平行光,垂直入射到缝宽 $a=0.6$ mm 的单缝上,缝后有一焦距为 $f=60$ cm 的透镜。在透镜焦平面观察到的中央明纹宽度为多少?两个第三级暗纹之间的距离为多少?(1 nm $=10^{-9}$ m)。

3. 用 $\lambda=600$ nm 的单色光垂直照射在宽为 3 cm,共有 5000 条缝的光栅上。问:

(1)光栅常数是多少?(2)第二级主极大的衍射角 θ 为多少?(3)光屏上可以看到的条纹的最大级数?

4. 为测定一给定的光栅常数,用波长 $\lambda=600.0$ nm 的激光垂直照射光栅,测得第一级明纹出现在 $15°$方向。求:

(1)光栅常数。

(2)第二级明纹的衍射角。

(3)如果用此光栅对某单色光做实验,发现第一级明纹出现在 $27°$方向,此单色光波长是多少?

5. 用 $\lambda=600$ nm 的单色光垂直照射在宽为 3 cm,共有 5000 条缝的光栅上。问:

(1)光栅常数是多少?

(2)第二级主极大的衍射角 θ 为多少?

（3）光屏上可以看到的条纹的最大级数为多少？

6. 为测定一给定的光栅常数，用波长 $\lambda = 600.0$ nm 的激光垂直照射光栅，测得第一级明纹出现在 15°方向。求：

（1）光栅常数。

（2）第二级明纹的衍射角。

（3）如果用此光栅对某单色光做实验，发现第一级明纹出现在 27°方向，此单色光波长是多少？

第 5 章

光在各向同性介质界面的反射和折射

5.1 偏振光

波动有横波和纵波两类。横波的振动方向与传播方向垂直,其振动方向是一个有别于垂直传播方向的其他横方向的特殊方向,因此不具有以传播方向为轴的对称性,这种不对称现象称为波的偏振。纵波的振动方向与波的传播方向一致,在垂直于波传播方向的各个方向去观察纵波,情况是完全相同的,具有对称性,即纵波不产生偏振。因此偏振是横波区别于纵波的标志。

电磁理论表明,电磁波是横波。光波是特定频率范围的电磁波,显然光波也是一种横波,其光矢量 E 的振动方向应与光波的传播方向垂直。但是在垂直于传播方向的平面内,光矢量还可能有各种不同的振动状态,我们称光矢量的这些振动状态为光波的偏振态。

5.1.1 普通光源的发光机制

光是电磁波,从前面的讨论,我们似乎得到了这样的结论,在考虑光的传播、叠加等物理过程时,光波与普通的电磁波没有什么区别,甚至可以将机械波的各种结论直接应用到光波之中。但是,如果稍加留意,我们就会发现光波具有非常明显的独立特征。

第一,从物理特征看,光波的频率非常高,对于可见光,频率基本上是 10^{14} Hz,对于一般的机械波,由于都是由机械振动产生的,所以频率都不高,以最常见的声波为例,人耳可听见的声波,频率在 20 Hz~20 kHz,频率高于 20 kHz 的机械振动,被称作超声波。而普通的电磁波,其波长通常范围通常为微米到米的量级,甚至可以达到几千米的量级,所以,其频率一般低于 10^7 Hz。可见,光波的频率远远大于普通的电磁波和机械波的频率。对于较低频率的振动,可以用机械或电子装置观察或记录其振动过程,例如,我们可以在示波器上看到低频振动的过程;但对于高达 10^{14} Hz 的振动,远远大于电子的固有振动频率,无法用电子仪器直接观察或记录其瞬时过程。

第二,从产生的机制看,机械波由机械振动产生,如音叉的振动、弦的振动、簧片的振动,声带的振动等,由于振动的过程是可控的,所以,由此而产生的机械波是可控的,即波的传播方向、振动方向、振幅、频率、相位都是可控的。电磁波由电磁振荡产生,而电磁振荡也是可以通过电路的参数控制的,所以,普通的电磁波也是可控的。

但是,光波产生的机制是完全不同的。按照玻尔(Niels Bohr,1885—1962)的辐射理论,光是由原子或离子在跃迁过程中产生的。由量子理论,原子可以处于一系列不同的能量状态,这些状态往往是分立的、不连续的,被称作能级。当原子不受外界因素干扰或激发时,其状态是稳定的,这一稳定的状态具有最低的能量,称作"基态"。当原子受到干扰,如从外界吸收能量后,就具有较高的能量,其状态发生变化,跃迁到某一高能量状态(高能级),这就是某个激发态。但激发态往往是不稳定的,经过或长或短的一段时间后,原子将会重新跃迁到基态,在跃迁过程中,将会以某种方式将自身具有的能量释放一部分,这一部分能量,往往会以电磁波(光波)的形式释放。

所以,发光是原子或离子在不同的能量状态(能级)之间跃迁的结果。光源中总是包含大量的原子,如对于固态物质而言,原子的数密度约为 10^{23} cm^{-3},假设其中发光的原子占 0.1%~1%,则发光中心的数密度约为 10^{20} cm^{-3}。所以,总是有大量的原子同时发光,即在每一个任意小的时间间隔内,总是有大量的原子进行辐射跃迁,这种辐射跃迁往往是自发的,则各个发光原子之间是没有任何关联的,所以,这种辐射跃迁过程是随机的。不同原子所发的光波,都有随机的传播方向、振动方向、初相位和频率。所以,不同原子在同一时刻所发出的光波是没有关联的;同一原子在不同时刻所发出的光波也是没有关联的。

5.1.2　自然光

如前所述,普通光源的自发辐射过程是不受控制和干扰的随机过程,因而,尽管在极短的时间内,有大量光波由于原子的跃迁而发射,但是,这些光波之间没有任何关联。也就是说,这些光波的传播方向、电矢量的振动方向、相位等物理量都是随机的,相互之间没有固定的关系。

如果采用透镜或反射镜等相应的光学装置,可以将这些光波变成沿着相同方向传播的平行波列。但是,在这些大量的随机波列中,各列波的振动方向是随机的,在各个方向是均等的,因而总的来看,电矢量是相对于波矢对称分布的;同时,由于各个波列之间的相位差是随机的,因而是不相干的,光波叠加的结果是各个波列的强度相加。这种光就是自然光(natural light)。日光、灯光、热辐射光等任何自发辐射光源所发出的光都是自然光。

普通光源发的光是由组成这光源的大量分子或原子发出的,各分子或原子均各自独立地自发地进行发光,它们各自独立发出的光矢量在相位、振动方向上完全各自独立。但按统计平均来说,从垂直于传播方向的平面上看,各个方向都有光振动,而且光矢量的振幅都相等,这样的光称为自然光,如图 5.1(a)所示,箭头表示波的传播方向。在任一时刻,我们总可以把自然光中任一光矢量分解为互相垂直的振动,则在每个方向上的时间平均值相等,如图 5.1(b)所示。由于自然光振动的无规则性,这两个互相垂直的振动之间没有恒定的相位差,是互相独立的,不能合成一个线偏振光。所以,可把自然光用两个互相独立的、等振幅的、振动方向互相垂直的线偏振光表示。常用和传播方向垂直的短线表示在纸面内的光振动,用点表示和纸面垂

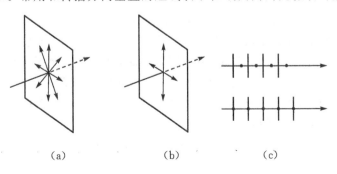

　　　(a)　　　　　　　　(b)　　　　　　　　(c)

图 5.1　自然光

直的光振动,见图 5.1(c),短线和点相同表示两个方向的线偏振光的光强各占自然光强度的一半。

5.1.3　线偏振光

如果某束光只含有一个方向的光振动,如图 5.2 所示,就称为线偏振光。图中竖线表示光矢量在纸面内振动;用黑点表示光矢量垂于纸面振动。由于偏振光的 E 矢量限制于一个平面内振动,故线偏振光又称为平面偏振光,偏振光的振动方向和传播方向构成的平面叫振动平面。由于光矢量只沿一个固定方向振动,所以又称平面偏振光。

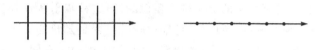

图 5.2　线偏振光

线偏振光可沿两个相互垂直的方向分解:
$$\left.\begin{array}{l} E_x = E\cos\alpha \\ E_y = E\sin\alpha \end{array}\right\}$$

E_x,E_y 的大小依赖于 x,y 方向的选取,如图 5.3 所示。

线偏振光可以看成两个相互垂直的同频率的简谐光振动的合成,它们的相位差是
$$\Delta\varphi = \varphi_y - \varphi_x = 0, \pm\pi$$

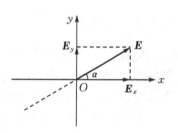

图 5.3　线偏振光分解

5.1.4　偏振光的起偏与检偏

从自然光获得偏振光的过程称起偏,获得线偏振光的器件或装置称起偏器。起偏器有多种,如玻璃片堆、尼科耳棱镜,利用晶体的二向色性的各类偏振片。最简单的起偏方法是让自然光通过一块偏振片 A,如图 5.4 所示,这块偏振片称起偏器。

偏振片是用某种晶体按一定方式涂布在一层透明基片上制成的,它只能透过沿某个方向的振动的光矢量或光矢量在该方向的分量,这个方向称为偏振片的偏振化方向或起偏方向(图 5.4 虚线)。与此方向相垂直的振动被偏振片强烈吸收。自然光通过偏振片后,透射光即成为和偏振片偏振化方向一致的线偏振光。

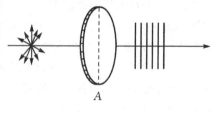

图 5.4　起偏

除了用天然的二向色性晶体获得或检验光的横波性和偏振特性外,还可以采用人工的方法。1928 年,美国哈佛大学的学生兰德(Edwin Herbert Land,1909—1991)发明了一种人造偏振片。将聚乙烯醇薄膜在碘溶液中浸一段时间,然后从碘液中提出,并沿着聚乙烯醇分子链的方向拉伸。由于碘原子吸附在聚乙烯醇的分子链上,拉伸后,碘原子就沿着被拉直的分子链整齐而密集地排列起来。碘原子中的电子较容易脱离其束缚成为自由电子,因此,在外电场的作用下,电子就可以沿着分子链自由运动,这样就用有机分子链制成了导电的线栅,而分子链的间隔比导线做成的密排线栅要小得多,因而,浸碘的聚乙烯醇膜对光的振动的吸收更加充分,这就是 J 型偏振片。

　　人眼并不能区分自然光与偏振光,也不能分辨光波的振动方向,用于检测光波是否为偏振光并确定其振动方向的装置称为检偏器。由偏振片的性质可知,偏振片可用于起偏,也可用于检偏,检偏就是检验某束光是否为偏振光。如图 5.5 中,自然光经起偏器 A 得到线偏振光,将偏振片 B 放置得与 A 的偏振化方向平行时,则偏振片不吸收,偏振光全部通过 B(图 5.5(a));如偏振片 A、B 的偏振化方向互相正交,则偏振光全部被偏振片 B 吸收,完全通不过 B,出现所谓消光现象。当偏振片 B 的偏振化方向与入射偏振光的矢量方向之间的角度改变时,透射偏振光的强度将相应变化。所以利用偏振片可以检查入射光是否为偏振光,此时偏振片为检偏器。

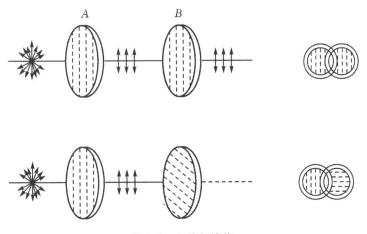

图 5.5　起偏与检偏

　　由于偏振片的成本低廉、制造方便而得到更广泛的应用。如,照相机镜头前装一片偏振滤光片,使反射光减弱,可获得更清晰的照片;在汽车的前窗玻璃和车灯前安装偏振化方向与水平方向成约 45°角的偏振片,可避免对方车灯晃眼,保证行车安全。另外,偏振片还可以用来制作偏振光显微镜中的起偏镜、检偏镜以及观看立体电影的眼镜等。

5.1.5　马吕斯定律

　　如上所述,当检偏器的偏振化方向与偏振光的光振动取不同夹角 θ 时,透过检偏器后光的强度不同,现推导它们的定量关系。如图 5.6 所示,圆盘是检偏器,其偏振化方向为 BB',线偏振光矢量的振幅为 E_0,方向为 AA',光的传播方向为垂直纸面向里,设检偏器的偏振化方向 BB' 与 AA' 的夹角为 θ。现将 E_0 分解为 $E_0\sin\theta$ 和 $E_0\cos\theta$ 两个分量。分量 $E_0\cos\theta$ 与 BB' 平行,完全通过检偏器;$E_0\sin\theta$ 垂直于 BB',完全被检偏器吸收,不能通过检偏器。已知光强与光的振幅成正比,因此,透过检偏器的光强 I 为

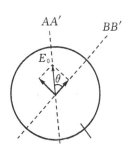

图 5.6　马吕斯定律

$$\frac{I}{I_0} = \frac{E_0^2\cos^2\theta}{E_0^2} \tag{5.1}$$

于是得

$$I = I_0\cos^2\theta \tag{5.2}$$

这个关系式是马吕斯于 1809 年得到的,称为马吕斯定律。由此定律可知,当 $\theta=0$ 或 $180°$ 时, $I=I_0$;当 $\theta=90°$ 或 $270°$ 时,$I=0$,这时没有光从检偏器透过,出现消光现象;当 θ 为任意值时, 光强 I 随 θ 角而变化。

如果是自然光入射,自然光可分解为互相垂直的两个分量,偏振片只允许通过其中一个分量,所以当自然光通过偏振片后,光强总是变为原入射光的一半。

例 5.1 偏振片 P_1、P_2 放在一起,一束自然光垂直入射到 P_1 上,试下面情况求 P_1、P_2 偏振化方向夹角。透过 P_2 光强为最大投射光强的 1/3;透过 P_2 的光强为入射到 P_1 上的光强 1/3。

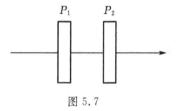

图 5.7

解 (1)设自然光光强为 I_0,透过 P_1 光强为

$$I_1 = \frac{1}{2} I_0$$

透过 P_2 光强为

$$I_2 = I_1 \cos^2\alpha \quad （马吕斯定律）$$

$I_{2\max}=I_1$,当 $I_2=\frac{1}{3}I_{2\max}=\frac{1}{3}I_1$ 时,有

$$\frac{1}{3} = \cos^2\alpha \Rightarrow \alpha = \arccos(\pm\frac{\sqrt{3}}{3})$$

(2) $I_2 = I_1 \cos^2\alpha = \frac{1}{2}I_0 \cos^2\alpha$

当 $I_2 = \frac{1}{3}I_0$ 时,有

$$\frac{1}{3} = \frac{1}{2}\cos^2\alpha \Rightarrow \alpha = \arccos(\pm\frac{\sqrt{6}}{3})$$

5.1.6　部分偏振光

经常遇到的光,除了自然光和线偏振光外,一种偏振状态介于两者之间的光。如果用检偏器去检验这种光的时候,随着检偏器透光方向的转动,透射光的强度既不像自然光那样不变, 又不像线偏振光那样每转 $90°$ 交替出现强度极大和消光,其强度每转 $90°$ 也交替出现极大和极小,但强度的极小不是 0(即不消光)。具有这种特点的光,叫做部分偏振光。在垂直于光传播方向的平面内,光矢量具有各种方向,但在不同方向上的振幅大小不同,不具有轴对称性。部分偏振光可看作是完全偏振光和自然光的混合。部分线偏振光也可看作是两个振动方向互相垂直的线偏振光的合成,但它们的振幅不等,相位也完全无关,如图5.8所示。通常用偏振度 P 来衡量部分偏振光程度的大小,它定义为

$$P = \frac{I_{\max} - I_{\min}}{I_{\max} + I_{\min}}$$

用偏振片检验透过的光强,则在某个方向,透射光强最大,记为 $I_{\max}$;在与其垂直的方向,透射光强最小,记为 $I_{\min}$;对于线偏振光,$P=1$;对于自然光,$P=0$,所以自然光又叫做非偏振光;对于部分偏振光,则有 $0<P<1$。

图 5.8　部分偏振光

5.1.7　圆偏振光

如果一束光的电矢量在波面内运动的特点是其瞬时值的大小不变,方向以角速度 ω(即波的圆频率)匀速旋转,换句话说,电矢量的端点描绘的轨道为一圆,这种光叫做圆偏振光,如图5.9所示。在某一时刻 t 传播方向上各点所对应的光矢量末端则分布在一个螺旋曲线上。随着时间的推移,整个螺线以相速度向前推进,各光矢量在 x、y 面内的投影仍是一个圆,如图5.10所示。沿 z 方向传播的圆偏振光可以看作是在 x 和 y 方向振幅相等、振动的相位差为 $\pm\pi/2$ 的两线偏振光的合成,振动方程可写为

$$\boldsymbol{E}(t,z) = E_x\boldsymbol{x} + E_y\boldsymbol{y} = A\cos(\omega t - kz)\boldsymbol{x} + A\cos\left(\omega t - kz \pm \frac{\pi}{2}\right)\boldsymbol{y} \tag{5.3}$$

若上式 $\pi/2$ 前取正号,即 y 方向的振动相位超前于 x 方向 $\pi/2$,迎着光的传播方向观察,光矢量沿顺时针方向旋转,称此光为右旋圆偏振光(见图5.11);若 $\pi/2$ 前取负号,y 方向振动相位滞后于 x 方向 $\pi/2$,迎着光的传播方向观察,光矢量沿逆时针方向旋转,称此光为左旋圆偏振光。圆偏光通过偏片,转动一周,出射光强不变(自行思考),所以,用一个偏振片不能区别自然光与圆偏振光。

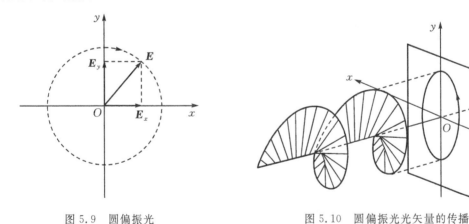

图 5.9　圆偏振光　　　　　　　　图 5.10　圆偏振光光矢量的传播

5.1.8　椭圆偏振光

当光波通过的时候,在垂直于光传播方向的某一平面内,光矢量的大小和方向都在改变,它的末端轨迹描出一个椭圆,这种光称为椭圆偏振光(见图5.11)。在某一时刻,传播方向上各点所对应的光矢量末端则分布于具有椭圆截面的螺线上。同理,沿 z 方向传播的椭圆偏振光也可以看成在 x、y 方向振动的具有一定相位差且振幅不等的两线偏振光的合成。椭圆振动的方程可写为

$$\boldsymbol{E}(t,z) = E_x\boldsymbol{x} + E_y\boldsymbol{y} = A\cos(\omega t - kz)\boldsymbol{x} + A\cos(\omega t - kz + \Delta\varphi)\boldsymbol{y} \tag{5.4}$$

式中，$\Delta\varphi$ 为 y 方向的振动超前于 x 方向的相位差，从以上两式中消去参数 t，即可推得合成波光矢量 E 末端的的轨迹方程

$$\frac{E_x^2}{A_x^2} + \frac{E_y^2}{A_y^2} - \frac{2E_xE_y}{A_xA_y}\cos\Delta\varphi = \sin^2\Delta\varphi \qquad (5.5)$$

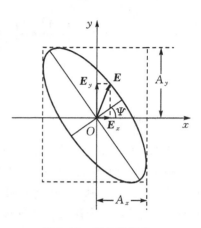

这是一个二次方程，它表示 E 末端的轨迹是限制在以 $E_x = \pm A_x$ 和 $E_y = \pm A_y$ 为界的矩形框内的椭圆，椭圆长短轴的大小和方位决定于相位差及振幅比。由解析几何知识可算得椭圆主轴与坐标轴之间的夹角 α 满足下式

$$\tan2\alpha = \frac{2A_xA_y}{A_x^2 - A_y^2}\cos\Delta\varphi \qquad (5.6)$$

图 5.11　部分偏振光

椭圆旋转方向则决定于 $\Delta\varphi$。当 $0 < \Delta\varphi < \pi$ 时为右旋，当 $\pi < \Delta\varphi < 2\pi$ 时为左旋。由式（5.5）可知，线偏振光和圆偏振光可看成椭圆偏振光在 $\Delta\varphi = 0$ 或 π，以及 $A_x = A_y$，$\Delta\varphi = \pm\pi/2$ 的情况特例。图 5.12 给出了 $\Delta\varphi$ 取 0 到 $7\pi/4$ 区间中几种特殊值情况下的椭圆偏振光。

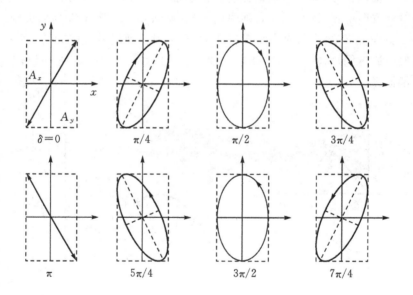

图 5.12　几种特殊值情况下的椭圆偏振光

5.2　菲涅耳(Fresnel)公式

一列光波射到两种不同介质界面上时，将分成反射波和折射波。根据电磁场的麦克斯方程和边界条件，可以得到反射定律和折射定律以及菲涅耳公式，从而能够决定反射波、折射波的传播方向和偏振态以及反射波、折射波和入射波之间的振幅和相位关系。这里我们不做具体推导，而直接给出菲涅耳公式，然后根据它去讨论在介质界面反射波和折射波的主要性质。

5.2.1　菲涅耳公式

设两种介质的折射率分别为 n_1 和 n_2，它们由平界面分开，平行光从介质 1 射入介质 2，入射角、反射角和折射角分别为 i_1、i_1' 和 i_2，如图 5.13 所示。将入射波、反射波和折射波的光矢量分解为平行于入射面和垂直于入射面的两个分量，前者称为平行分量，用"p"表示；后者称为垂直分量，用"s"表示。设 E_1、E_1'、E_2 分别表示入射波、反射波和折射波在入射点处的光场。

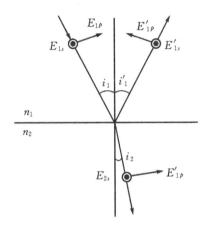

图 5.13　各光波中光矢量的分量

为了描述各光波中光矢量的分量，我们还需建立坐标系，如图 5.13 所示。规定各 p 分量和 s 分量与相应的光的传播方向构成右手正交系，s 分量的正方向是由纸面内垂直指向纸面外，图中用"$\odot$"表示，由 s 分量的正方向和光波的传播方向及右手螺旋法则即可确定 p 分量的正方向，图中用箭头表示。应当注意，图中的箭头和"$\odot$"都应画在入射点的位置上，只是为了看起来明显一些而把它们画在远离入射点处了。根据电磁理论和以上关于正方向的约定，可以推得在界面两侧邻近点的入射场、反射场和折射场的各分量之间满足以下关系：

$$r_s = \frac{E'_{s1}}{E_{s1}} = \frac{n_1 \cos i_1 - n_2 \cos i_2}{n_1 \cos i_1 + n_2 \cos i_2} = -\frac{\sin(i_1 - i_2)}{\sin(i_1 + i_2)} \tag{5.7}$$

$$r_p = \frac{E'_{p1}}{E_{p1}} = \frac{n_2 \cos i_1 - n_1 \cos i_2}{n_2 \cos i_1 + n_1 \cos i_2} = \frac{\tan(i_1 - i_2)}{\tan(i_1 + i_2)} \tag{5.8}$$

$$t_s = \frac{E_{s2}}{E_{s1}} = \frac{2n_1 \cos i_1}{n_1 \cos i_1 + n_2 \cos i_2} = \frac{2\sin i_2 \cos i_1}{\sin(i_1 + i_2)} \tag{5.9}$$

$$t_p = \frac{E_{p2}}{E_{p1}} = \frac{2n_1 \cos i_1}{n_2 \cos i_1 + n_1 \cos i_2} = \frac{2\sin i_2 \cos i_1}{\sin(i_1 + i_2)\cos(i_1 - i_2)} \tag{5.10}$$

上述式中的 r_p 和 r_s 分别称为 p 分量和 s 分量的振幅反射率；t_p 和 t_s 分别称为 p 分量和 s 分量的振幅透射率。菲涅耳最先从光的弹性以太理论出发得出了一组类似以上各式的公式，后来人们由电磁理论也得到了相同的结果，所以称为菲涅耳公式。

当光波正入射时，$i_1 \approx i_2 \approx 0$，由菲涅耳公式可推得

$$r_p = \frac{E'_{p1}}{E_{p1}} = \frac{\tan(i_1 - i_2)}{\tan(i_1 + i_2)} = \frac{n_2 - n_1}{n_2 + n_1} = -r_s \tag{5.11}$$

$$t_p = t_s = \frac{2n_1}{n_2 + n_1} \tag{5.12}$$

菲涅耳公式表明,反射、折射光波的 p 分量和 s 分量只分别与入射光里的 p 分量和 s 分量有关。这就是说,在反射和折射过程中 p、s 两个分量的振动是相互独立的。

菲涅耳公式是薄膜光学中最基本的公式之一,因为光波在光学薄膜中的行为实际上就是光波在分层介质的各界面上的菲涅耳系数相互叠加的结果。下面我们分两种情况进行讨论:

(1)外反射($n_1 < n_2$),即光波从光疏介质射入光密介质;

(2)内反射($n_1 > n_2$),即光波从光密介质射入光疏介质。

菲涅耳公式中的各光场分量 E_s、E_p 看做复振幅,则表示反射波、折射波的复振幅与入射波的复振幅之比的 r 和 t 各量一般也应为复数,于是复振幅反射率 $r = \dfrac{E_1'}{E_1}$ 的辐角 $\arg r$ 的负值就是在入射点处 E_1' 和 E_1 之间的相位差,或称为反射光的附加相移;复振幅透射率 $t = \dfrac{E_2}{E_1}$ 的辐角 $\arg t$ 的负值就是在入射点处 E_2 和 E_1 之间的相位差。由菲涅耳公式可知,t_p 和 t_s 总是正实数,即它们的辐角为零,这表明折射波和入射波在界面处是同相位的。然而反射波和入射波的相位关系却比较复杂,下面我们作一简要分析和讨论。

5.2.2　反射波和入射波的相位关系

1. 在外反射($n_1 < n_2$)的情况

我们以 $n_1 = 1.0$ 和 $n_2 = 1.5$ 为例,画出振幅比和相移随入射角的变化曲线,如图 5.14 所示。

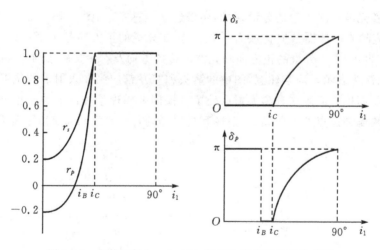

图 5.14　在外反射($n_1 < n_2$)时,振幅比和相移的变化曲线

从图 5.14 中可以看出:

(1)t_s 和 t_p 永远是正值,入射波和折射波之间无相位差,即附加相移恒为零。

(2)r_s 为负值,若把负号看成是 $e^{i\pi} = -1$,意味着 s 分量在反射时,相位改变了 π,这相当于光程有了半个波长的变化,也称为半波损失,即 $\delta_s = \pi$。

(3)由式(5.7)可知若 $i_1 + i_2 = \pi/2$,$r_p = 0$,即 p 分量没有反射光,称此时的入射角 i_1 为布儒斯特角,记为 i_B,$\tan i_B = \dfrac{n_2}{n_1}$。当 $0 < i_1 < i_B$ 时,r_p 为正值,附加相移为 $\delta_p = 0$;当 $i_B < i_1 < \pi/2$

时,r_p 为负值,相移为 $\delta_p = \pi$。

2. 在外反射($n_1 > n_2$)的情况

我们以 $n_1 = 1.5$ 和 $n_2 = 1.0$ 为例,画出振幅比和相移随入射角的变化曲线,如图 5.15 所示。折射光的相移也是恒为零,所以未画在图上。此时相移(即全反射时的相移)问题要复杂一些,我们不做详细介绍。

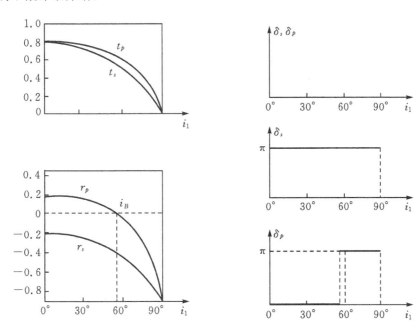

图 5.15 在外反射($n_1 > n_2$)时,振幅比和相移的变化曲线

现在分析一下特例:在正入射($i_1 \approx 0$)情况下,比较外反射和掠入射时,反射光的振动方向和入射光的振动方向之间的关系。

(1)外反射。已知 $n_1 < n_2$,$i_1 \approx i_2 \approx 0$,由式(5.10)可得

$$r_p = \frac{E'_{p1}}{E_{p1}} = \frac{\tan(i_1 - i_2)}{\tan(i_1 + i_2)} = \frac{n_2 - n_1}{n_2 + n_1} = -r_s$$

如图 5.16 所示,将入射光场分解为 p 和 s 分量,按照对场分量方向的约定,上式中的 $r_s < 0$ 表示反射波中的 s 分量 E'_{s1} 与约定方向相反(垂直纸面向内);$r_p > 0$ 表示反射光波中的 p 分量层,与约定方向相同(迎着反射光线看指向右侧),但因反射光线与入射光线的传播方向是相反的,所以 E_{p1} 与 E'_{p1} 的方向对观者来说实际反相。由图可见,反射光中的 p 和 s 分量都与入射光相反,所以它们合成的反射光波 E'_1 与原入射光波 E_1 在入射点处同时进行比较,二者相位相反。所以反射光波在反射时发生相位为 π 的突变,习惯上称为发生了半波损失。

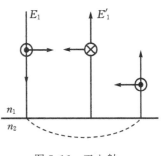

图 5.16 正入射

(2)掠入射的外反射。已知 $n_1 < n_2$,$i_1 \approx \pi/2$,由菲涅耳公式可得 $r_s < 0$,$r_p < 0$,E_1 与 E'_1 的 p、s 分量的分布如图 5.17 所示。由图可见,反射光中的 p、s 分量都与入射光相反,所以 E_1 和 E'_1 方向相反,即是说在掠入射的外反射情况下,将反射光波和入射光波在入射点处同时刻进

行比较,反射光波在反射时产生了半波损失。

图 5.17 掠入射的外反射

(3)薄膜上下表面的反射。在既非掠入射也非正入射的情况中,入射光线和反射光线有一定的夹角,此时很难比较两者的振动方向是相同还是相反。但有一个重要的情况是我们经常要考虑的,那就是光从平行平面薄膜的上下表面反射时,两平行反射光之间是否存在只因在界面反射而引起的附加相位差呢? 为此,根据菲涅耳公式对各种入射角的情况(全反射除外)进行分析,得到了两个比较实用的结论如下:

①两个界面反射的物理性质不同:上表面是从光疏介质到光密介质的界面;下表面是从光密介质到光疏介质的界面,所以两束反射光之间存在 π 的附加相位差。

②两个界面反射的物理性质相同,都是从光疏介质到光密介质(或从光密到光疏),两束反射光之间不存在附加相位差。

5.3 反射和折射时产生的偏振

由菲涅耳公式可知,p 分量与 s 分量的反射率和透射率一般是不一样的,而且反射时还可能发生位相跃变,这样一来,反射和折射就会改变入射光的偏振态。具体地说,如果入射的是自然光,则反射光和折射光一般是部分偏振光;如果入射光是圆偏振光,则反射光和折射光一般是椭圆偏振光;如果入射光是线偏振光,则反射光和折射光仍是线偏振光,但电矢量相对于入射面的方位要发生改变。全反射时情况有所不同,因位相跃变介于 0 和 π 之间,线偏振光入射,反射光一般是椭圆偏振的。

虽然普通光源发出的都是自然光,但我们可以设法从自然获得偏振光。主要方法有:

(1)由反射和折射产生偏振光;

(2)由晶体的双折射产生偏振光;

(3)由二向色性产生偏振光;

(4)由散射产生偏振光。

5.3.1 反射和折射起偏

实验表明,当自然光以入射角 i 从折射率为 n_1 的介质射向 n_2 介质的分界面时,在界面上发生反射和折射,反射光和折射光都是部分偏振光。如图 5.18(a)所示,γ 为折射角,入射光为自然光。图中"·"表示垂直于入射面的光振动,短线表示平行于入射面的光振动。反射光是垂直入射面振动较强的部分偏振光,而折射光则是平行入射面振动较强的部分偏振光。

一般情况下,自然光经过反射、折射后,都成为部分偏振光;因而,要拍摄商店橱窗内的物体时,往往要在照相机前加一面偏振滤光镜,目的就是消除橱窗玻璃的反射光,而使橱窗玻璃后的物体清晰成像。同样,由于大气层的作用,空气中的光也是部分偏振的,在拍摄空中的景象时,为了突出蓝天白云,使用偏振滤光片也能获得很好的效果。

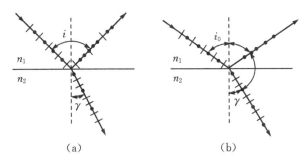

(a)　　　　　　　　　(b)

图 5.18

5.3.2　布儒斯特角起偏

当改变入射角 i 时,反射光的偏振化程度也发生变化。当入射角 i 满足一特定角度 i_0 时,如图 5.18(b),反射光中就只有垂直于入射面的光振动,而没有平行于入射面的光振动,这时反射光为偏振光,而折射光仍为部分偏振光。由实验得到这一特定入射角 i_0 满足

$$\tan i_0 = \frac{n_2}{n_1} \tag{5.13}$$

此式是在 1812 年由布儒斯特通过实验发现的,称为布儒斯特定律,式中 i_0 称为布儒斯特角,也称起偏角。当入射角为 i_0 时,折射角 γ 与 i_0 之间存在确定的关系由布儒斯特定律和折射定律($\sin i_0 = \frac{n_2}{n_1}\sin\gamma$)可得到

$$\sin\gamma = \cos i_0 \tag{5.14}$$

即

$$i_0 + \gamma = 90°$$

可见反射光与折射光互相垂直。

5.3.3　玻璃片堆法起偏

当自然光以 i_0 入射到玻璃表面时,反射光成为偏振光,但反射光光强仅占入射光光强的 7% 左右,大部分光将透过玻璃,折射光仍是部分偏振光。为得到完全偏振的折射光,可让自然光通过多片玻璃平行组合成的玻璃片堆(图 5.19),因射到各玻璃表面的入射线均为起偏角,入射光中垂直振动的能量有 15% 被反射,而平行振动能

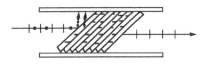

图 5.19　玻璃片堆法起偏

量全部通过。所以,每通过一个面,折射光的偏振化程度就增加一次,经多层界面的反射,出射光中垂直于入射面光振动的成分就很少了,从而使透过玻璃片堆的光中,几乎只有平行于入射面的光振动了,因而透射光可近似看作线偏振光。

激光就是利用上述原理获得的很好的平面偏振光。激光器由一个反射镜和一个透反射镜构成的法布里-珀罗腔就是激光器的谐振腔;激光腔内有一对光学平行板玻璃,玻璃板的法线与谐振腔的轴线间的夹角就是布儒斯特角,这样的一对玻璃板称作布儒斯特窗或者布氏窗。

激光器介质受激辐射发出的光在谐振腔中反复振荡,每振荡一次,四次通过布氏窗,结果就只有 p 分量从透反射镜(激光器的窗口)出射,而 s 分量则被布氏窗反射。因而激光是具有 p 分量的平面偏振光。

例 5.2　某一物质对空气的全反射临界角为 45°,光从该物质向空气入射。求布儒斯特角。

解　设 n_1 为该物质折射率,n_2 为空气折射率,可有全反射定律为

$$\frac{\sin 45°}{\sin 90°}=\frac{n_2}{n_1}$$

又

$$\tan i_0=\frac{n_2}{n_1}$$

所以

$$\tan i_0=\frac{\sin 45°}{\sin 90°}=\frac{\sqrt{2}}{2}\Rightarrow i_0=35.3°$$

例 5.3　杨氏双缝实验中,下述情况能否看到干涉条纹？简单说明理由。

(1)在单色自然光源 S 后加一偏振体 P；

(2)在(1)情况下,再加 P_1、P_2,P_1 与 P_2 透光方向垂直,P 与 P_1、P_2 透光方向成 45°角。

(3)在(2)情况下,再在屏前加偏振片 P_3,P_3 与 P 透光方向一致。

解　(1)到达 S_1、S_2 光是从同一线偏振光分解出来的,它们满足相干条件,且由于线偏振片很薄,对光程差的影响可略,干涉条纹的位置与间距和没有 P 时基本一致,只是强度由于偏振片吸收而减弱。

(2)由于从 P_1、P_2 射出的光方向相互垂直,所以不满足干涉条件,故 E 上呈现均匀明,无干涉现象。

(3)由于从 P 出射的线偏振光经与 P_1、P_2 后虽然偏振化方向改变了,但经过 P_3 后它们振动方向又同一方向,满足相干条件,故可看到干涉条纹。

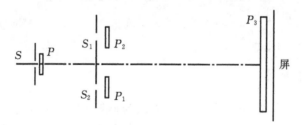

图 5.20

5.4　斯托克斯(Stocks)倒逆关系

斯托克斯(Stokes,Sir George Gabriel,1819—1903,英国数学家和物理学家)提出一个简单的方法得到入射光、反射光和透射光的振幅关系。图 5.21(a)画的是振幅为 A 的光波入射到界面上,设振幅反射率为 r,振幅透射率为 t,则反射光振幅和透射光振幅分别为 Ar 和 At。

按照光路可逆性原理,图中光线全部逆向传播是实际上可以实现的。当然这里必须假设没有光的吸收和其他损耗。光路可逆性和力学的可逆性原理相对应,等效于时间反演不变性。

图 5.21(b)和(a)中的光线进行的方向相反。两束反向进行的入射波振幅分别为 Ar 和 At。两束光分别从分界面的上、下两边射到界面的同一点。每一束光在界面上都各自分解为透射和反射两束光：$Arr,Art;Atr'$ 和 Att'。按照光的可逆性原理，Arr 和 Att'，应合成为原来入射光的振幅 A，Art 和 Atr'，应相互抵消，故有

$$\begin{cases} Ar^2 + Att' = A \\ Art + Atr' = 0 \end{cases}$$

上两式可以分别写成

$$r^2 = 1 - tt'$$
$$r = -r'$$

注意：倒逆关系分别对 p、s 两个分量适用。t 和 t' 不相同；r 和 r' 差一个符号，这个负号表示从界面两边反射的光波间有 π 位相差。斯托克斯关系式和菲涅耳公式一致，菲涅耳公式更全面地定量地描写入射光、反射光和折射光的振幅的关系。

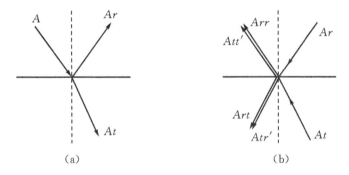

图 5.21　斯托克斯倒逆关系

复习思考题

1. 自然光和圆偏振光都可看成是振幅相等、振动方向垂直的两线偏振光的合成，它们之间的主要区别是什么？

2. 无需借助其他的仪器，你能用什么简易方法判断一块偏振片的偏振方向？

3. 已知水的折射率为 1.33，试问一个人戴上偏振片做成的眼镜后，在什么角度下能完全看不到水面反射的光？偏振片的透振方向应取何方位？

4. 试讨论分别以线偏振光、圆偏振光、自然光入射到介质界面时，反射光的偏振态发生怎样的改变？

5. 光由光密介质向光疏介质入射时，其布儒斯特角能否大于全反射的临界角？

6. 线偏振光由光密介质向光疏介质入射且入射角大于临界角时，反射光的偏振态一般发生怎样的改变？

7. 低头洗脸时，很难看到自己脸部经水面反射所成的像；站在广阔平静湖面的岸边，却可以看到对岸景物明亮的反射倒像。这是为什么？试解释之。

习题五

5.1　选择题

1. 两偏振片堆叠在一起,一束自然光垂直入射时没有光线通过。当其中一偏振片慢慢转动 $180°$ 时,透射光强度发生的变化为（　　　）。

A. 光强单调增加

B. 光强先增加,然后减小,再增加,再减小至零

C. 光强先增加,后又减小至零

D. 光强先增加,后减小,再增加。

2. 两偏振片组成起偏器及检偏器,当它们的偏振化方向成 $60°$ 时观察一个强度为 I_0 的自然光光源;所得的光强是（　　　）。

A. $I_0/2$ 　　　　B. $I_0/8$ 　　　　C. $I_0/6$ 　　　　D. $3I_0/4$

3. 光强为 I_0 自然光垂直照射到两块互相重叠的偏振片上,观察到的光强为零时,两块偏振片的偏振化方向成（　　　）。

A. $30°$ 　　　　B. $45°$ 　　　　C. $60°$ 　　　　D. $90°$

4. 自然光垂直照射到两块互相重叠的偏振片上,如果透射光强为入射光强的一半,两偏振片的偏振化方向间的夹角为多少? 如果透射光强为最大透射光强的一半,则两偏振片的偏振化方向间的夹角又为多少?（　　　）

A. $45°,45°$ 　　　B. $45°,0°$ 　　　C. $0°,30°$ 　　　D. $0°,45°$

5. 一束光强为 I_0 的自然光垂直穿过两个偏振片,且两偏振片的振偏化方向成 $60°$ 角,若不考虑偏振片的反射和吸收,则穿过两个偏振片后的光强 I 为（　　　）。

A. $\sqrt{2}I_0/4$ 　　　B. $I_0/8$ 　　　C. $I_0/2$ 　　　D. $\sqrt{2}I_0/2$

6. 自然光以布儒斯特角由空气入射到一玻璃表面上,反射光是（　　　）。

A. 在入射面内振动的完全偏振光

B. 平行于入射面的振动占优势的部分偏振光

C. 垂直于入射振动的完全偏振光

D. 垂直于入射面的振动占优势的部分偏振光

7. 一束光强为 I_0 自然光,相继通过三个偏振片 P_1、P_2、P_3 后,出射光的光强 $I = I_0/8$,已知 P_1 和 P_3 的偏振化方向相互垂直,若以入射光线为轴,旋转 P_2,要使出射光的光强为零,P_2 最少要转过的角度是（　　　）。

A. $30°$ 　　　　B. $45°$ 　　　　C. $60°$ 　　　　D. $90°$

5.2　填空题

1. 检验自然光、线偏振光和部分偏振光时,使被检验光入射到偏振片上,然后旋转偏振片。若从振偏片射出的光线_____,则入射光为自然光;若射出的光线_____,则入射光为部分偏振光;若射出的光线_____,则入射光为完全偏振光。

2. 当一束自然光以布儒斯特角入射到两种媒质的分界面上时,就其偏振状态来说反射光为_____,其振动方向_____入射面,折射光为_____。

3. 一束自然光由折射率为 n_1 的介质入射到折射率为 n_2 的介质分界面上。已知反射光为

完全偏振光,则入射角为 ,折射角为_____。

4. 水的折射率是 1.33,光由空气射向水的起偏角为_____,光由水射向空气的起偏角_____,两者的关系为_____。

5. 光的强度 I_0 的自然光通过三个偏振化方向互成 30° 的偏振片,透过的光强为_____。

6. 一束平行的自然光,以 60° 角入射到平玻璃表面上,若反射光是完全偏振的,则折射光束的折射角为_____;玻璃的折射率为_____。

7. 一束自然光通过两个偏振片,若偏振片的偏振化的方向间夹角由 α_1 转达到 α_2,则转达动前后透射光强度之比为_____。

8. 有折射率分别为 n_1 和 n_2 的两种媒质,当自然光从折射率为 n_1 的媒质入射至折射率为 n_2 的媒质时,测得布儒斯特角为 i_0;当自然光从折射率为 n_2 的媒质入射至折射率为 n_1 的媒质时,测得布儒斯特角为 i'_0,若 $i_0 > i'_0$,两种媒质的折射率的关系_____。

5.3　计算题

1. 自然光入射于重叠在一起的两偏振片。

(1)如果透射光的强度为最大透射光强度的 1/3,两偏振片的偏振化方向之间的夹角是多少?

(2)如果透射光强度为入射光强度的 1/3,两偏振片的偏振化方向之间的夹角又是多少?

2. 自然光通过两个偏振化方向成 60° 角的偏振片后,透射光的强度为 I_1。若在这两个偏振片之间插入另一偏振片,它的偏振化方向与前两个偏振片均成 30° 角,则透射光强为多少?

3. 一束光强为 I_0 的自然光,相继通过两个偏振片 P_1、P_2 后出射光强为 $I_0/4$。若以入射光线为轴旋转 P_2,要使出射光强为零,P_2 至少应转过的角度是多少?

4. 水的折射率为 1.33,玻璃的折射率为 1.50。当光由水中射向玻璃而反射时,起偏振角为多少? 当光由玻璃射向水而反射时,起偏振角又为多少?

第6章

光在各向异性介质中的传播

本章将讨论光在各向异性介质——晶体中的传播特性,介绍晶体的双折射现象和晶体光学器件,并着重讨论光通过一些晶体光学器件后偏振态的改变、偏振光的产生和检测以及偏振光的干涉,最后介绍旋光现象、应力双折射和电光效应的规律及应用。

6.1 双折射现象

6.1.1 晶体的双折射现象

1. 双折射现象

晶体是物质的一种特殊的凝聚态,一般呈现固相,其外形具有一定的规则性,内部原子(离子、分子)排列呈现空间周期性。晶体微观结构上的周期性或对称性导致晶体在物性上的各向异性,例如晶体的热传导、导电、电极化和磁化的各向异性以及光在晶体中传播速度的各向异性。在整体结构上保持空间有序结构的晶体称为单晶体,由大量单晶体或晶粒无规则排列组成的晶体称为多晶体。晶体中只有立方晶系(例如食盐 NaCl 晶粒)是各向同性的。

光波射在两种各向同性介质的分界面上时,发生反射和折射,在入射面内仅有一束折射光,并由折射定律决定其出射方向:

$$n_1 \sin i = n_2 \sin \gamma$$

式中 i 为入射角,γ 为折射角,n_1、n_2 分别为入射、折射介质的折射率。

但当一束光射向各向异性介质(晶体)时,发生特殊的折射现象;在折入晶体内部的折射光不是一束,而分为传播方向不同的两束光,见图 6.1,这种现象称为晶体的双折射现象;产生双折射的晶体称为双折射晶体。

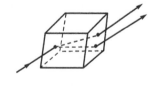

2. 寻常光和非寻常光

实验表明:两束折射光都是线偏振光,它们的光矢量互相垂直。且其中一束光始终位于入射面内,完全遵守折射定律,对于

图 6.1 双折射现象

一定的晶体,折射率与 i、γ 无关,为一恒量,这束光称寻常光,简称 o 光;另一束折射光一般不在入射面内,不遵守折射定律,对于一定的晶体,其折射率和折射光的传播速度与折射光线在晶体内的传播方向有关,这束光称非常光,简称 e 光,见图 6.2。因为 e 光不遵从折射定律,所以即使在入射角 $i=0$ 时,e 光折射角一般也不会等于 0。

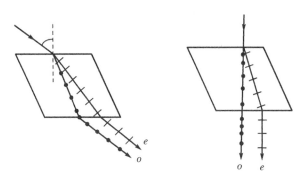

图 6.2　寻常光和非寻常光

o 光、e 光仅在双折射晶体内才有意义,此时,o 光、e 光的传播速度不同,但在本质上 o、e 光并无区别,射出晶体后,就无所谓 o、e 光了。o 光在晶体中各个方向传播速度完全一样,可 e 光的传播速度,不但随传播方向而异,并且一般也和 o 光的传播速度不同。以入射光线为轴旋转方解石,在接收屏上将看到 e 光的光点绕着 o 光的光点旋转。

在方解石一类晶体中,存在一个特殊的方向,当入射光沿此方向入射时,在晶体内折射成的 o、e 光传播速度方向和大小都相同,不发生双折射现象,这一特殊的方向称为晶体的光轴。对晶体来说,光轴仅是其一个特定的方向,任何平行于这一方向的直线都是晶体的光轴。只有一个光轴的晶体称为单轴晶体。三角晶系、四角晶系和六角晶系均属单轴晶体,例如石英、方解石、红宝石、冰、金红石等。有两个光轴的晶体称为双轴晶体,例如蓝宝石、云母、正方铅矿、硫磺、石膏等。本书只讨论单轴晶体。

方解石和石英是两种常用的单轴晶体,方解石化学成分为碳酸钙（$CaCO_3$）,它容易裂开,形成的光滑表面称为解理面。天然方解石晶体是平行六面体,晶体的每个面都是角度为 $101°52'$ 和 $78°08'$ 的平行四边形,六面共有八个顶角,其中 A、D 两顶点各棱边的夹角均是 $101°52'$,实验表明,方解石晶体的光轴方向平行于 A、D 两顶角的等分角线,当它的各棱边长相等时,它的光轴方向就成为 A、D 对角线,图 6.3 画出了三条光轴线。

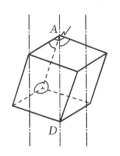

3. 主截面、主平面

包含晶体光轴及晶体表面（晶体的解理面）法线的平面叫做晶体的主截面,它由晶体的自身结构决定。晶体中任一光线和晶体光轴构成的

图 6.3　光轴

平面,称作这条光线对应的主平面,通过 o 光和光轴的平面称 o 光主平面,同样,通过 e 光和光轴所构成的平面就是 e 光主平面。如前所述,o 光永远在入射面内,所以 o 光主平面即为入射面;e 光不一定在入射面内,所以 o、e 光的主平面一般不重合。

实验证明:o、e 光都是线偏振光,o 光振动方向垂直其主平面,e 光的振动在其主平面内。在特殊情形下,入射光在主截面内,即入射面和主截面重合时,o 光、e 光及它们的主平面都在主截面内,这时 o 光、e 光严格互相垂直。

6.1.2　单轴晶体中的复合波面

根据惠更斯假设:单轴晶体中一点光源所激发的 o 光与 e 光两种振动分别形成两个波面,

o 光波面为球面，e 光波面为以光轴为旋转轴的旋转椭球面，它们在晶体光轴上相切，形成复合波面，如图 6.4 所示。在这个假设中，点光源可以是一真实光源，也可以是惠更斯原理中的次波源。所谓波面是指晶体中点光源激发的扰动同时到达的空间各点轨迹，即等相面。o 光波面为球面，意味着在晶体中 o 光的传播规律与各向同性介质中的一样，它沿各个方向的速度均相同，记为 v_o。e 光的波面为旋转椭球面，它体现了在晶体中 e 光沿各个方向传播速度不同。两波面在光轴上相切，表明 e 光和 o 光在光轴方向上传播速度相同，在垂直光轴方向相差最大。

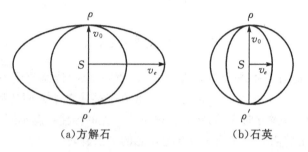

(a)方解石　　　　　　　　　　(b)石英

图 6.4　单轴晶体中的复合波面

　　介质的折射率定义为真空中的光速 c 与介质中的相速 v 之比。对于 o 光而言，$n_o = c/v_o$ 为一常值；对于 e 光，不同方向上其相速不同，折射率也就不同，我们令 v_e 为 e 光在垂直于光轴方向的传播速度，则 $n_e = c/v_e$ 光在垂直于光轴方向的折射率，n_o 和 n_e 称为晶体的主折射率。e 光在主轴方向的折射率为 $n_e = n_o$，在其他方向上的折射率介于 n_o 和 n_e 之间。只有在平行和垂直光轴方向传播时，e 光才满足折射定律。

　　有一类单轴晶体 $v_o > v_e$，$n_o < n_e$，其波面图中旋转椭球面的半长轴与球面的半径相等，椭球面被球面包住（图 6.4(b)），这种晶体称为正晶体，如石英等。另一类单轴晶体 $v_o < v_e$，$n_o > n_e$，其波面图中旋转椭球面的短半轴与球面半径相等，椭球面包住球面（图 6.4(a)），这种晶体称为负晶体，如方解石等。

6.1.3　平面波在单轴晶体中的传播——惠更斯作图法

　　当光束在单轴晶体内传播时，波面上的每一点都可以视为次波源，利用上述波面图和惠更斯作图法，可以确定晶体内 o 光和 e 光的传播方向。设有一方解石晶体，其表面为一平面，光轴在入射面内且与晶体表面成一倾角，平面波斜入射于晶体表面，如图 6.5 所示，则入射面与晶体主截面重合于纸面。为求 o 光和 e 光的传播方向，作图的具体步骤如下：

　　(1)平面波斜入射到方解石晶体表面，当波面 AB 的左端 A 点传到界面后，经过时间 t，其右端 B 点传播到界面 B' 点，作出此时 A 点在晶体内形成的两个波面：一个以 $v_o t$ 为半径的半球面为 o 光次波面；另一个与球面在光轴方向相切的旋转椭球面为 e 光次波面，它与光轴垂直的那个半轴长为 $v_e t$，在相同的时间内，A、B 之间各点在晶体中形成较小的次波面。

　　(2)过 B' 作球面的切面 $B'A'_o$ 和椭球面的切面 $B'A'_e$，这两个平面就是界面 AB' 上各点所发出的次波波面的包络面，即为晶体中 o 光和 e 光的折射波面。

　　(3)从 A 点分别连接折射波面与其子波波面的切点 A'_o 与 A'_e，则连线 AA'_o 与 AA'_e 就分别表示晶体中的 o 光和 e 光的传播方向。

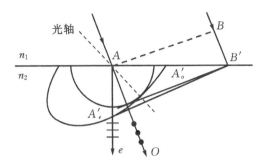

图 6.5 平面波在单轴晶体中的传播

当入射线不在晶体主截面内,即光轴不在入射面内时,若仍以图面表示入射面,则光轴与 e 光波面的相交点便不在图面内,因此 e 光主平面也不在图面内,它不再与方解石主截面或 o 光主平面重合。

下面讨论平面波通过厚度均匀的方解石晶片传播的几种特殊情况:

(1)平面波斜入射,光轴平行于界面并垂直于纸面。如图 6.6(a)所示,按照惠更斯作图法,在 A、B 之间的各点产生的两种次波面与纸面的截线是两个同心圆。在这种特殊情况下 o 光和 e 光都遵从折射定律,只是其折射率不同,从晶片出射的为两束传播方向相同、振动方向互相垂直的线偏振光。

(2)平面波正入射,光轴平行于界面并垂直于纸面。如图 6.6(b)所示,在 A、B 之间各点产生的两种次波面与纸面相截是两组同心圆。在晶体内 o 光和 e 光的传播方向相同,振动方向垂直,传播速度不同,因此,在晶体内在同一点处二者的相位延迟不相同。

(3)平面波正入射,光轴平行于界面且在纸面内,如图 6.6(c)所示。因为 o 光和 e 光的波面在光轴上相切,按照惠更斯作图法,在 A、B 之间各点发出的 o 光和 e 光的次波面均在界上相切。从晶片出射的两种光矢量垂直振动的光波传播方向相同,但传播速度不同,与图 6.6(b)的情况相似。

(4)平面波正入射,光轴垂直于界面且在纸面内,如图 6.6(d)所示。因为 o 光和 e 光沿光轴的方向传播,速度相同,此时不产生双折射。

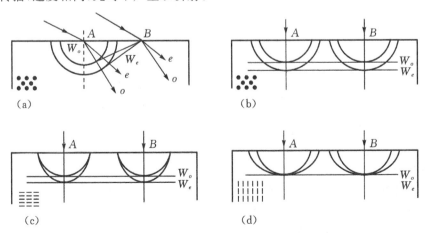

图 6.6 平面波通过厚度均匀方解石晶片的传播

6.2　偏振元件

晶体的双折射产生的 o 光和 e 光都是偏振光,所以可以用晶体作起偏器,产生高质量的线偏振光。一般双折射后 o 光和 e 光分开的角度不大,很难将它们分开,尼科耳是用将晶体进行切割再粘合的方法,使 o、e 光分开一个较大的角度,从而得到单纯的线偏振光。本节将讨论利用双折射产生线偏振光的晶体光学元件,即偏振元件。

6.2.1　偏振棱镜

利用单轴晶体中的双折射现象,将晶体制成各种棱镜,可以产生线偏振光,这类棱镜称为偏振棱镜。它可分为两类:

(1)单光束偏振棱镜,一束光通过这类棱镜后,因双折射而产生的振动方向互相垂直的两束线偏振光,只有一束输出,另一束被反射或吸收。

(2)双光束偏振棱镜,它输出两束传播方向有一定夹角、振动方向互相垂直的线偏振光,所以又称为偏振分束镜。

偏振棱镜可以获得偏振度很高的偏振光,被广泛用于高精度激光偏光技术中。

1. 双光束偏振棱镜

1)洛匈(Rochon)棱镜

如图 6.7 所示,这种棱镜由两块直角方解石棱镜黏合而成,它们的光轴相互垂直,且前者的光轴与其表面 AB 垂直,后者的光轴与其表面平行。

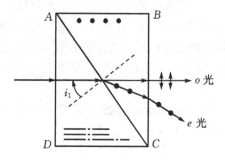

图 6.7　洛匈(Rochon)棱镜

一束自然光垂直于 AB 面入射后仍沿光轴方向前进,不产生双折射,在进入第二棱镜后,自然光分解为光矢量平行于其光轴的 e 光和垂直于其光轴的 o 光,对后者来说,其光矢量同时也垂直于第一棱镜的光轴,所以它在两个棱镜中都是 o 光,折射率均为 n_o,从第一棱镜进入第二棱镜时它不发生偏折,仍沿最初入射方向射出。

对于光矢量平行于第二棱镜光轴的 e 光,它的光矢量是垂直于第一棱镜光轴的,从第一棱镜经界面 BD 进入第二棱镜后,由 o 光变为 e 光。因为对方解石而言,其 $n_o > n_e$,这束光就相当于从光密介质进入光疏介质,所以在界面上 e 光将远离法线折射。经界面 CD 后,这束光的折射率从 n_e 变为空气折射率,再次发生远离法线的折射,两束出射光便分得更开了,于是得到两束分开的光矢量相互垂直的线偏振光。

2)沃拉斯顿(Wollaston)棱镜

它由两个直角方解石棱镜组成,两个直角棱镜的光轴互相垂直,图 6.8(a)是它的主截面内光路图。自然光垂直 AB 面入射后产生的 e 光和 o 光的传播速度不同,但传播方向仍不分开。在界面 BD 上,o 光和 e 光均遵从折射定律,光线经界面后,o 光变成 e 光,e 光则变成 o 光,前者将远离法线折射,后者将靠近法线折射,于是 e 光、o 光就分开传播了。这两束偏振光经 CD 面时,各自都发生远离法线折射,彼此分开角度更大。为了进一步增大两束出射偏振光之间的夹角,还可以在沃拉斯顿棱镜之后再加一个子棱镜,成为如图 6.8(b)所示的双沃拉斯顿棱镜。

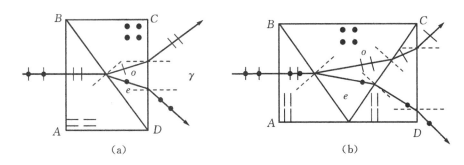

图 6.8　沃拉斯顿棱镜与双沃拉斯顿棱镜

2. 单光束偏振棱镜

1)格兰(Glam)棱镜

格兰棱镜是由两个方解石直角子棱镜用胶粘合而成的,它们的光轴互相平行并与棱镜表面 AB 平行,而且都与光线传播方向垂直。图 6.9 是其主截面内光路图,$n_e < n_{胶} < n_o$。

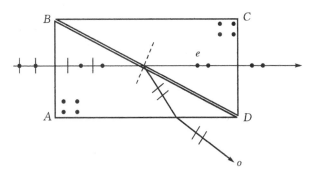

图 6.9　格兰棱镜

自然光进入第一棱镜后分解为 e 光和 o 光。它们的传播速度不同,但传播方向一致,由于棱镜黏合面 BD 的倾斜度刚好使得 o 光在界面 BD 的入射角大于它的全反射临界角,于是 o 光将在胶层 BD 面发生全反射而被侧面吸收或从侧面射出。而光矢量平行于光轴的线偏振光将沿入射方向射出。

根据实际情况,若需要同时接收侧面出射的一束线偏振光,格兰棱镜便成为 e 光、o 光双输出棱镜。

2)尼科耳棱镜

尼科耳棱镜是尼科耳(W. Nicol,1768—1851)于 1828 年创制产生的,就是利用晶体的双折射性质制成的获得线偏振光的器件。如图 6.10 所示,用一块长宽比约为 3∶1 的方解石晶体,将两端面磨掉一部分,使原主截面平行四边形的角度由 71°变为 68°,然后再沿对角线切开成两块直角棱镜,把剖面磨成光学表面,最后再用透明的加拿大树胶粘合起来,就成了尼科耳棱镜。可用于起偏,也可用于检偏。

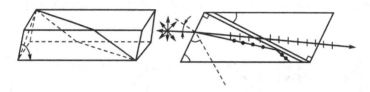

图 6.10　尼科耳棱镜

一束平行于底面的自然光入射于尼科耳,分裂成 o 光、e 光,以波长为 589.3 nm 的钠黄光为例,方解石对 o 光的折射率为 1.658,对 e 光的折射率为 1.516,而加拿大树胶的折射率为 1.550,介于两者之间,所以对 o 光而言,树胶为光疏介质,方解石为光密介质。平行于底面的入射光,入射角为 22°,o 光折射角为 13°,射向加拿大树胶的入射角为 77°,大于全反射的临界角(69°15′),故产生全反射,射向棱镜涂黑的侧面被吸收。对 e 光而言,方解石为光疏介质,树胶为光密介质,e 光不产生全反射,从第二块棱镜透出。所以从尼科耳透出的光是与 e 光相应的线偏振光。

在图 6.11 中,尼科耳 N 为起偏器,N′为检偏器。图 6.11(a)中,两尼科耳主截面共面,光线经 N 起偏产生的 e 光进入第二个尼科耳后仍是 e 光,故能全部透过;图 6.11(b)中,N′主截面绕光线传播方向转过 90°,则 N、N′主截面正交,第一个尼科耳起偏后得到 e 光进入第二尼科耳后成为 o 光,完全不能透过;当 N、N′主截面夹角成任意角时,透射光强度按马吕斯定律变化,因此,通过转动 N′主截面方向观察透射光强的变化可达到检偏的目的。

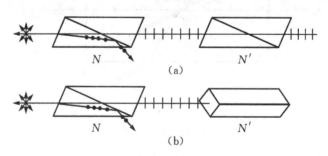

图 6.11　尼科耳起偏与检偏

6.2.2　相位延迟元件

利用晶体中 o 光和 e 光折射率的差别,使得 e 光和 o 光经过相同的路程后产生不同的相位延迟,从而可改变入射偏振光的偏振态,这种器件称为相位延迟元件,它包括产生一定相位延迟的波晶片和连续变化相位延迟的补偿器。

1)波晶片的相位延迟

波晶片是将单轴晶体沿其光轴方向切制成而的厚度均匀的平行平面薄片。如图 6.12 所示,一束波长为 λ 的平行线偏振光正入射于波晶片 W。在波晶片 W 内生成 e 光和 o 光的传播方向相同,但传播速度不同。在入射面 a 处,e 光和。光振动的相位相同,通过厚度为 d 的晶片后,它们的相位延迟不一样,在出射面 b 处,e 光超前于 o 光的相位差为

$$|\Delta\Phi| = |n_e - n_o| \cdot d \cdot \frac{2\pi}{\lambda} \tag{6.1}$$

对于负晶体而言,$n_e < n_o$,$\Delta\Phi > 0$,e 光相位超前;对于正晶体 o 光相位超前。我们把传播较快的那束光的光矢量振动方向称为快轴,传播较慢的那束光的光矢量振动方向称为慢轴。对于负晶体,光轴为快轴;对于正晶体,光轴为慢轴。

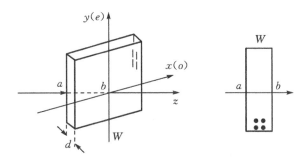

图 6.12 波晶片

对于负晶体,应将光轴(即 e 轴)取作 y 轴;对于正晶体,则应将光轴(e 轴)取作 x 轴。式(6.1)表明,随着厚度 d 的增加,从入射面 a 点开始,e 光和 o 光振动的相位差连续增加,合光场沿 z 轴方向是一系列椭圆偏振光,其椭圆的空间取向逐点连续变化。

2)几种常见的波晶片

表面与光轴平行的晶体薄片称为波片,波片一般用石英、方解石等晶体切割而成。选取波晶片的特殊厚度,可获得所需的各种偏振态的出射光,以下介绍最常用的几种波晶片。

(1)当晶体的厚度恰能使 o 光和 e 光的光程差为 $\frac{\lambda}{4}$ 的晶片,称 1/4 波片,即

$$\delta = (n_o - n_e)d = \frac{\lambda}{4} \tag{6.2}$$

显然,1/4 波片的最小厚度为

$$d = \frac{\lambda}{4(n_o - n_e)} \tag{6.3}$$

一束线偏振光垂直入射 1/4 波片时,透过晶片的 o 光和 e 光的相位差

$$\Delta\Phi = \frac{2\pi}{\lambda}(n_o - n_e)d = \frac{\pi}{2} \tag{6.4}$$

当入射光为线偏振光,经 1/4 波片后出射光一般为正椭圆偏振光,其长轴或短轴与波晶片的光轴重合;当入射为椭圆偏振光,椭圆的长轴或短轴正好与波晶片的光轴重合时,出射为线偏振光。

(2)当晶体的厚度恰能使 o 光和 e 光产生 $\frac{\lambda}{2}$ 光程差的晶片,称 1/2 波片,即

$$\delta = (n_o - n_e)d = \frac{\lambda}{2} \tag{6.5}$$

显然，1/2 波片的最小厚度为

$$d = \frac{\lambda}{2(n_o - n_e)} \tag{6.6}$$

当一束线偏振光垂直入射 1/2 波片时，透过晶片后 o 光和 e 光的相位差

$$\Delta\Phi = \frac{2\pi}{\lambda}(n_o - n_e)d = \pi \tag{6.7}$$

还需指出，1/4 波片、1/2 波片都是对特定波长而言，同样的晶体，对不同波长的光来说，1/4 波片的厚度是不同的. 例如，对 $\lambda = 589.3$ nm 的黄光，方解石的折射率差值为 $(n_o - n_e) = 0.172$，透射 1/4 波片的最小厚度 $d = 8.6 \times 10^{-5}$ cm，对入射光 $\lambda = 463.2$ nm 的蓝光，$(n_o - n_e) = 0.184$，这时 1/4 波片的最小厚度 $d = 6.3 \times 10^{-5}$ cm。

6.3　偏振光的产生以及偏振态的鉴别

6.3.1　偏振光通过波晶片后偏振态的变化

为了获得偏振光以及鉴别一束光是属于线偏振光、圆偏振光、椭圆偏振光、部分偏振光和自然光等五种光中的哪一种，我们首先需要对它们通过 1/4、1/2 波片后的偏振状态进行分析，从而为下一节讨论它们的获得与鉴别打下基础。

设偏振光射入晶体表面时分解成的 e 光和 o 光之间具有初相位差 $\Delta\Phi_0$，通过波晶片后引起的相位差为 $\Delta\Phi_W$，则出射光中两互相垂直的光振动相位差为 $\Delta\Phi = \Delta\Phi_0 + \Delta\Phi_W$。由此便可分析偏振光通过 1/4、1/2 波片后偏振态的变化情况。

6.3.2　椭圆偏振光和圆偏振光的获得

两个同频率、相位差恒定、振动方向相互垂直的谐振动叠加在一点时，则该点的合成轨迹为椭圆或圆。在光学中，各向异性晶体内所产生的 o 光和 e 光是同频率且振动方向相互垂直的两线偏振光，如果它们之间存在一个固定的相位差，则这样的 o 光和 e 光在其相遇点合成光矢量的末端的轨迹可以是椭圆、圆或直线。如果合成光矢量的末端的轨迹是椭圆，则称为椭圆偏振光，如果是圆，则称为圆偏振光。

利用图 6.13 所示的装置可以获得椭圆偏振光和圆偏振光。一束自然光通过偏振片 P 后成为线偏振光，然后再垂直入射到一光轴与晶体表面平行的双折射晶体上，设入射线偏振光的振幅为 A，振动方向与晶体光轴间的夹角为 θ。线偏振光进入晶体后产生双折射，其 o 光的振动方向垂直于光轴，e 光的振动方向平行于光轴，线偏振光在 1/4 波片的入射面内分解成 e 光和 o 光。

两者的振幅分别为

$$\begin{cases} A_e = A\cos\theta \\ A_o = A\sin\theta \end{cases} \tag{6.8}$$

它们在入射面上相位差为零。由于光轴平行晶面且垂直入射，所以 o 光和 e 光在晶体中沿同

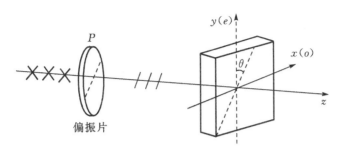

图 6.13　获得偏振光的实验装置

一方向传播,但两者速度不同,所以当它们透过厚度为 d 的晶片时,其光程差为 $(n_o-n_e)d$,相应的相位差为

$$\Delta\Phi = \frac{2\pi}{\lambda}(n_o-n_e)d \tag{6.9}$$

由于 o 光和 e 光是振动方向相互垂直的两个偏振光,当它们射出晶体表面时,若两者相位差 $\Delta\Phi\neq k\pi$,其合成光是椭圆偏振光;如果入射线偏振光振动方向与 1/4 波片的夹角 $\theta=45°$,则 $A_e=A_o$,此时入射线偏振光为圆偏振光。若两者的相位差 $\Delta\Phi=k\pi$,其合成光轨迹成为一条直线,这时椭圆偏振光退化为线偏振光。

6.3.3　偏振光的检验

　　假定入射光有自然光、圆偏振光、部分偏振光、椭圆偏振光和线偏振光,让它们分别通过一个检偏器(偏振片),并使检偏器绕光的传播方向旋转一周,对出现的情况可进行如下的分析:若检偏器有两个完全消光的位置,则入射光为线偏振光;若光强没有变化,则入射光可能是自然光或者是圆偏振光;若光强有变化、但无消光位置,则入射光可能是部分偏振光或者是椭圆偏振光。

　　为了将圆偏振光与自然光以及椭圆偏振光与部分偏振光区别开来,可用一个 1/4 波片和一个偏振片构成圆检偏器,如图 6.14 所示。鉴别圆偏振光时,1/4 波片的光轴方向可任意放置。鉴别椭圆偏振光时,1/4 波片的光轴需要与椭圆偏振光的任一个主轴重合放置。

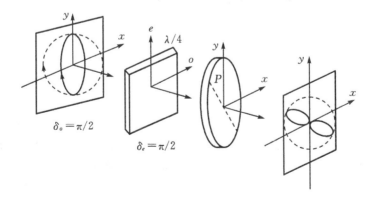

图 6.14　偏振光的检验

　　这样放置 1/4 波片后,自然光通过 1/4 波片后仍是自然光,圆偏振光或椭圆偏振光通过 1/4 波片后都将成为线偏振光。然后将 1/4 波片后面放置的偏振片旋转一周,将看到出射光强有强弱变化以及消光的现象。而自然光或部分偏振光经 1/4 波片后状态不变,将偏振片旋转一周不会出现消光现象。据此圆偏振光和自然光以及椭圆偏振光和部分偏振光就可以区分开了。

　　我们还可进一步对椭圆(圆)偏振光的光矢量旋转方向进行鉴别。若入射是右旋椭圆(圆)偏振光,在以波片光轴为 y 轴的坐标系中,两垂直振动之间有初相位差为 $\pi/2$,经方解石制成的 1/4 波片后,它们的相位差变为 π。故出射光为 II、IV 象限的线偏振光,旋转 1/4 波片后的检偏器,相应的出射光强分布图为 II、IV 象限的"8"字。同理,左旋椭圆(圆)偏振光两垂直振动之间有初相位差为 $-\pi/2$,经图 6.14 的装置后,出射光的 y 方向和 x 方向振动的相位差为 0,光强分布图为 I、III 象限的"8"字。因此测出椭圆(圆)偏振光经上述装置的光强分布,根据"8"字的取向,即可鉴别出椭圆(圆)偏振光的光矢量旋转方向。

　　前面分别讨论了偏振光的产生以及通过偏振片和波晶片后偏振状态的变化,在此基础上总结出偏振光的检验方法与步骤,如图 6.15 所示。

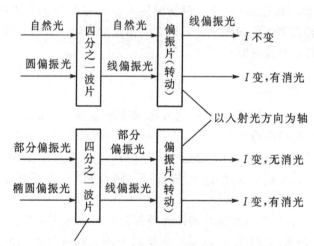

图 6.15　偏振光的检验

6.4　偏振光的干涉

　　我们已经知道,两束光产生干涉的三个必要条件是:它们的光矢量具有平行的振动分量,频率相同,相位差恒定。然而一束线偏振光经过波晶片后分解成的 e 光和 o 光的振动方向互相垂直,但频率相同,相位差恒定,这两束光一般合成为一束椭圆偏振光。如果我们在波晶片后放置一个偏振片,就可以使 e 光和 o 光在其透振方向产生分量,于是产生振动方向相同的两束偏振光,从而满足干涉的三个必要条件,由此产生的干涉现象称为偏振光的干涉。这种将一束线偏振光分解为振动面相互垂直的两束光,然后通过一定装置,产生振动方向相平行的分量,从而获得相干光的方法称为分振动面法。

6.4.1 偏振光的干涉

图 6.16 中,一束平行自然光入射到偏振片 P_1 上,经偏振片后变成了线偏振光(光矢量用 E 表示),这就保证了进入波晶片后分解的 e 光(光矢量由 E_e 表示)和 o 光(光矢量由 E_o 表示)在传播方向的任一点具有固定的相位关系。此波晶片的作用有两个:一是分解振动面,将线偏振光分解为振动面互相垂直、振幅不同的 e 光和 o 光;二是产生固定的相位差,使 e 光和 o 光从厚度为 d 的波晶片 W 出射时具有相位差。而偏振片 P_2 的作用是从波晶片射出的振方向面互相垂直的两束光波中分别提取出振动方向与其透振方向相同的分量 E_{e2} 和 E_{o2},从而获得两束相干光,它们叠加时将发生干涉。

$$\Delta\Phi = \frac{2\pi}{\lambda}(n_o - n_e)d$$

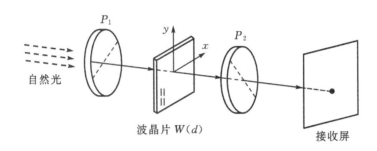

图 6.16 偏振光的干涉装置

如图 6.17 所示,在与波晶片表面平行的平面上建立平面直角坐标系 Oxy(y 轴沿光轴方向),即将 y 轴作为 e 轴,x 轴作为 o 轴。P_1、P_2 分别表示两个偏振片的透振方向,它们与 Oy 夹角分别为 θ 和 φ。设经 P_1 出射的线偏振光振幅为 A,晶体的厚度为 d,则在波晶片中它所分解的 e 光和 o 光振幅分别为

$$\begin{cases} A_o = A\sin\theta \\ A_e = A\cos\theta \end{cases} \tag{6.10}$$

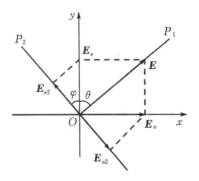

图 6.17 o 光与 e 光通过干涉装置的振幅分散

这二束光通过偏振片 P_2,其在 P_2 透振方向的振幅分别为

$$\begin{cases} A_{e2} = A_e\cos\varphi = A\cos\theta\cos\varphi \\ A_{o2} = A_o\sin\varphi = A\sin\theta\sin\varphi \end{cases} \tag{6.11}$$

从 P_2 出射时两个分振动的相位差决定于以下几个因素:

(1)入射在波晶片上的光分解得到的 e、o 分量间的位相差 $\Delta\Phi_\lambda$。

波晶片之前是一个起偏器 P,故入射在其上的光总是线偏振的,因而 e 光、o 光的位相差为 $\Delta\Phi_\lambda = 0$ 或 π。

(2)e 光和 o 光经厚度为 d 的波晶片后引起的相位差为

$$\Delta\Phi_w = \frac{2\pi}{\lambda}(n_o - n_e)d$$

(3)坐标轴投影引起的附加相位差。

e 轴和 o 轴的正向对 P_2 轴的两个投影分量方向一致,则 $\boldsymbol{E}$ 振动矢量经两次投影后得到的 $\boldsymbol{E}_e$ 与 $\boldsymbol{E}_o$ 方向相同,没有附加相位差。e 轴和 o 轴的正向对 P_2 轴的两个投影分量方向相反,则 $\boldsymbol{E}$ 振动矢量经两次投影后得到的 $\boldsymbol{E}_e$ 与 $\boldsymbol{E}_o$ 方向相反,表示它们之间有附加相位差 $\Delta\Phi' = \pi$;因此,两个分振动 $\boldsymbol{E}_e$ 与 $\boldsymbol{E}_o$ 之间的总相位差为

$$\Delta\Phi = \Delta\Phi_\lambda + \Delta\Phi_w + \Delta\Phi' = \begin{Bmatrix} 0 \\ \pi \end{Bmatrix} + \frac{2\pi}{\lambda}(n_o - n_e)d + \begin{Bmatrix} 0 \\ \pi \end{Bmatrix} \tag{6.12}$$

则得干涉光强分布公式为

$$\begin{aligned} I_2 &= A_{e2}^2 + A_{o2}^2 + 2A_{e2}A_{o2}\cos\Delta\Phi \\ &= A_1^2(\cos^2\alpha\cos^2\beta + \sin^2\alpha\sin^2\beta + 2\cos\alpha\cos\beta\sin\alpha\sin\beta\cos\Delta\Phi) \end{aligned} \tag{6.13}$$

由上式可见,平行偏振光干涉的光强分布与两个偏振片的相对方位及相位差有关,当 $\Delta\Phi = (2k+1)\pi$,$(k=0,1,2,\cdots)$时,干涉相消,干涉光强为最小。

6.4.2　偏振光的干涉特例

1)$P_1 \perp P_2$,$\varphi = \theta = 45°$

两偏振片的透振方向垂直,简称为两偏振片正交。波晶片光轴 Oy 位于 P_1、P_2 之间并与它们分别成 $45°$,$A_{e2} = A_{o2}$,$\Delta\Phi_\lambda = \pi$,$\Delta\Phi' = 0$。由式(6.13)经化简得干涉光强公式为

$$I_\perp = \frac{A^2}{2}[1 + \cos(\Delta\Phi_w + \pi)] = \frac{A_1^2}{2}(1 - \cos\Delta\Phi_w) \tag{6.14}$$

2) $P_1 /\!/ P_2$,$\varphi = \theta = 45°$

两偏振片 P_1、P_2 透振方向平行,简称两偏振片平行。此时 $\Delta\Phi_\lambda = \pi$,$\Delta\Phi' = \pi$。由式(6.13)经化简得干涉光强公式为

$$I_{/\!/} = \frac{A^2}{2}(1 + \cos\Delta\Phi_w) \tag{6.15}$$

比较以上两种情况可以看出,在 $\Delta\Phi_w$ 相同的情况下,两偏振片平行或正交时出射的两束相干光总相位差相差 π。由式(6.14)和式(6.15)两式可知,两种情况的干涉光强互补。因此,转动 P_2 使它和 P_1 由正交变为平行时,接收屏上的光强将由最大变为消光(最小值)。

6.4.3　显色偏振

若用白光照明,波晶片厚度各处相等,则白光中不同波长成分从波晶片出射时,其 e 光和 o

光之间的相位差随波长而改变。例如入射白光中的某一波长为 λ 的光通过波晶片和两个偏振片后,其相位差满足干涉相长,相应颜色的光强达到最大值 $I_{\max}$;而入射光中另一波长为 λ' 的光,其 e 光和 o 光之间相位差满足干涉相消,相应颜色的光强为最小值。在 $\varphi=\theta=45°$ 时,$I_{\min}=0$,则波长为 λ' 的光在屏上消失。白光中缺少某种波长为 λ' 的光,则混合色不再是白色,而是波长为 λ' 光的互补色光,于是整个屏上呈现出某种颜色,称为干涉色。转动装置中任一元件,屏上颜色都会发生变化,这种现象称为显色偏振。

将待测薄片置于两个正交偏振片之间,可以根据是否出现显色偏振现象来判断这个薄片是否是波晶片。若为波晶片,可根据屏幕上呈现的颜色来判断出发生干涉相消的光波长 λ',从而求出波晶片的 d 值。

若波晶片为尖劈形状,用白光照明时,在某种波长出现暗纹的地方,就显示出它的互补色。若波晶片厚度不均匀,则整个屏上呈现不规则的彩色花样,转动任何一个元件,彩色都会随之发生改变。

6.4.4　偏振光经劈尖状晶片后的干涉

用单色光照明,若波晶片为一块厚度均匀的平行平面薄片,则从波晶片后表面各点出射的 o 光、e 光的相位差相同。整个屏幕上呈现均匀干涉光强分布,转动任一个元件,各元件间的相对方位的改变将引起 A_{e2}、A_{o2} 和位相差的改变,所以屏上强度的大小相应发生改变。

若波晶片 W 为上薄下厚呈尖劈状,如图 6.18 所示。这时用单色平行光正入射,光束透过 P_1 后变成的线偏振光在晶片 W 中分解成 e 光和 o 光,虽然两者的传播方向在晶体内并未分离,但从后表面出射进入空气时,就成为两束沿不同方向传播且振动方向相互垂直的线偏振光。由于各处厚度 d 不同,位相差也不同,则幕上相应点的强度也不同,于是就出现等厚干涉条纹。波长为 λ 的单色光正入射且 $P_1 \perp P_2$ 时,在那些厚度 d 满足

$$\Delta \Phi_w = \frac{2\pi}{\lambda}(n_o - n_e)d = 2k\pi \tag{6.16}$$

的地方,$I_\perp = 0$,出现暗纹。在那些厚度 d 满足

$$\Delta \Phi_w = \frac{2\pi}{\lambda}(n_o - n_e)d = (2k+1)\pi \tag{6.17}$$

的地方,$I_\perp = A^2$,出现亮纹。同样不难分析出把 P_2 转到与 P_1 平行时的情形。用白光照明时各种波长的光干涉条纹不一致,在某种颜色的光出现暗纹的地方就显示出它的互补色来,这样,幕上就出现彩色条纹。

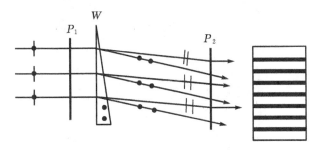

图 6.18　劈尖状晶片的干涉

6.4.5　人工双折射现象

有些各向同性介质,如玻璃、塑料、环氧树脂以及水,在通常情况下都不具有双折射性质,但在外界(如机械力、电场、磁场等)作用下,变成各向异性介质,从而产生双折射,这种现象称为人工双折射现象,下面介绍两种最重要的人工双折射现象。

1. 光弹性效应

玻璃或塑料在制作过程中若退火不好。就会有局域的内应力"冻结"在里边,内应力将引起一定程度的各向异性。例如将普通的塑料板或塑料透镜置于两正交偏振片之间,很容易观察到这种内应力分布所致的干涉图样。若玻璃或塑料在制作过程中退火良好,不存在内应力,它们是各向同性的。但是某些各向同性介质在外界施加局域机械压力或拉力的作用下,也将导致内应力的出现,使介质变为各向异性,从而产生双折射,这种现象称为光弹性效应或应力双折射。应力的方向相当于晶体的光轴方向,设 P 为应力,沿应力方向的折射率为 n_e,垂直于该方向的折射率为 n_o,则有

$$|n_o - n_e| = kp \tag{6.18}$$

此式称为应力光学定律,式中 k 为材料的应力光学常数。通常在介质受压力时 $|n_o - n_e| > 0$;在受拉力时 $|n_o - n_e| < 0$。因此规定 $k > 0$,于是压力 P 为正,拉力 P 为负。对于厚度为 d 的均匀介质平板,在外界施加局域机械压力或拉力的作用下,可透过的 o、e 两束偏振光之间的相位差为

$$|\Delta\Phi| = \frac{2\pi d}{\lambda}|n_o - n_e| = \frac{2\pi \, d \cdot kp}{\lambda} \tag{6.19}$$

可见,利用光弹性效应可以研究受力物体内部的应力分布。其方法是将待分析的物体(例如飞机、汽车、桥梁、水坝等大型机器或工程构件)用透明介质材料(如环氧树脂)制成按一定比例缩小的模型,再将模型置于正交偏振片之间,对模型按实际受力情况施加同倍缩小的应力。于是可产生偏振光干涉,其干涉的条纹分布即可明显地显示出在外力作用下构件内应力分布情况。如图 6.19 所示其中本来没有应力的一块树脂圆板,当给它施加一个外压力时所产生的偏光干涉条纹,可以看到应力越集中的地方,干涉条纹越密集。由此可见利用光弹性效应,提供了一种检测构件材料内应力分布的简便而有效的方法,由此产生了一门新的力学学科分支——光测弹性力学。

图 6.19　光弹性效应显示的干涉条纹

2. 克尔效应

某些非晶体或液体(如硝基苯),本来是各向同性的,但在强电场作用下,变成各向异性介质,从而产生双折射现象,这种效应称为克尔效应。

图 6.20 为观察克尔效应的装置,M、N 为两个偏振化方向正交的偏振片,C 为装有平行板电容器并盛有某种液体(如硝基苯)的容器,称为克尔盒。

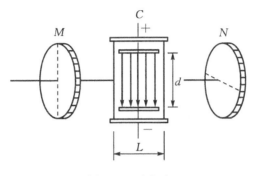

图 6.20 克尔盒

实验发现,当加上电场后,介质呈现双折射性质,光轴沿着电场方向。此时,在单色光照射下,o 光和 e 光折射率之差 $n_o - n_e$ 与电场强度 E 的平方成正比,即

$$n_o - n_e = kE^2 \tag{6.20}$$

式中,k 称为克尔常数,它与液体种类有关,通过克尔盒内厚度为 L 的液体后的 o 光和 e 光的光程差和相位差为

$$\delta = (n_o - n_e)L = kE^2L$$

$$\Delta\Phi = \frac{2\pi}{\lambda}(n_o - n_e)L = \frac{2\pi}{\lambda}LkE^2 \tag{6.21}$$

设平行板间距为 d,加上电压为 U,因 $E = \dfrac{U}{d}$,所以

$$\Delta\Phi = \frac{2\pi}{\lambda}kL\left(\frac{U}{d}\right)^2 \tag{6.22}$$

由式可见,o 光和 e 光通过克尔盒引起的相位差 $\Delta\Phi$ 与加在克尔盒上的电压平方成正比,当电压改变时,相位差改变,使线偏振光通过克尔盒后变成相位不同的偏振光,从而使通过偏振片 N 的光强发生变化。这样,就可以利用克尔盒对入射的线偏振光进行调制,由于双折射现象在电场中产生或消失的时间极短,所以可以用克尔盒制成没有惯性的高速开关,近年来已广泛用于高速摄影、光速测量以及脉冲激光器的 Q 开关等许多场合。

克尔盒也有很多缺点,例如对硝基苯液体的纯度要求很高(否则克尔常数下降,弛豫时间变长)、有毒、液体不便携带等。近年来随着激光技术的发展,对电光开关、电光调制的要求越来越广泛、越来越高。克尔盒逐渐为某些具有电光效应的晶体所代替,其中最典型的是 KDP 晶体,它的化学成分是磷酸二氢钾(KH2PO4)。这种晶体在自由状态下是单轴晶体,但在电场的作用下可以变成双轴晶体,沿原来光轴的方向产生附加的双折射效应。这效应与克尔效应不同,附加的位相差与电场强度的一次方成正此。这效应叫泡克耳斯效应(F. Pockels,1893 年)或晶体的线性电光效应。利用 KDP 晶体来代替克尔盒,除了可以克服上进缺点外,另一优点是所需电压此起克尔效应要低些。

6.5　旋光

6.5.1　旋光现象

1811 年,法国物理学家阿喇果发现,当起偏器与检偏器的偏振化方向互相垂直时,则无光透过检偏器。但若将石英晶体放在的起偏器与检偏器之间,使偏振光沿石英晶体的光轴方向传播,则有光透过检偏器。这说明线偏振光的振动面在石英晶体中发生了旋转,这种现象称为旋光现象。如松节油、樟脑、糖类、氨基酸等物质都能产生旋光现象。能使偏振光振动面旋转的性质称为旋光性。具有旋光性的物质称为旋光物质。

如图 6.21 所示,P_1、P_2 是正交偏振片,W 是石英薄片,其光轴垂直于晶体表面,未将 W 插入 P_1 和 P_2 之间时,P_2 后的视场是全暗的,将 W 插入 P_1 和 P_2 之间,可看到视场由暗变亮。若将偏振片 P_2 旋转一角度 φ,视场又转为全暗,这表明从石英片透射的仍是线偏光,不过其振动面旋转了一个角度 φ。振动面旋转的角度称为旋光度,用 φ 表示,单位是度。

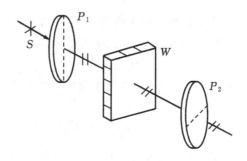

图 6.21　旋光现象

实验发现,某一波长的单色偏振光透过旋光物质,其旋光度 φ 与偏振光通过旋光物质的厚度 d 成正比,即

$$\varphi = [\alpha]_\lambda^t \cdot d \tag{6.23}$$

式中,d 的单位用 mm;$[\alpha]_\lambda^t$ 为线偏振光通过通过 1 mm 厚的固体,振动面旋转的角度,称为该物质的旋光率,其单位是$° \cdot mm^{-1}$。旋光率与物质的性质、温度以及照射光的波长有关,规定右旋取正值,左旋取负值。

如果物质为溶液,偏振光通过旋光溶液的旋光度 φ 与照射光的波长、溶液的种类及温度有关,与偏振光通过旋光溶液的厚度 d 和溶液的浓度 c 成正比,即

$$\varphi = [\alpha]_\lambda^t Cd \tag{6.24}$$

式中,d 的单位是 dm;C 的单位是 $g \cdot cm^{-3}$;$[\alpha]_\lambda^t$ 为溶液的旋光率,也称比旋度,它表示线偏振光通过厚度为 1 dm,浓度为 1 $g \cdot cm^{-3}$ 的溶液,其振动面旋转的角度,单位是$° \cdot cm^3 \cdot g^{-1} \cdot dm^{-1}$。

若已知物质的旋光率,测得其旋光度,由式(6.24)可算出溶液的浓度。这是药物分析中常用的方法。专门测定糖浓度的偏振计称为糖量计,在药物检测及商品检验中广泛采用。具有旋光性药物的旋光率在《中华人民共和国药典》中可以查到。表 6.1 列出的是物质温度为 20℃ 时,在钠黄光照射下,一些药物的旋光率。

表 6.1　一些药物的旋光率

药　名	$[\alpha]_D^{20}/(°\cdot cm^3\cdot g^{-1}\cdot dm^{-1})$	药　名	$[\alpha]_D^{20}/(°\cdot cm^3\cdot g^{-1}\cdot dm^{-1})$
蔗糖	$+65.9°$	右旋糖苷	$+190°\sim+200°$
葡萄糖	$+52.5°\sim+53.0°$	维生素 C	$+21°\sim+22°$
乳糖	$+52.2°\sim52.5°$	桂皮油	$-1°\sim+1°$
樟脑(醇溶液)	$+41.0°\sim+43.0°$	氯霉素	$-17°\sim-20°$
蓖麻油	$+50°$以上	薄荷脑	$-49°\sim-50°$

对于厚度一定的旋光物质,不同波长的偏振光其振动面将旋转不同的角度,这种现象称为旋光色散。在图 6.21 所示实验装置中,用白光照明时由于其中某些波长成分的振动面旋转后刚好与偏振片 P_2 的透振方向垂直,发生消光,所以在 P_2 后面呈现一定的彩色。转动装置中任何一个元件,P_2 后面的色彩会发生变化,利用旋光色散,可用一定厚度的旋光物质制成旋光滤波器,使白光中某些波长成分的透射率最大,而另一些波长成分的透射率为零。

另外,实验发现对于一定波长的偏振光通过旋光物质时,其偏振面的旋转方向与光的传播方向无关,只取决旋光物质本身。迎着光的传播方向观察,使振动面沿顺时针方向旋转(称为右旋)的物质称为右旋物质,逆时针方向旋转(称为左旋)的称为左旋物质,例如蔗糖、葡萄糖、甘氨酸等为右旋物质,甘氨酸以外的氨基醋酸、果糖、尼古丁等为左旋物质。天然石英晶体有左旋和右旋两种,两种石英晶体的原子排列成镜像关系,其外形也是镜像对称的,如图 6.22 所示。它们的物理和化学性质都相同,这就是空间反演对称性。互为镜像的分子称为对映体或旋光异构体,它们能使线偏振光的振动面沿不同方向旋转。若同种晶体存在左旋和右旋两种旋光异构体,

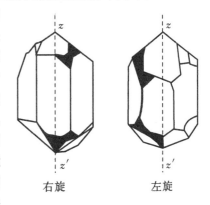

右旋　　　　　　左旋

图 6.22　左旋与右旋石英

则它们的旋光率大小相等,只是旋转方向不同。按照公认的惯例,将对映体中的一个称为左旋对映体,记作 L;另一个称为右旋对映体,记作 R。分子在三维空间中呈现出 L 型和 R 型互不重叠的镜像对称性质称为分子的手征性(Chirality),简称手性。

在各种氨基酸中,除了最简单的甘氨酸不是对映体,不具有手性外,其他的氨基酸都存在 R 型和 L 型两种对映体。但是地球上所有生物蛋白质中的全部氨基酸几乎都是 L 型,R 型一般只存在于某些细菌的细胞壁和低肽抗生素中。R 型的氨基酸不但不能作为营养物质,反而可能对生物体有害。糖类也有 R 型和 L 型两种对映体,可是只有 R 型糖才能被生物体吸收,生物体核酸中的糖环大都是 R 型的,天然糖都是 R 型的。为了解释为什么人工合成的糖和氨基酸都是 L 型和 R 型各占一半,不具旋光性,而自然界的糖和氨基酸都只具有单一的旋光性,人们假设是酶这种生物体内的催化剂在起作用。酶本身也是一种特殊的蛋白质,它具有 L 型和 R 型之分。生物体内的酶都是 L 型的,它只消化和产生 L 型氨基酸,对 R 型氨基酸不起作用;因而酶使得生物体内的蛋白质旋光性不对称或不平衡。一旦生物肌体老化或死亡,生物体内的氨基酸从不平衡变到平衡,实际上是一种熵增加的过程,当生物体中只有 L 型氨基酸时

熵最小,而 L 型和 R 型平衡时熵最大。

生物体中有关手性的严格的选择性(例如只吸收或制造 R 型糖和 L 型氨基酸),也就是说,让一种手性构象占绝对优势,这种性质称为单一手性(Homo-Chirality)。单一手性与生命活动有些什么关系? 目前已是众多学科的科学家投身研究的问题。

6.5.2　菲涅耳对旋光现象的解释

物质的旋光性是一个非常复杂的问题,它涉及物质的分子结构和电磁波与物质的相互作用。1825 年菲涅耳对旋光现象提出了简单的唯象解释,而没有涉及旋光现象的微观机制。根据运动学中的一个原理,即任何一个直线简谐运动都可分解为两个振幅相同、频率相同、初始相位相同、旋转方向相反的匀速圆周运动,菲涅耳假设,晶体中的旋光现象可视为一种特殊的双折射——圆双折射。菲涅耳认为,线偏振光在旋光晶体中所分解成的左旋、右旋圆偏振光(L 光和 R 光)的传播速度 v_L 和 v_R 是不相等的,因而其相应的折射率也是不相等的,即 $n_R \neq n_L$。在右旋晶体中,右旋圆偏振光传播速度较快,即 $v_R > v_L (n_R < n_L)$;而在左旋晶体中,左旋圆偏振光传播速度较快,即 $v_R < v_L (n_R > n_L)$。左旋圆偏振光和右旋圆偏振光经过厚度为 d 的旋光晶片后,所引起的相位滞后分别为

$$\varphi_R = -\frac{n_R d}{\lambda} \cdot 2\pi, \quad \varphi_L = -\frac{n_L d}{\lambda} \cdot 2\pi \tag{6.25}$$

图 6.23(a)中,设某一时刻入射到旋光晶体表面的线偏振光的振动面沿竖直方向 OE,它的初相位为零,即入射光的光矢量 E 方向向上且具有最大值。此时它所分解成的左旋、右旋圆偏振光相应的一对旋转矢量 E_L 和 E_R,均与 E 的方向相同。因为圆偏振光的相位对应于旋转矢量的角位移,其相位滞后对应于旋转矢量倒转一个角度,所以晶体出射面上的旋转矢量 E'_L 和 E'_R 与入射面上同一时刻的旋转矢量 E_L 和 E_R 相比,分别向右和向左转了一个角度 φ_L 和 φ_R,如图 6.23(b)所示。E'_L 和 E'_R 的合成矢量 E' 即为出射线偏振光的光矢量。

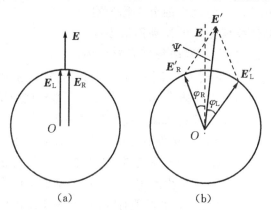

(a)　　　　　　　　　(b)

图 6.23　旋光的解释

由图 6.23 可见,出射光振动面与入射光振动面相比,转过角度 φ。通常关于角度的符号的约定是:以竖直向上方向为参考方向,光矢量逆时针旋转角度为正,即右旋 φ 取负值;左旋 φ 取正值。由式(6.25)可得

$$\varphi = \frac{1}{2}(\varphi_R - \varphi_L) = \frac{\pi}{\lambda}(n_R - n_L) \cdot d \tag{6.26}$$

上式表明,偏振光振动面旋转的角度 φ 与通过晶体的厚度 d 成正比。对于左旋晶体,$v_R < v_L$ ($n_R > n_L$),则 $\varphi > 0$,故偏振光振动面逆时针旋转;对于右旋晶体,$v_R > v_L$($n_R < n_L$),则 $\varphi < 0$,故偏振光振动面顺时针旋转。

菲涅耳为了验证关于圆双折射的假设,曾设计了一个棱镜组,如图 6.24 所示。这个棱镜的前后是两个右旋石英直角棱镜,中间是左旋石英等腰棱镜,三者粘在一起,它们的光轴均与入射面 AB 垂直。单色线偏振光入射 AB 面,在第一个棱镜中沿光轴的方向传播,它所分解成的左旋圆偏振光和右旋圆偏振光的速度不同,$v_R > v_L$($n_R < n_L$);而在第二个棱镜中 $v_R < v_L$($n_R > n_L$);所以,左旋光远离法线折射,右旋光靠近法线折射,于是左旋光和右旋光分开了。在第三个棱镜中,$v_R > v_L$($n_R < n_L$)。同理,在第二界面上左旋光靠近法线折射,右旋光远离法线折射,于是两束光分得更开了。在折射面 CD 上,两束光折射后进一步分开。通过对这两束光的实验鉴别,证实了它们确为圆双折射理论所预料的左旋圆偏振光和右旋圆偏振光,实验结果与理论预言一致。

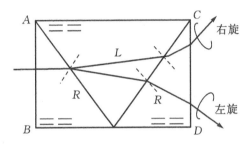

图 6.24　菲涅耳棱镜组

6.5.3 磁致旋光效应——法拉第效应

除了自然旋光现象外,正如用应力和电场等人工方法可以产生双折射一样,采用人工方法也可以产生旋光效应。在强磁场作用下,线偏振光的振动面发生旋转的现象称为磁致旋光效应。磁致旋光效应并不表明磁场与光波之间有相互作用,而是表明磁场与介质之间存在着相互作用,强磁场使得这类介质便成为旋光介质。于是光波在其中传播时,其振动面就发生了旋转。

1846 年法拉第(M. Faraday)发现,在磁场的作用下本来不具有旋光性的介质也产生了旋光性,即能使光矢量旋转,所以磁致旋光效应又称为法拉第效应。这个发现在物理学史上有着重要意义,是人们发现的光学过程和电磁过程有联系的最早证据。观察法拉第效应的装置如图 6.25 所示,在两个正交的偏振片 P_1、P_2 之间放置一个带孔的电磁铁或螺线管,使光沿着或逆着外磁场方向通过样品,当激励线圈不通电时,无光从 P_2 射出;当激励圈通电产生磁场后,则有光从 P_2 射出,将 P_2 转过一个角度,又出现消光,这表明其振动面转过了一个角度。实验表明,法拉第旋光效应有如下规律:

(1)对于给定的磁性介质,光的振动面的转角 φ 与样品的长度 l 和外加磁场的磁感应强度 B 成正比,即

$$\varphi = BlV$$

比例系数 V 称为费尔德常量(Verdet constant),一般它都很小。

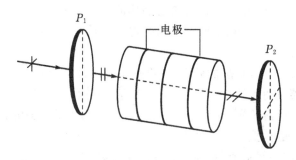

图 6.25　磁致旋光效应

(2)磁致旋光的方向(即振动面的旋转方向)只决定于外加磁场的方向,而与光的传播方向无关。这与光通过天然旋光物质的情况完全不同。例如线偏振光通过右旋物质时,迎着光看,振动面总是向右旋转,所以从右旋天然物质出射的光沿原路返回时,振动面将回到初始位置。然而当线偏振光沿磁场方向通过磁光介质时,迎着光看振动面向右旋转角度 φ,但当光束沿反方向传播时,振动面仍沿原方向旋转,即迎着光看振动就向左旋转角度 φ,所以光沿原路返回,来回两次通过磁光介质,振动面比初始位置旋转了 2φ 的角度。

在激光作光源的光学系统中,为了避免各界面的反射光对激光光源产生干扰,可利用法拉第效应制成光隔离器,只允许光从一个方向通过而不能从反方向通过。如图 6.26 所示,让偏振片 P_1 与 P_2 的透振方向成 $45°$,调整磁感应强度 B,使从法拉第盒出来的光振动面转过 $45°$,于是光刚好通过 P_2,但对从后面光学系统中各界面反射回来逆向传播的光,通过 P_2 后再经过法拉第盒,其振动方向转得与 P_1 透振方向垂直,因此被隔离而不能到达光源处。这样法拉第盒起到了让一个方向的光通过,而不让反方向光通过的作用,类似一个单向闸门。

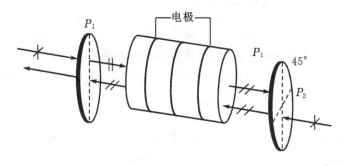

图 6.26　光隔离器

利用磁致旋光效应可制作磁光调制器,实现光强度调制。例如在平行偏振片 P_1 和 P_2 之间放上韦尔代常数较大的人工钇钕石榴石磁性晶体(YIG),同时对晶体加上恒定磁场和调制磁场后,总磁化强度矢量将随调制信号而变化。从 P_1 出来的线偏振光经过这种磁致旋光晶体后,其光矢量旋转角度 θ 将随外加调制信号而变化,从而使这束线偏振光经 P_2 出射的光强度随 θ 变化而变化,即满足马吕斯定律,以此实现光强度的调制。

复习思考题

1. 怎样用两个偏振片和一个白色光源来区分垂直于光轴和平行于光轴切出的两块石英晶片?

2. 有哪些方法可以使一束线偏振光的振动面旋转 $90°$?

3. 何谓双折射晶体的光轴? 一块晶体有几条光轴?

4. e 光在双折射晶体中的传播速度是否是一定的?

5. 一束光线入射到光学单轴晶体后,成为两束光线,沿着不同方向折射. 这样的现象称为双折射现象。其中一束折射光称为寻常光,另一束光线称为非常光,它们的区别何在? 是否有本质上的不同?

6. 用什么方法区别 $\lambda/2$ 片和 $\lambda/4$ 片?

7. 为了确定一束圆偏振光的旋转方向,可将 $\lambda/4$ 片置于检偏器前,再将检偏器转到消光位置,这时发现 $\lambda/4$ 片的快轴的方位须沿着顺时针方向转 $45°$ 才能与检偏器的透振方向重合。问该圆偏振光是左旋还是右旋?

习题六

6.1　对波长为 $\lambda=589.3\ nm$ 的纳黄光,石英旋光率为 $21.7°/mm$,若将一石英晶片垂直其光轴切割,置于两平行偏振片 P_1 和 P_2 之间。问石英多厚时没有光线透过偏振片 P_2?

6.2　将 $50\ g$ 含有杂质的糖溶于纯水中,制成 $100\ cm^3$ 的糖溶液。然后将此溶液装入 $10\ cm$ 长的试管中,使单色线偏振光垂直于管的端面沿管的中心轴线通过,在旋光仪上测得它使线偏振光的振动面旋转了 $32.34°$,已知糖溶液的比旋光率 $\alpha=66°\cdot dm^{-1}\cdot cm^3\cdot g^{-1}$,试计算这种糖溶液的纯度。

6.4　纯蔗糖溶液的比旋光率 $\alpha=6.65°\ cm^{-1}\cdot cm^3\cdot g^{-1}$,今有不知纯度的蔗糖溶液,质量分数为 20%,溶液的厚度为 $20\ cm$,对一线偏振光振动面产生 $25°$ 角的旋转。试求这种蔗糖的纯度。

6.5　将厚度为 $1\ mm$ 的沿垂直光轴方向切出的石英片放在正交偏振片之间,为什么入射光的波长无论为何值时,晶片总是亮的?

6.6　垂直于光轴切出厚度为 $1\ mm$ 的石英片,如何用两个偏振片和一个单色光源确定晶片是右旋晶体还是左旋晶体?

6.7　怎样用两个偏振片和一个白色光源来区分两块石英晶片是垂直于光轴还是平行于光轴切出的?

6.8　两个尼可耳棱镜的透振方向夹角为 $60°$,在两尼科耳棱镜之间加入一片 $1/4$ 波片,波片的光轴方向与两尼科耳棱镜的透振方向夹角的平分线平行,强度为 I 的单色自然光沿轴向通过这一系统,试求:

(1)指出光透过 $\lambda/4$ 波片后的偏振态;

(2)求透过第二个尼可耳棱镜的光强度和偏振性质(忽略反射和介质的吸收)。

6.9　在两正交尼可耳棱镜之间插入一方解石的 1/4 波片,晶轴与尼可耳棱镜的透振方向成 35°角,设光通过第一尼可耳棱镜后的强度为 I,试求:

(1)通过晶片时分解出来的 o 光和 e 光的振幅和强度;

(2)光通过检偏镜后的偏振态、振幅和强度。

6.10　用一块 1/4 波片和一块偏振片检验一束椭圆偏振光。旋转 1/4 波片直到偏振片后可以完全消光,此时将 1/4 波片沿顺时针方向再旋转 22°,才能使 1/4 波片的快光轴与偏振片的透振方向重合,求椭圆的长短轴之比和椭圆的旋转方向。

6.11　两片偏振片透振方向夹角为 60°,中央插入一块由水晶制作的 1/4 波片,波片主平面平分上述夹角,光强为 I_0 的自然光入射。试问:

(1)通过 1/4 波片光的偏振态;

(2)通过第二个偏振片后光的强度和光矢振动方向。

6.12　将巴比涅补偿器放在两个正交偏振片之间,使它们的快慢轴与偏振片的透振轴成 45°。试问在第二个偏振片后面将观察到什么样的干涉条纹?(已知入射光波 $\lambda = 589.3\ \mathrm{nm}$)

6.13　一块厚度为 0.02 mm 的方解石晶片,其光轴平行于表面,将它插入正交偏振片之间,且使主平面与偏振片的透振方向成 45°角。试问:

(1)可见光中哪些波长的光不能透过该装置?

(2)如果第二个偏振片透振方向转到与第一个平行,可见光中哪些波长的光不能透过?

第 7 章

变换光学及全息照相

光学信息处理具有二维、高速、并行等特点,特别适合于大信息量的光学图像及数据的处理。上个世纪 40 年代末,通讯理论中的一些观点、概念和方法移植到了光学中产生了傅里叶光学,又称变换光学。它以傅里叶分析和线性系统理论为基础,讨论光的传播、衍射和成像等问题。傅里叶光学的基本特点是用空间频谱的概念,分析和处理光学信息,因此光信息处理和全息照相是傅里叶光学的重要内容。本章不拟全面介绍傅里叶光学,而只讨论傅里叶光学的一些基础知识和重要应用,同时对该领域的一些热点和前沿研究方向作简要介绍。

7.1 傅里叶分析

7.1.1 傅里叶级数

周期为 2π 的函数 $g(\theta)$,若在一个周期内只有有限个极值点和不连续点,并且在一个周期内绝对可积,则它可以展成傅里叶三角级数

$$g(\theta) = \frac{a_0}{2} + \sum_{n=1}^{\infty} a_n \cos(n\theta) + b_n \sin(n\theta) \tag{7.1}$$

其中
$$a_n = \frac{1}{\pi} \int_{-\pi}^{\pi} g(\theta) \cos(n\theta) \, d\theta \tag{7.2}$$

$$b_n = \frac{1}{\pi} \int_{-\pi}^{\pi} g(\theta) \sin(n\theta) \, d\theta$$

以上展开式中变量 θ 是以弧度单位的角度量。然而在光学中,描写光场空间分布的函数是以空间坐标为变量的。例如光栅的透过率是一个周期函数,它的周期是缝宽加缝距,即光栅常数 d。若是空间周期函数,周期为 T,将它展成傅里叶三角级数时展开式与式(7.1)基本相同,只是要根据对应关系将 θ 换算成 x,它们之间的换算关系是

$$\theta = \frac{2\pi}{T} x$$

这里 $\frac{2\pi}{T}$ 表示单位长度上周期函数周相变化的弧度数。T 叫做空间周期。T^{-1} 用 f 来表示,称为空间频率,它描写了单位长度上 $g(x)$ 变化的周期数。对于光栅来说通常称为线对数,也就是每毫米刻线数。下面给出空间周期函数 $g(x)$ 的傅里叶三角级数。

$g(x)$ 周期为 T,在一个周期内只有有限个极值点心不连续点,并且在一个周期内绝对可积,则它可以展成傅里叶三角级数

$$g(x)=\frac{a_0}{2}+\sum_{n-1}^{\infty}a_n\cos\left(n\,\frac{2\pi}{T}x\right)+b_n\sin\left(n\,\frac{2\pi}{T}x\right) \tag{7.3}$$

其中
$$c_n=\frac{2}{T}\int_{x_0}^{x_0+T}g(x)\cos\left(n\,\frac{2\pi}{T}x\right)\mathrm{d}x \tag{7.4}$$

$$b_n=\frac{2}{T}\int_{x_0}^{x_0+T}g(x)\sin\left(n\,\frac{2\pi}{T}x\right)\mathrm{d}x$$

通常 a_0 称为直流分量或零频分量，a_1、b_1 称为基频分量，其他 a_n 和 b_n 则称为 n 次谐频分量。

例 7.1 有一个缝宽和缝距相等的矩形光栅，振幅透过率函数为

$$g(x)=\begin{cases}1 & md\leqslant x\leqslant md+\dfrac{d}{2}\quad m\text{ 为整数}\\[2mm]0 & \text{其他}\end{cases}$$

将它展成傅里叶三角级数。

解 根据题意，光栅透过率如图 7.1 所示，它的空间周期为 $2d$。

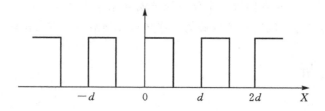

图 7.1　$g(x)$

根据式(7.3)和式(7.4) 有

$$g(x)=\frac{a_0}{2}+\sum_{n-1}^{\infty}a_n\cos\left(n\,\frac{2\pi}{T}x\right)+b_n\sin\left(n\,\frac{2\pi}{T}x\right)$$

$$a_n=\frac{2}{d}\int_0^d g(x)\cos\left(n\,\frac{2\pi}{d}x\right)\mathrm{d}x=\begin{cases}1 & n=0\\0 & n\neq 0\end{cases}$$

$$b_n=\frac{2}{d}\int_0^{\frac{d}{2}}g(x)\sin\left(n\,\frac{2\pi}{d}x\right)\mathrm{d}x=\frac{2}{d}\int_0^{\frac{d}{2}}\sin\left(n\,\frac{2\pi}{d}x\right)\mathrm{d}x$$

$$=\frac{1}{n\pi}\big[1-\cos(n\pi)\big]$$

$$=\begin{cases}\dfrac{2}{n\pi} & n=1,3,5,\cdots,(2k+1)\quad k=0,1,2,\cdots\\[2mm]0 & n=2,4,6,\cdots,2k\end{cases}$$

于是
$$g(x)=\frac{1}{2}+\sum_{k=0}^{\infty}\frac{2}{(2k+1)\pi}\sin\left[\frac{2\pi}{d}(2k+1)x\right]$$

为了直观起见，取级数中前四项的和 $g'(x)$ 与 $g(x)$ 作比较。图 7.2 中在一个半周期内画出了前四项的函数图像，即 $\dfrac{1}{2}$，$\dfrac{2}{\pi}\sin\left(\dfrac{2\pi}{d}x\right)$，$\dfrac{2}{3\pi}\sin\left(\dfrac{6\pi}{d}x\right)$，$\dfrac{2}{5\pi}\sin\left(\dfrac{10\pi}{d}x\right)$ 的函数图像。并在半个周期内画出了四项之和，由图可见 $g'(x)$ 与 $g(x)$ 已经比较接近，随着项数的无限增多，级数和将收敛于 $g(x)$。

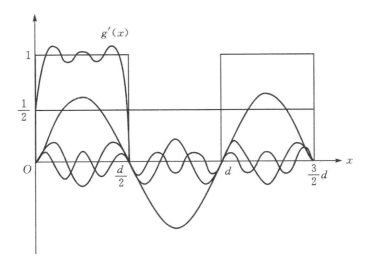

图 7.2　$g(x)$ 与 $g'(x)$ 比较

7.1.2　傅里叶积分

对于非周期函数 $g(x)$，如果它满足狄利克雷条件，并在无穷区间绝对可积，也可将它表示成一系列基元函数的线性积分形式

$$g(x) = \int_{-\infty}^{\infty} G(f) \mathrm{e}^{\mathrm{i}2\pi fx} \,\mathrm{d}f \tag{7.5}$$

$G(f)$ 由下式求得

$$G(f) = \int_{-\infty}^{\infty} g(x) \mathrm{e}^{-\mathrm{i}2\pi fx} \,\mathrm{d}x \tag{7.6}$$

式(7.6)称为 $g(x)$ 的傅里叶变换，又称为光学变换，可记为

$$G(f) = F\{g(x)\} \tag{7.7}$$

式(7.5)为傅里叶逆变换，可记为

$$g(x) = F^{-1}\{G(f)\} \tag{7.8}$$

式(7.5)表示将非周期函数 $g(x)$ 分解为以 $\mathrm{e}^{\mathrm{i}2\pi fx}$ 为基元函数的线性组合。$G(f)$ 为频率 f 附近单位频率间隔的振幅，它表征该成分对 $g(x)$ 贡献的大小，即权重因子，$G(f) - f$ 曲线就反映了振幅随频率的分布，所以将 $G(f)$ 称为 $g(x)$ 的频谱函数。当 $g(x)$ 为周期函数时，得到的是等间隔的离散的线状谱，而当 $g(x)$ 为非周期函数时，得到的是连续频谱。

傅里叶变换提供的是将函数 $g(x)$ 分解成一系列基元函数的线性组合的方法，对于能够应用叠加原理的物理系统即线性系统(许多光学系统都可视为这种系统)是十分有用的。为了得到一个由复杂输入的激励所引起的输出响应，可将激励分解为一系列简单得多的基元函数的线性组合，然后分别计算系统对每个基元输入的响应，再把所有基元响应叠加起来，便得到总响应。

在前面各章讨论光的干涉、衍射和成像问题时，都是研究光场的复振幅或光强随空间坐标的分布，这种以空间坐标作为自变量来表示光场分布称为空间域的描述，如果以空间频率作为自变量来表示光场分布则称为空间频率域的描述。傅里叶变换式和它的逆变换式指出了空域和频域两种描述中物函数和它相应的频谱函数之间的联系。

光学图像通常是二维空间函数,所以光学中需用二维傅里叶变换式,若函数 $g(x,y)$ 的频谱函数为 $G(f_x,f_y)$,则其傅里叶变换式为

$$G(f_x,f_y) = F\{g(x,y)\} = \iint g(x,y)\mathrm{e}^{-\mathrm{i}2\pi(f_x \cdot f_y)}\mathrm{d}x\mathrm{d}y \tag{7.9}$$

傅里叶逆变换式为

$$g(x,y) = F^{-1}\{G(f_x,f_y)\} = \iint G(f_x,f_y)\mathrm{e}^{\mathrm{i}2\pi(f_x \cdot f_y)}\mathrm{d}f_x\mathrm{d}f_y \tag{7.10}$$

7.1.3 相干照明与非相干照明的傅里叶分析

我们用 $g(x,y)$ 描述物分布,在相干照明下,$g(x,y)$ 是 XY 平面上的复振幅,$g(x,y)$ 是复函数,其模代表每一点的振幅。辐角代表每一点的初相,在非相干照明下,$g(x,y)$ 是 XY 平面上的强度分布。下面分别就这两种情况分析它的二维傅里叶变换式的意义。

1. 相干照明

对 $g(x,y)$ 作傅里叶变换

$$G(f_x,f_y) = \iint_{-\infty}^{\infty} g(x,y)\exp[-\mathrm{j}2\pi(f_x x + f_y y)\mathrm{d}x\mathrm{d}y] \tag{7.11}$$

作傅里叶逆变换,可将物 $g(x,y)$ 表示出来

$$g(x,y) = \iint_{-\infty}^{\infty} G(f_x,f_y)\exp[\mathrm{j}2\pi(f_x x + f_y y)]\mathrm{d}f_x\mathrm{d}f_y \tag{7.12}$$

此式可理解为:物函数 $g(x,y)$ 可以看作无数振幅($G(f_x,f_y)\mathrm{d}f_x\mathrm{d}f_y$)不同,方向不同($\cos\alpha=\lambda f_x, \cos\beta=\lambda f_y$)的平面波相干叠加的结果,或者说,$g(x,y)$ 可以分解成振幅不同方向不同的无数平面波。

2. 非相干照明

在非相干照明下,$g(x,y)$ 是实函数,并且是非负的实函数。对于实函数它的频谱函数 $G(f_x,f_y)$ 有着以下性质:

$$G(f_x,f_y) = G^*(-f_x,-f_y) \tag{7.13}$$

具有这样性质的函数称为"厄米函数"。

为了讨论非相干照明下二维傅里叶变换的意义,将 $G(f_x,f_y)$ 写成指数式

$$G(f_x,f_y) = |G(f_x,f_y)|\exp[\mathrm{j}\varphi(f_x,f_y)] \tag{7.14}$$

根据式(7.13)

$$|G(f_x,f_y)|\exp[\mathrm{j}\varphi(f_x,f_y)] = |G(-f_x,-f_y)|\exp[-\mathrm{j}\varphi(-f_x,-f_y)] \tag{7.15}$$

即实函数 $g(x,y)$ 的频谱函数 $G(f_x,f_y)$ 必定具有这样的性质:其模 $G(f_x,f_y)$ 为偶函数,辐角 $\varphi(f_x,f_y)$ 为奇函数,即

$$|G(f_x,f_y)| = |G(-f_x,-f_y)|$$
$$\varphi(f_x,f_y) = -\varphi(-f_x,-f_y) \tag{7.16}$$

可以根据这一性质来讨论实函数的二维傅里叶分析式具有什么特点。由逆傅里叶变换写出物函数

$$g(x,y) = \iint G(f_x,f_y)\exp[\mathrm{j}2\pi|f_x x + f_y y|]\mathrm{d}x\mathrm{d}y$$

$$= \iint_{-\infty}^{\infty} |G(f_x,f_y)| \exp[\mathrm{j}\varphi(f_x,f_y)]|\exp[\mathrm{j}2\pi(f_x x + f_y y)]\mathrm{d}f_x \mathrm{d}f_y$$

$$= \iint_{-\infty}^{\infty} |G(f_x,f_y)\cos[2\pi(f_x x + f_y y) + \varphi(f_x,f_y)]\mathrm{d}f_x \mathrm{d}f$$

$$+ \mathrm{j}\iint_{-\infty}^{\infty} |G(f_x,f_y)\sin[2\pi(f_x x + f_y y) + \varphi(f_x,f_y)]\mathrm{d}f_x \mathrm{d}f$$

$$= 2\iint_{0}^{\infty} |G(f_x,f_y)|\cos[2\pi(f_x x + f_y y) + \varphi(f_x,f_y)]\mathrm{d}f_x \mathrm{d}f_y \tag{7.17}$$

在非相干照明下,物函数的光强分布可以分解为无数不同取向不同空间频率和不同幅值的余弦形式的强度分布,或者说它可以分解成无数对幅值各自相同,方向对称的平面波。

7.2　衍射理论基础

7.2.1　光场的复振幅表示

从普遍意义上讲,光场分布应该用矢量场来描述。在有些情况下,把光场作为标量场来讨论是允许的。用标量函数 $u(x,y,z,t)$ 表示 P 点(坐标为 x, y, z)t 时刻的单色振动,则可写作

$$u(x,y,z,t) = u_0(x,y,z)\cos[2\pi\gamma t - \varphi(x,y,z)] \tag{7.18}$$

其中 $u(x,y,z,t)$ 是 P 点光振动的振幅,γ 是光波的频率—时间频率。$\varphi(x,y,z)$ 是点 P 的初相。γ 为确定常数的光叫做单色光。式(7.18)用指数形式表示出来,即

$$u(x,y,z,t) = \mathrm{Re}\{u_0(x,y,z)\mathrm{e}^{-\mathrm{j}2\pi\gamma}\,\mathrm{e}^{\mathrm{j}\varphi(x,y,z)}\} \tag{7.19}$$

注:这个公式进行计算时,必须记住真正的实际的波动是由它的实部表示的。在 N 束同频率单色光叠加时,合振动的复振幅为分振动的复振之和,$U = U_0 + U_1 + U_3 + \cdots + U_n$,已知复振幅 U,则光强分布可表示为 $I = UU^*$。

7.2.2　平面波的复振幅

平面波的特点是等相面是平面,在各向同性媒质中,等相面与传播方向垂直,在平面波光场中,各点振幅为常数,在确定的直角坐标中,若平面波传播方向的单位矢量 $\hat{k}$ 的方向余弦为 $\cos\alpha, \cos\beta, \cos\gamma$,则平面波可以表示为

$$u(x,y,z,t) = u_0\cos(\omega t - k \cdot r)$$
$$= u_0\cos[\omega t - (x\cos\alpha + y\cos\beta + z\cos\gamma)] \tag{7.20}$$

其中 $\omega = 2\pi\gamma$;K 是波矢量,$\boldsymbol{K} = \dfrac{2\pi}{\lambda}\hat{\boldsymbol{K}}$;$r$ 表示坐标为 (x,y,z) 点的矢径。显然,平面波的复振幅可表示为

$$U(r) = u_0\mathrm{e}^{\mathrm{j}k \cdot r} \tag{7.21}$$

7.2.3　球面波的复振幅

点光源发出的光波是球面波,球面波的等平面是一组同心球面,各点的振幅与该点到球心

的距离成反比。当直角坐标的原点与球面中心重合时,球面波可以写作

$$u(x,y,z,,r)=\frac{a_0}{r}\cos(ut-k\cdot r) \tag{7.22}$$

其中 r 是坐标为 (x,y,z) 点的矢径,$|r|=r=\sqrt{x^2+y^2+z^2}$,a_0 是 $r=1$ 处的振幅值,它正比于点光源的振幅。

对于发散球面波 K 与 R 方向一致,式(7.22)可写作

$$u(x,y,z)=\frac{a_0}{r}\cos(ut-kr) \tag{7.23}$$

对于会聚球面波,K 与 R 方向相反,式(7.22)可写作

$$u(x,y,z)=\frac{a_0}{r}\cos(ut+kr) \tag{7.24}$$

所以,球面波的复振幅为

$$U(x,y,z)=\begin{cases}\dfrac{a_0}{r}\mathrm{e}^{ikr} & \text{(发散球面波)}\\[2mm]\dfrac{a_0}{r}\mathrm{e}^{-ikr} & \text{(会聚球面波)}\end{cases} \tag{7.25}$$

当点光源的位置不在原点,而在 (x_0,y_0,z_0) 点时,球面波的复振幅仍可用上式表示,只是其中 $r=\sqrt{(x-x_0)+(y-y_0)+(z-z_0)}$,表示由球面波中心到观察点的距离。

7.2.4　衍射公式在频率域中的表述

在本节以前,所有的衍射规律都是在空域中描述的,这种描述比较直观。若衍射屏是挖有开孔 Σ 的不透明屏(见图7.3),我们来推导下衍射规律的频率域表达式。

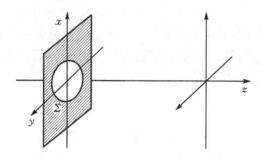

图 7.3　单色光照明开孔的衍射屏

某单色光照明衍射屏,屏后面的复振幅用 $U_0(x,y,0)$ 表示,观察屏与衍射屏的距离为 z,观察屏上的复振幅为 $U(x,y,z)$ 在空域中 $U(x,y,z)$ 与 $U_0(x,y,0)$ 的关系可利用惠更斯菲涅耳原理表示为

$$U(x,y,z)=\frac{1}{\mathrm{j}\lambda}\int_{-\infty}^{+\infty}\!\!\int U_0(x,y,z)\frac{\mathrm{e}^{\mathrm{j}kr}}{r}K(\theta)\mathrm{d}x\mathrm{d}y \tag{7.26}$$

在频率域中,$U_0(x,y,0)$ 可以用它的频谱函数 $G_0(f_x,f_y)$ 表示。为了要求出 $U(x,y,z)$,只需求出对应的频谱函数 $G_z(f_x,f_y)$。根据二维傅里叶变换关系式,$G_0(f_x,f_y)$ 表示为

$$G_0(f_x, f_y) = \iint\limits_{-\infty}^{+\infty} U_0(x, y, 0) \exp[-\mathrm{j}2\pi(f_x x + f_y y)]\mathrm{d}x\mathrm{d}y \tag{7.27}$$

而

$$G_z(f_x, f_y) = \iint\limits_{-\infty}^{+\infty} U(x, y, z) \exp[-\mathrm{j}2\pi(f_x x + f_y y)]\mathrm{d}x\mathrm{d}y \tag{7.28}$$

根据傅里叶逆变换关系,$U(x, y, z)$ 可表示为

$$U(x, y, z) = \iint\limits_{-\infty}^{+\infty} G_z(f_x, f_y) \exp[\mathrm{j}2\pi(f_x x + f_y y)]\mathrm{d}x\mathrm{d}y \tag{7.29}$$

而在所有无源的点上,U 必须满足亥姆霍兹方程 $(\nabla^2 + k^2)U = 0$。将式(7.29)代入亥姆霍兹方程,则有

$$(\nabla^2 + k^2)[G_z(f_x, f_y) \exp[\mathrm{j}2\pi(f_x x + f_y y)]] = 0 \tag{7.30}$$

由于 $G_z(f_x, f_y)$ 对空域坐标仅是 z 的函数,所以有

$$\frac{\partial}{\partial x} G_z(f_x, f_y) = \frac{\partial}{\partial y} G_z(f_x, f_y) = 0$$

$$\frac{\partial}{\partial z} G_z(f_x, f_y) = \frac{\mathrm{d}}{\mathrm{d}z} G_z(f_x, f_y) \tag{7.31}$$

对于指数函数 $\exp[\mathrm{j}2\pi(f_x, f_y)]$ 有

$$\frac{\partial}{\partial x} \exp[\mathrm{j}2\pi(f_x x + f_y y)] = (\mathrm{j}2\pi f_x) \exp[\mathrm{j}2\pi(f_x x + f_y y)]$$

$$\frac{\partial}{\partial y} \exp[\mathrm{j}2\pi(f_x x + f_y y)] = (\mathrm{j}2\pi f_y) \exp[\mathrm{j}2\pi(f_x x + f_y y)]$$

$$\frac{\partial}{\partial z} \exp[\mathrm{j}2\pi(f_x x + f_y y)] = 0 \tag{7.32}$$

将以上结果代入式(7.30)中得

$$\frac{\mathrm{d}^2}{\mathrm{d}z^2} G_z(f_x, f_y) + \left(\frac{2\pi}{\lambda}\right)[1 - (\lambda f_x)^2 - (\lambda f_y)^2] G_z(f_x, f_y) \tag{7.33}$$

此方程的一个特解是 $z = 0$ 时的频谱函数 $G_0(f_x, f_y)$,于是方程的解 $G_z(f_x, f_y)$ 可写作

$$G_z(f_x, f_y) = G_0(f_x, f_y) \exp\left[\mathrm{j}\frac{2\pi}{\lambda}z \sqrt{1 - (\lambda f_x)^2 - (\lambda f_y)^2}\right] \tag{7.34}$$

式(7.34)就是频谱函数 $G_0(f_x, f_y)$ 和 $G_z(f_x, f_y)$ 的关系式。

下面对上式的物理意义进行讨论。对 $U_0(x, y, 0)$ 进行傅里叶分解,分解成各种空间频率 (f_x, f_y) 的指数基元,每种基元的权重密度为 $G_0(f_x, f_y)$。频率为 (f_x, f_y) 的指数基元,可以相当于方向余弦 $\cos(\alpha) = \lambda f_x$,$\cos(\beta) = \lambda f_y$ 的平面波,但是方向余弦必须满足 $(\lambda f_x)^2 + (\lambda f_y)^2 < 1$ 的指数基元,才能真正对应于空间某一确定方向传播的平面波,对于 $U_0(x, y, 0)$ 中满足 $(\lambda f_x)^2 + (\lambda f_y)^2 < 1$ 的指数基元,经过距离 z 的传播以后,在观察面上仍是该频率的指数基元,权重密度也不变,只是位相改变了 $\frac{2\pi}{\lambda}z \sqrt{1 - (\lambda f_x)^2 - (\lambda f_y)^2}$,这一结论从式(7.34)中可以看得很清楚。平面波在空间传播即不会改变方向,也不会改变振幅,只是改变了不同平面上复振幅的相对位相。下面再分别讨论 $(\lambda f_x)^2 + (\lambda f_y)^2 > 1$,$(\lambda f_x)^2 + (\lambda f_y)^2 = 1$ 的两种情况。

(1) $(\lambda f_x)^2 + (\lambda f_y)^2 > 1$ 的情况,式(7.34)中平方根是虚数,式(7.34)可写作

$$G_z(f_x,f_y) = G_0(f_x,f_y)\exp[-\mu z] \tag{7.35}$$

其中

$$\mu = \frac{2\pi}{\lambda}\sqrt{(\lambda f_x)^2+(\lambda f_y)^2-1}$$

由于 μ 是正实数,所以对于一切满足 $(\lambda fx)^2+(\lambda fy)^2>1$ 的 (f_x,f_y),所对应的波动分量,将随 z 的增大按指数 $\exp(-\mu z)$ 急剧衰减,在几个波长的距离内衰减为 0,对应于这些 (f_x,f_y) 的波分量称为倏逝波。

(2)对于 $(\lambda f_x)^2+(\lambda f_y)^2=1$ 的情况,该频率的指数基元相当于传播方向垂直于 z 轴的平面波,它们在 z 方向净能量流为零。

从 $U_0(x,y,0)$ 经过一段距离为 z 的自由传播得到 $U(x,y,z)$,式(7.26)表示了由 U_0 $(x,y,0)$ 到 $U(x,y,z)$ 的变换关系。如果把传播过程的作用也看作一个系统的作用,那么式(7.26)就是表征这个系统的频率域变换关系。

7.2.5 菲涅耳衍射和夫琅禾费衍射的划分

首先从具体例子出发,对菲涅耳衍射和夫琅禾费衍射的划分有一个感性认识,若在无限大的不透明屏上有一个小圆孔,用单色平行光垂直照明,当观察屏在衍射屏后不同位置时,屏上观察到与圆孔形状一样的圆形亮斑,此时忽略衍射,把光线看作是直线传播的,观察屏上的图形是圆孔的直接投影,当观察屏与衍射屏相距一定距离以后,屏上强度分布与圆孔直接投影相偏离,观察到光的衍射现象,我们称屏上的强度分布为衍射花样。开始时,衍射花样随着观察屏与衍射屏距离不同而变化,例如中心点随距离不同出现明暗交替,但是当观察屏与衍射屏的距离足够大以后,衍射花样的变化逐渐消失,看到的是不变的衍射花样(爱里图样),只是其大小随距离增大按比例扩大,综上所述,在观察屏上观察的光强分布基本上分为三个阶段,即可以忽略衍射的几何投影区,衍射花样随距离变化的近场衍射区,衍射花样只随距离按比例放大的远场衍射,下面我们根据瑞利-索末菲衍射公式来讨论这里的近和远的范围是怎样划分的。

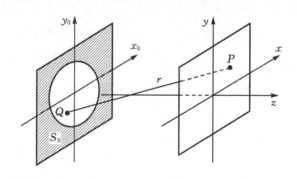

图 7.4 衍射屏与接收屏的坐标选取

在无穷大的不透明屏上有一孔 S_0,其上任一点 Q 坐标为 (x_1,y_1)(见图 7.4),在距衍射屏 z 处放置一与之平行的接收屏,其上任一点 P 的坐标为若观察面上坐标是 (x,y),P 点的复振幅用瑞利-索末菲衍射公式可以写作

$$U(x,y) = \int\!\!\!\int_{-\infty}^{\infty} U_0(x_1, y_1) h(x, y; x_1, y_1) \mathrm{d}x_1 \mathrm{d}y_1 \tag{7.36}$$

其中，$U_0(x_1, y_1)$ 是衍射屏的复振幅。

$$h(x, y; x_1 y_1) = \frac{1}{\mathrm{j}\lambda} \frac{\mathrm{e}^{\mathrm{j}kr}}{r} \cos(n, r) \tag{7.37}$$

它表示 (x_1, y_1) 点的单位脉冲在观察面上引起的复振幅分布，叫做脉冲响应。其中 $r = \sqrt{z^2 + (x - x_1)^2 + (y - y_1)^2}$。$(n, r)$ 是点 (x, y) 连接点 (x_1, y_1) 的矢径与点 (x_1, y_1) 所在面元 $\mathrm{d}S$ 处的外法线的夹角。

经过一系列的近似和简化计算可得 r 的展开式为

$$r = z\left[1 + \frac{1}{2}\frac{(x - x_1)^2 + (y - y_1)^2}{z^2} - \frac{[(x - x_1)^2 + (y - y_1)^2]}{8z^4} + \cdots\right] \tag{7.38}$$

当衍射孔径和观察范围确定以后，只要 z 轴取得足够大，对于位相因子而言，式(7.38)展开式只取前两项而舍去全部高次项是允许的，也就是 r 取这样近似值的结果不会引起明显的位相差，这种近似称为菲涅耳近似。菲涅耳近似条件下的 r 和 h 可以写作

$$r \approx z + \frac{(x - x_1)^2 + (y - y_1)^2}{2z}$$

$$h(x, y, x_1, y_1) = h(x - x_1, y - y_1)$$

$$= \frac{\exp(\mathrm{j}kz)}{\mathrm{j}\lambda z}\exp\left[\mathrm{j}k\frac{(x - x_1)^2 + (y - y_1)^2}{2z}\right] \tag{7.39}$$

将以上 $h(x - x_1, y - y_1)$ 代入式(7.36)，得到衍射叠加积分为

$$U(x, y) = \frac{\exp(\mathrm{j}kz)}{\mathrm{j}\lambda z}\int\!\!\!\int_{-\infty}^{\infty} U_0(x_1, y_1) \times \exp\left[\mathrm{j}k\frac{(x - x_1)^2 + (y - y_1)^2}{2z}\right]\mathrm{d}x_1 \mathrm{d}y_1 \tag{7.40}$$

所以，可以用式(7.40)来计算衍射场分布的衍射称为菲涅耳衍射。从近似条件来看，应该是 r 的展开式中被略去的高次项不引起明显的位相误差，在这些高次项中起决定作用的是展开式(7.38)右端第三项，若由它引起的位相变化记作 $\Delta\varphi$，则

$$\Delta\varphi = \frac{2\pi}{\lambda}\frac{[(x - x_1)^2 + (y - y_1)^2]^2}{8z^3} \tag{7.41}$$

其中 (x, y) 允许取观察范围内的任何值，(x_1, y_1) 可以取孔径内的任何值，要使菲涅耳近似式成立，必须使 $[(x - x_1)^2 (y - y_1)^2]$ 取最大值时，$\Delta\varphi$ 仍远小于 2π，也就是

$$\frac{2\pi}{\lambda}\frac{[(x - x_1)^2 + (y - y_1)^2]^2{}_{\max}}{8z^3} \ll 2\pi$$

即要求

$$z^3 \gg \frac{1}{8\lambda}[(x - x_1)^2 + (y - y_1)^2]^2{}_{\max} \tag{7.42}$$

当 z 轴满足式(7.42)时，式(7.40)肯定成立，所以式(7.42)是菲涅耳衍射的充分条件。一般问题中，菲涅耳衍射是很容易实现的。但如果 z 值进一步增大，使得展开(7.40)积分号中位相因子部分与 (x, y) 无关部分对位相的影响也可以忽略，即满足近似等式

$$\exp\left[\mathrm{j}k\frac{(x - x_1)^2 + (y - y_1)^2}{2z}\right] = \exp\left[\mathrm{j}k\frac{x^2 + y^2 - 2xx_1 - 2yy_1}{2z}\right] \tag{7.43}$$

也就是对于 $(x_1^2 + y_1^2)$ 一切可能值中的最大值有

$$\frac{2\pi}{\lambda} \frac{(x_1^2 + y_1^2)\max}{2z} \ll 2\pi$$

$$z \gg \frac{1}{2\pi}(x_1^2 + y_1^2)_{\max} \tag{7.44}$$

式(7.43)叫做夫琅禾费近似。满足式(7.44)的 z 值范围的衍射叫做夫琅禾费衍射。显然夫琅禾费衍射是在菲涅耳衍射的基础上进一步近似所得的结果,其衍射公式为

$$U(x,y) = \frac{\exp(jkz)\exp\left(jk\frac{x^2+y^2}{2z}\right)}{j\lambda z} \times \iint\limits_{-\infty}^{\infty} U_0(x_1,y_1)\exp\left[-j\frac{2\pi}{\lambda z}(xx_1 + yy_1)\right]dx_1 dy_1$$

$$\tag{7.45}$$

注意:用式(7.42)和式(7.45)来确定菲涅耳近似和夫琅禾费近似的 z 值范围,在其他条件相同的情况下,当问题要求的精度不同时,确定的 z 值是不同的。

总之:在夫琅禾费近似满足的范围内,菲涅耳近似必定满足。所以凡能用来计算菲涅耳衍射的公式都能用来计算夫琅禾费衍射,但反过来就不行了,也就是说菲涅耳衍射范围是包含夫琅禾费衍射范围的。通常给出的是菲涅耳衍射要求的是 z 的最小值。至于把近场衍射叫做菲涅耳衍射,远场衍射叫夫琅禾费衍射,这种说法是不够确切的。

在夫琅禾费衍射积分公式中,令接收屏上空域坐标和频域坐标之间有下列关系

$$f_x = \frac{x}{\lambda z}, \quad f_y = \frac{y}{\lambda z}$$

将得到的结果与式(7.9)比较可见,除了积分号前的因子外,两式完全相似,由此可知,夫琅禾费衍射场的复振幅分布等于屏函数的傅里叶变换与一个二次相位因子的乘积。如果在衍射屏后直接接收夫琅禾费衍射场的强度分布,二次相位因子不起作用,因此夫琅禾费衍射装置实际上是一个空间频谱分析仪。

7.2.6　矩孔与圆孔的夫琅禾费衍射

在无穷远处观察的衍射是准确的夫琅禾费衍射,用一正透镜,在其后焦面上观察到的衍射便是这种情况。夫琅禾费衍射公式利用傅里叶变换可写作

$$U(x,y) = \frac{\exp(jkz)}{j\lambda z}\exp\left(jk\frac{x^2+y^2}{2z}\right)F[U_0(x_1,y_1)] \tag{7.46}$$

上述公式还表明:满足夫琅禾费衍射的观察屏,可以看作 $U_0(x_1,y_1)$ 分布对应的频谱面。接收屏上每一点的振幅 $|U(x,y)|$ 都与 $U_0(x_1,y_1)$ 的频谱的模 $|G_0(f_x,f_y)|$ 有着一一对应的关系,下面利用式(7.46)计算几种典型的夫琅禾费衍射。

1. 矩孔夫琅禾费衍射

设矩孔的边长分别为 L_x 和 L_y,在单位振幅的平行光垂直照明下,衍射屏后表面的复振幅函数 $U_0(x_1,y_1)$ 与屏的透过率函数 $t(x,y)$ 相同,有

$$U_0(x_1,y_1) = t(x_1,y_1) = \text{rect}\left(\frac{x_1}{L_x}\right)\text{rect}\left(\frac{y_1}{L_y}\right)$$

将上式代入式(7.46),得

$$U(x,y) = \frac{\exp(jkz)}{j\lambda z}\exp\left(jk\frac{x^2+y^2}{2z}\right) \times \left[\text{rect}\left(\frac{x_1}{L_x}\right)\text{rect}\left(\frac{y_1}{L_y}\right)\right] \tag{7.47}$$

应用傅里叶变换公式,有

$$F\left[\operatorname{rect}\left(\frac{x_1}{L_x}\right)\operatorname{rect}\left(\frac{y_1}{L_y}\right)\right] = L_x L_y \operatorname{sinc}(L_x f_x)\operatorname{sinc}(L_y f_y) \tag{7.48}$$

将 $f_x = \dfrac{x}{\lambda z}, f_y = \dfrac{y}{\lambda z}$ 代入,得到 xy 平面上的复振幅

$$U(x,y) = \frac{\exp(\mathrm{j}kz)}{\mathrm{j}\lambda z}\exp\left(\mathrm{j}k\frac{x^2+y^2}{2z}\right) \times L_x L_y \operatorname{sinc}\left(L_x\frac{x}{\lambda z}\right)\operatorname{sinc}\left(L_y\frac{y}{\lambda z}\right) \tag{7.49}$$

由 $U(x,y)$ 得到衍射花样的强度分布

$$I(x,y) = U(x,y)U^*(x,y) = \frac{L_x^2 L_y^2}{\lambda^2 z^2}\operatorname{sinc}^2\left(L_x\frac{x}{\lambda z}\right)\operatorname{sinc}^2\left(L_y\frac{y}{\lambda z}\right) \tag{7.50}$$

从式(7.50)可以看到,强度在 $x=0, y=0$ 点取最大值,其值 $I(0,0) = \dfrac{L_x^2 L_y^2}{\lambda^2 z^2}$,它与距离平方成反比,与孔面积的平方成正比。在 x 轴上第一次的零值位置是由 $\dfrac{xL_x}{\lambda z} = \pm 1$ 确定,对应的 $x = \pm\dfrac{\lambda z}{L_x}$。所以中央最大值在 x 轴上的宽度为 $\dfrac{2\lambda z}{L_x}$,同理在 y 轴上的宽度为 $\dfrac{2\lambda z}{L_y}$,衍射花样在 xy 平面上周期性地出现零值,在 x 方向上的空间周期为 $\dfrac{\lambda z}{L_x}$,y 方向上的空间周期为 $\dfrac{\lambda z}{L_y}$。

2. 圆孔夫琅禾费衍射

对于圆孔衍射,用极坐标比用直角坐标方便,设衍射屏上的极坐标为 r_1, θ_1,观察屏上的极坐标为 r, θ,在单位振幅的平面波垂直照明下则衍射屏后表面的复振幅 $U_0(r_1)$ 与衍射屏的透过率函数 $t(r_1)$ 相等。若圆孔直径为 l,则有

$$U_0(r_1) = t(r_1) = \operatorname{circ}\left(\frac{2r_1}{l}\right) \tag{7.51}$$

对于圆对称函数,利用式(7.46)的傅里叶变换可改写成傅里叶-贝塞尔变换:

$$U(r) = \frac{\exp(\mathrm{j}kz)}{\mathrm{j}\lambda z}\exp\left(\mathrm{j}k\frac{r^2}{2z}\right)F[U_0(r)]\Big|_{\rho=\frac{r}{\lambda z}} \tag{7.52}$$

于是观察屏上的复振幅可得

$$F\left[\operatorname{circ}\left(\frac{2r_1}{l}\right)\right] = \left(\frac{l}{2}\right)^2\frac{J_1(\pi l\rho)}{\frac{1}{2}\rho}$$

将 $\rho = \dfrac{r}{\lambda z}$ 代入,得

$$U(r) = \frac{\exp(\mathrm{j}kz)}{\mathrm{j}\lambda z}\exp\left(\mathrm{j}k\frac{r^2}{2z}\right)\left(\frac{l}{2}\right)^2\frac{J_1\left(\dfrac{\pi lr}{\lambda z}\right)}{\left(\dfrac{lr}{2\lambda z}\right)}$$

$$= \exp(\mathrm{j}kz)\exp\left(\mathrm{j}k\frac{r^2}{2z}\right)\frac{kl^2}{\mathrm{j}8z}\left[2\frac{J_1\left(\dfrac{klr}{2z}\right)}{\left(\dfrac{klr}{2z}\right)}\right] \tag{7.53}$$

强度分布为

$$I(r) = \left(\frac{kl^2}{8z}\right)^2 \left| 2\frac{J_1\left(\frac{klr}{2z}\right)}{\left(\frac{klr}{2z}\right)}\right|^2 \tag{7.54}$$

这个强度分布一般以首先导出它的爱里(G. B. Airy)命名,称为爱里图样,中央亮斑为爱里斑。在整个 xy 平面上,爱里图样分布是呈圆对称。

7.3　透镜的傅里叶变换特性

要实现某一函数 $t(x,y)$ 的傅里叶变换,可以写成以 $t(x,y)$ 为复振幅透过率的衍射屏,在单色平行光垂直照射的情况下,其夫琅禾费衍射分布便是 $t(x,y)$ 的傅里叶变换,或是以会聚球面波照明,在通过心的观察屏上观察屏上的复振幅分布也是 $t(x,y)$ 的傅里叶变换。当然这两种情况下,衍射场分布和 $t(x,y)$ 的傅里叶变换都差一个位相因子。在这一节中,我们要分析透镜在什么条件下能实现傅里叶变换,透镜是光学系统的最基本元件,正由于透镜在一定条件的能实现傅里叶变换,才使得傅里叶分析方法在光学中取得卓有成效的应用。透镜的傅里叶变换特性是光学信息处理的基础。首先讨论透镜对入射光波位相改变的规律,然后讨论透镜的傅里叶变换性质,在讨论中开始一直认为透镜的孔径是无限大的,只是在最后才讨论透镜的孔径的影响。

7.3.1　光波通过薄透镜后的位相变化

设一束单色平行光沿光轴方向入射到薄透镜上,由几何光学可知,它经透镜后将会聚于像方焦点。然而从波动光学的观点来看,在此情形中透镜将入射平面波变换成了出射的球面波,即是说透镜具有改变波面形状的作用。我们已知波面形状决定于光场中相位值相同点的轨迹,因此改变波面形状就会改变光场的复振幅分布。

为了定量描述透镜对光场复振幅分布改变的影响,我们设透镜的材料是折射率为 n 的完全透明介质,它的两个球面的曲率半径分别为 R_1 和 R_2,按照常用的符号法则,R_1 和 R_2 都是由球面顶点量到球心。下面仅讨论薄透镜对光波的作用,对于厚透镜和透镜组的讨论完全与此类似。所谓薄透镜,从直观考虑就是透镜的厚度与 R_1 和 R_2 相比足够小,这里所谓"足够小"实际上应该考虑到与入射波长的相对关系。所以,如果用透镜对光线的作用来考察,薄透镜的定义可以表示为:若入射到薄透镜上任一光线,其入射点的高度(或 x,y 坐标)与出射点高度相同则该透镜为薄透镜。这就是说,任一光线在薄透镜中通过的路程与该光线入射到透镜的入射点的透镜厚度相同。当然这是一个近似结果。由于透镜的折射作用,光线在透镜中所走的路程与入射点透镜的厚度一般来说是不同的。对于薄透镜,要求能达到用厚度来代替实际路程计算光程,不引起明显的位相误差。这样就把透镜的折射率和入射光波的波长考虑进去了。但是由于光学中多数讨论可见光,波长范围基本上是确定的。折射率也变化不很大,所以笼统地把薄透镜定义为透镜厚度比 R_1 和 R_2 足够小也是可以的。

一般说来,光波通过透镜后复振幅改变了,若用 $U_L(x,y)$ 表示透镜前(入射到透镜上的)光振动的复振幅,$U'_L(x,y)$ 表示通过透镜后的光振动的复振幅见(图 7.5),对于薄透镜,如果忽略它对光振动的吸收,则 $U_L(x,y)$ 与 $U'_L(x,y)$ 之间只相差一个位相因子,所以可以写作

$$U'_L(x,y) = \exp[j\varphi(x,y)]U_L(x,y) \tag{7.55}$$

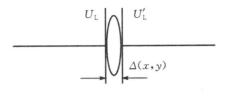

图 7.5　薄透镜

下面求出对于薄透镜的 $\varphi(x,y)$ 的具体形式。若任意点 (x,y) 透镜的厚度为 $\Delta(x,y)$，透镜中心的厚度用 Δ_0 表示，对于凸透镜的最大厚度，光线由 (x,y) 点通过透镜时，在透镜中的距离是 $\Delta(x,y)$，在空气中的距离是 $[\Delta_0-\Delta(x,y)]$，于是，对于折射率为 n 的透镜，(x,y) 点的总位相延迟

$$\begin{aligned}\varphi(x,y)&=k[\Delta_0-\Delta(x,y)]+kn(\Delta(x,y))\\&=k\Delta_0+k(n-1)\Delta(x,y)\end{aligned}\tag{7.56}$$

所以厚度函数为 $\Delta(x,y)$，最大厚度为 Δ_0 的透镜对光波的作用可以等效地用位相延迟因子 $t(x,y)$ 来表示

$$t(x,y)=\exp(\mathrm{j}k\Delta_0)\exp[\mathrm{j}k(n-1)\Delta(x,y)]\tag{7.57}$$

为了确定位相延迟的具体形式，所需要的只是用透镜的有关参数确定 $\Delta(x,y)$ 的具体形式。考察图 7.6 表示的双凸透镜，显然 $\Delta(x,y)=\Delta_1(x,y)+\Delta_2(x,y)$，$\Delta_0=\Delta_{01}+\Delta_{02}$，我们可求出 $\Delta_1(x,y)$ 和 $\Delta_2(x,y)$。有

$$\begin{aligned}\Delta_1(x,y)&=\Delta_{01}-R_1+\sqrt{R_1^2-(x_1^2+y_1^2)}\\&=\Delta_{01}-R_1\left(1-\sqrt{1-\frac{x^2+y^2}{R_1^2}}\right)\end{aligned}\tag{7.58}$$

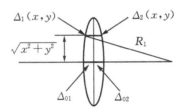

图 7.6　透镜位相变换函数的导出

用 $|R_2|$ 表示曲率半径这一段距离，下面等式仍然成立：

$$\begin{aligned}\Delta_2(x,y)&=\Delta_{02}-|R_2|+\sqrt{R_2^2-(x^2+y^2)}\\&=\Delta_{02}-|R_2|\left(1-\sqrt{1-\frac{x^2+y^2}{R_2^2}}\right)\end{aligned}\tag{7.59}$$

因为 $|R_2|=-R_2$，所以

$$\Delta_2(x,y)=\Delta_{02}+R_2\left(1-\sqrt{1-\frac{x^2+y^2}{R_2^2}}\right)\tag{7.60}$$

根据其近轴条件以及进行牛顿二项式展开，可得

$$\Delta(x,y)=\Delta_1(x,y)+\Delta_2(x,y)=\Delta_0-\frac{x^2+y^2}{2}\left(\frac{1}{R_1}-\frac{1}{R_2}\right)\tag{7.61}$$

此即近轴条件下的透镜的厚度函数。它虽然是对双凸透镜推得的,但可以证明对于由两个球面构成的透镜,不论是双凹透镜,凸凹还是其他情况都适用。

将式(7.61)代入 $t(x,y)$,得到薄透镜的复振幅透过率为

$$t(x,y) = \exp(jk\Delta_0)\exp\left[-\frac{jk}{2}(n-1)\times\left(\frac{1}{R_1}-\frac{1}{R_2}\right)(x^2+y^2)\right] \tag{7.62}$$

由 R_1,R_2,n 决定的量 $(n-1)\times\left(\dfrac{1}{R_1}-\dfrac{1}{R_2}\right)$ 表示为透镜的折光本领,与几何光学中规定的一样,用焦距 f 的倒数表示,即

$$\frac{1}{f} = (n-1)\left(\frac{1}{R_1}-\frac{1}{R_2}\right) \tag{7.63}$$

于是薄透镜的位相变换作用可以用 f 表示为

$$t(x,y) = \exp(jkn\Delta_0)\exp\left[-j\frac{k}{2f}(x^2+y^2)\right] \tag{7.64}$$

这个结果表明,光振动 $U_L(x,y)$ 通过薄透镜后,各点都发生位相延迟,其关系为式(7.64)。对于会聚透镜,中心点位相延迟最多,其值为 $kn\Delta_0$;远离中心,透镜厚度逐渐变薄,位相延迟逐渐减小,与中心相比,减小了 $\dfrac{k}{2f}(x^2+y^2)$。对于发散透镜,透镜中心最薄,位相延迟最小,若其值为 $kn\Delta_0$,随着逐渐远离中心,透镜厚度增加,位相延迟增大,增大的量是 $-\dfrac{k}{2f}$ (x^2+y^2)(此时 $f>0$)。由于 $kn\Delta_0$ 不随 (x,y) 变化,是常位相因子,在考察透镜对入射光场位相分布变化中,它往往是可以忽略的,所以在应用中,透镜的位相变换因子常常写作

$$t(x,y) = \exp\left[-j\frac{k}{2f}(x^2+y^2)\right] \tag{7.65}$$

如果考虑透镜孔径的有限大小,用 $P(x,y)$ 表示其孔径函数,则透镜的位相变化因子应写作

$$t(x,y) = P(x,y)\exp\left[-j\frac{k}{2f}(x^2+y^2)\right] \tag{7.66}$$

透镜对光振动所起的位相变换作用,是由透镜本身性质决定的,与入射光振动复振幅 $U_L(x,y)$ 的具体形式无关,$U_L(x,y)$ 可以是平面波的复振幅,也可以是球面波的复振幅,也可以通过某一透明平面物后的具有一定分布函数的复振幅。只要满足近轴条件,薄透镜将均以式(7.65)或式(7.66)的形式使 $U_L(x,y)$ 各点引起的位相变换。为了比较直观起见,我们沿光轴方向传播的平面波入射到透镜上,就会聚透镜和发散透镜两种情况分析透镜的位相变换作用。

(1)平面波沿光轴传播到透镜,透镜前的 x,y 平面与波阵面重合,所以 $U_L(x,y)$ 与平面波振幅 A 相等,经过透镜以后

$$U'_L(x,y) = A\exp\left[-j\frac{k}{2f}(x^2+y^2)\right] \tag{7.67}$$

与球面波复振幅相比较,当 $f>0$ 时,$U_L'(x,y)$ 显然是一会聚球面波,会聚中心在光轴上,与透镜相距 f。

(2)对于发散透镜的情况,由于 $f<0$,所以沿光轴传播的平面波经过透镜以后的复振幅可写作

$$U'_L(x,y) = A\exp\left[j\frac{k}{2|f|}(x^2+y^2)\right] \tag{7.68}$$

这是一个发散球面波,其中心在光轴上,在透镜左方,与透镜的距离为 $|f|$。以上结论与几何光学的结论是完全相同的。

通过上面讨论可以看到,在忽略吸收的情况下,薄透镜在近轴条件下对光振动的作用仅是一个位相变换作用。还须指出,如果某一器件或透明片,对光振动的复振幅透过率可用式(7.65)表示,则它的作用就相当于焦距为 f 的透镜,通过全息照的方法可以获得含有式(7.65)形式透过率的透明片,这就是制作全息透镜的基本原理。

7.3.2　透镜的傅里叶变换特性

傅里叶分析方法在光学中得到卓有成效的应用,很重要的原因是透镜能实现的傅里叶变换。若透明物片的复振幅透过率是 $t(x,y)$,怎样通过透镜的作用得到它的频谱函数呢? 下面分透明片(物)在透镜前和透镜后两种情况分析。

1. 物在透镜前

光路如图 7.7 所示,点光源 S 在 P_0 平面上,位于坐标为原点(光轴上),物在 P_1 平面上,设它的复振幅透过率为 $t(x_1,y_1)$,P_i 平面与透镜的距离为某一确定值 d_i。P_0、P_1 平面与透镜距离分别为 d_0 和 d_1。设 $d_0 > f$,通过下面的讨论将确定在给定条件下 d_i 满足什么关系时,在观察面上能得到 $t(x_1,y_1)$ 的频谱。

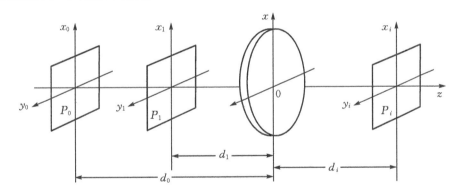

图 7.7　物放在透镜前的傅里叶变换

由 S 点发出的单色球面波照射到 P_1 面,在近轴条件上振幅为

$$U_1(x_1,y_1) = \frac{a_0}{d_0-d_1}\exp\left[jk\,\frac{x^2+y^2}{2(d_0-d_1)}\right] \tag{7.69}$$

其中 d_0 和 d_1 均为代数量。经过透明物片的复振幅为

$$U'_1(x_1,y_1) = t(x_1,y_1)U_1(x_1,y_1) \tag{7.70}$$

由 $U'_1(x_1,y_1)$ 到透镜前的 xy 面可以看作菲涅耳衍射,因此透镜前的复振幅 $U_L(x_1,y_1)$ 可按菲涅耳衍射公式写出

$$U_L(x,y) = \frac{1}{\lambda d_1}\iint\limits_{-\infty}^{\infty} U'_1(x_1,y_1) \times \exp\left\{j\,\frac{\left[(x-x_1)^2+(y-y_1)^2\right]}{2d_1}\right\}\mathrm{d}x_1\,\mathrm{d}y_1 \tag{7.71}$$

上式忽略了常位相因子。当忽略透镜孔径的衍射作用时,透镜的作用是位相变换器,所以透镜后的复振幅为

$$U'_{L}(x,y) = U_{L}(x,y)\exp\left(-jk\frac{x^{2}+y^{2}}{2f}\right) \tag{7.72}$$

由 $U'_{L}(x_{1},y_{1})$ 到观察面 P_{i} 上的复振幅 $U(x_{i},y_{i})$，又可以看作菲涅耳衍射，于是(同样忽略常位相因子)

$$U(x_{i},y_{i}) = \frac{1}{\lambda d_{i}}\iint_{-\infty}^{\infty}U'_{L}(x,y)\times\exp\left\{jk\frac{\left[(x_{i}-x)^{2}+(y_{i}-y)^{2}\right]}{2d_{i}}\right\}\mathrm{d}x\mathrm{d}y \tag{7.73}$$

把前面各式代入上式，且用 C 表示积分号前的常量，将指数式中平方项展开，并进行合并，可得

$$U(x_{i},y_{i}) = C\iint_{-\infty}^{\infty}\left[\iint_{-\infty}^{\infty}t(x_{1},y_{1})\exp\left(jk\frac{\eta}{2}\right)\mathrm{d}x_{1}\mathrm{d}y_{1}\right]\mathrm{d}x\mathrm{d}y \tag{7.74}$$

其中

$$\eta = \left(\frac{1}{d_{1}-d_{0}}-\frac{1}{d}\right)(x_{1}^{2}+y_{2}^{2})+\frac{1}{d_{i}}(x_{i}^{2}+y_{i}^{2})+\left(\frac{1}{d_{i}}-\frac{1}{d_{1}}-\frac{1}{f}\right)(x^{2}+y^{2})$$

$$-2\left(\frac{x_{i}}{d_{i}}-\frac{x_{1}}{d_{1}}\right)x-2\left(\frac{y_{i}}{d_{i}}-\frac{y_{1}}{d_{1}}\right)y \tag{7.75}$$

d_{i} 满足 $\frac{1}{d_{i}}+\frac{1}{d_{1}}-\frac{1}{f}=0$。$P_{i}$ 面是物平面 P_{1} 的共轭面，在这个面上得到的是 $U'_{1}(x_{1},y_{1})$ 的像，不是 $t(x_{1},y_{1})$ 的频谱，可以证明，光振动分布 $U(x_{i},y_{i})$ 是 $t(x_{1},y_{1})$ 的频谱和一个位相因子的乘积。

2. 物在透镜后

光路如图 7.8 所示，S 是光轴上的点光源，它与透镜中心的距离是 d_{0}，$(d_{0}>f)$。物平面 P_{1} 上坐标仍用 (x_{1},y_{1}) 表示，P_{1} 与透镜中心距离为 d_{1}，观察面 P_{i} 上的坐标仍用 (x_{i},y_{i})。它们的原点都在光轴上。P_{i} 与透镜中心的距离是 d_{i}。

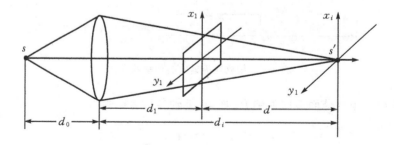

图 7.8　物在透镜后的傅里叶变换

忽略透镜孔后的衍射作用，S 发出的光波通过透镜后是一会聚球面波，其会聚中心为 S 的像点 S'。将欲进行傅里叶变换的函数 $t(x_{1},y_{1})$ 制成相应的透明片，放在 P_{1} 面上，被会聚球面波照明。若观察面通过该会聚球面波的中心，根据对会聚光照明下的菲涅耳的衍射的讨论可知，观察面上得到的将是 $t(x_{1},y_{1})$ 的傅里叶变换，可以写作

$$U(x_{i},y_{i}) = C\exp\left(jk\frac{x_{i}^{2}+y_{i}^{2}}{d}\right)F\left[t(x_{1},y_{1})\right] \tag{7.76}$$

其中 C 是与 x_{i},y_{i} 无关的复常数，$d=d_{i}-d_{1}$。在对 $t(x_{1},y_{1})$ 傅里叶变换时，有 $f_{x}=\dfrac{x_{i}}{\lambda d},f_{y}=$

$\dfrac{y_i}{\lambda d}$。从式(7.76)可以看到,通过光源共轭点的观察面上得到的是 $t(x_1, y_1)$ 的傅里叶变换和一个二次位相因子的乘积。变换时,空域坐标 (x_i, y_i) 和频域坐标 (f_x, f_y) 的缩放关系与物平面到观察面的距离 d 有关,即

$$f_x = \frac{x_i}{\lambda d}, \quad f_y = \frac{y_i}{\lambda d} \tag{7.77}$$

由物在透镜前和在透镜后两种情况下的一般变换关系式可以得出一个普遍的结论:在单色点光源照明下,利用透镜可以在通过点光源的共轭像点的观察平面上,得到被该光源照明的物函数的傅里叶变换(包含一个二次位相因子)。这是一个普遍讨论,对于离轴点光源照明的情况,结论同样成立,只是谱面上(透镜的后焦面)的频谱分布有一相应的位移。

一般情况下频谱面上光振动分布是频谱函数与一个二次位相因子的乘积,只有在平行光垂直照明,物置于透镜前焦面时才是纯粹的傅里叶谱。物在镜前,空间频率与谱面的空间尺度是固定不变的。物在镜后,频谱函数有一定的缩放比例。

7.4　阿贝成像原理

阿贝(Abbe,1840)于 1873 年蔡斯公司任职期间,在研究如何提高显微镜的分辨本领问题时,提出了关于相干成像的一个新原理,即阿贝两步衍射成像原理,简称阿贝原理。其基本思想可用图 7.9 所示的显微系统来说明。图中 O 为物平面,为简单计,可假设它为一块正弦光栅,L 为物镜,F' 为物镜的像方焦面,I' 为与物面 O 共轭的像面,用一束平行相干光照明物面,此系统则成为相干成像系统。

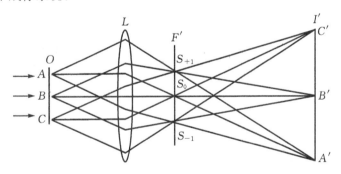

图 7.9　阿贝成像原理

按照几何光学的观点,物面上各点例如 A、B、C 发出的球面波,经透镜分别会聚到相应的像点 A'、B'、C',这些像点的集合就形成了物体的像。按照阿贝原理,相干成像过程分两步完成:第一步,入射平面波经光栅衍射在透镜 L 的后焦面 F' 上形成夫琅禾费衍射图样(物体的频谱),其各级主极大在图中用 S_{-1}、S_0、S_{+1} 表示;第二步,这些衍射斑可视为次波源发出球面波继续向前传播经第二次衍射在 I' 面上形成物体的像。也就是 F' 面上各衍射斑作为新的次波源发出相干次波在 I' 面上产生干涉而形成物体的像。图 7.10 中,(a)为零级衍射光在像面 I' 上产生的均匀光场分布;(b)为 S_{-1}、S_{+1} 两个相干点源发出的次波在 I' 面上干涉形成的光场分布;(c)为 S_{+1}、S_0、S_{-1} 三个点源干涉的结果,形成正弦形变化的光场分布,即正弦光栅的像。

如果透镜孔径不够大，其衍射角 $\theta > \arcsin\lambda/d$（$d$ 为光栅周期）的光波从透镜边缘以外漏掉，则在 F' 面上只有零级衍射斑，在 I' 面上是一片均匀亮度的光场，不能形成光栅的像。

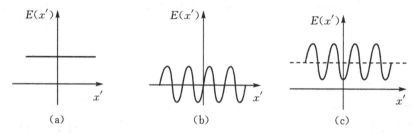

图 7.10　正弦光栅的形成

如果物为一黑白光栅，在 F' 面上将形成 $0, \pm1, \pm2$ 级……一系列衍射斑，透镜孔径愈大，能参与成像的衍射斑愈多，I' 面上生成的像与物愈相似。

按照傅里叶光学的观点，用频谱语言来描述物体相干成像过程，第一步是夫琅禾费衍射起分频作用，它将各种空间频率的平面波分开，在 L 后焦面上形成频谱；第二步是光波干涉起综合作用。因此，在计算像面上某点光场的复振幅时，既要考虑物面上每点对频谱面上各点的贡献，又要考虑频谱面上各点对像面上该点的贡献。

当透镜孔径为无限大时，物面的所有频谱都参与综合成像，物面与像面对应点光强之比为常数，两者的光强分布完全相同，物与像几何相似。然而实际透镜的口径是有限的，物函数所含有的频率超过一定限度的信息，将因衍射角过大而丢失。失去高频成分的信息再综合到一起时，像的细节将被"平滑"而变模糊，棱角也就不很分明了。因此，要提高系统的成像质量，应扩大透镜的口径，减少高频信息的损失，而在阿贝原理提出以前，人们并未清楚地认识到衍射对于相干光成像的重要意义，阿贝原理的提出，不仅使人们对物体的成像过程有了更深刻的认识，而且启迪人们用改变频谱的手段来改造图像。由此可见，一百多年以前阿贝提出的两步衍射成像原理已为现代光学中的空间滤波和信息处理在概念上奠定了基础。

7.5　空间频率滤波

7.5.1　相干光学图像处理系统

根据上节所述阿贝原理，在图 7.11 所示装置里的频谱面上插入各种结构的光阑改变频谱，就可以达到改造输出图像的目的，因此称这种装置为相干光学图像处理系统或光学空间滤波系统。实际上除了这种单透镜系统外，在讨论空间频率滤波原理时，还常使用图 7.11 所示的双透镜系统即 4F 系统。图中 L_1 和 L_2 是两个相同的像差校正良好并有足够大孔径的正透镜，通常称为傅立叶透镜，它们构成共焦组合。物平面即输入平面 $O(x_0, y_0)$ 位于 L_1 的前焦面，像平面即输出平面，$I'(x', y')$ 位于透镜 L_2 的后焦面，共焦面 $T(x, y)$ 称为变换平面，在此插入各种光阑进行选频，滤去不需要的空间频率，这些光阑称为空间频率滤波器。

如前所述，从物面到变换平面以及从变换平面到像面的传播都可以用傅里叶变换描述。计算表明，物函数通过两次傅里叶变换得到了原物函数，只是坐标反转。即采用上述 4F 系统所得的输出图像是输入图像绕光轴转 πrad 的结果。

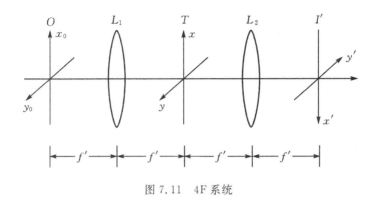

图 7.11　4F 系统

7.5.2　空间频率滤波举例

空间频率滤波的应用很多,它可以实现图像的加、减、微分、增强、消模糊、特征识别、假彩色化等,下面介绍几个简单的实验。

1. 网格实验

1906 年波尔特(Porter)从实验上证实了阿贝两步衍射成像理论,也对傅里叶分析的最基本原理提供了有力的证明。在图 7.11 所示装置中,将两张正交密接的黑白光栅形成网格状物作为输入图像,用相干光照明。在变换平面 T 上生成网格的夫琅禾费衍射图样,它是二维点阵的衍射斑。在输出面 I' 上将复现网格的像(图 7.12(a))。严格说来,由于透镜孔径有限,会丢失一些高频信息,像的边界会变得不如原物那样清晰,不过只要透镜孔径足够大,细小的差别人眼是察觉不出来的。如果在 T 平面上插入一个具有水平狭缝的滤波器,仅保留沿水平轴的一纵列衍射斑,如图 7.12(b)所示,这时沿竖直方向只能通过低频傅里叶分量,而水平方向则通过了频谱中的全部傅里叶分量。于是在输出面 I' 上所成的像中损失了竖直方向的细节而保存了水平方向的细节,使得竖直方向上的邻近像点不能再分辨而连成了竖直的线条。如果将上述具有狭缝的滤波器转 $90°$,只保留沿竖直轴的一横列衍射斑,则在 I' 面上得到损失了水平方向上细节的一系列水平线条(图 7.12(c))。若旋转滤波器成 $45°$,仅保留一斜排衍射斑(图 7.12(d)),输出图像为一组与衍射斑扩展方向正交的斜向条纹,而且条纹的间距较前两种情况小。

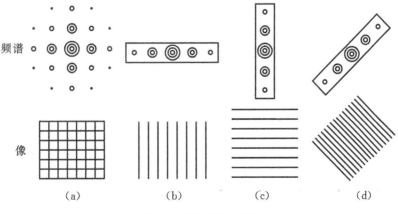

图 7.12　阿贝-波尔特实验

如果输入图像的网格中还有若干污点,可以用滤波方法从输出图像中抹掉这些污点或网格的像。首先我们制作网格频谱的二维透光点阵作为滤波器,插入变换平面并让透光孔对准相应的衍射斑。由于网格的频谱是规则的二维点阵,而污点的频谱是无规弥漫分布的,它们的差别较大,滤波器让网格的频谱顺利通过,而污点的频谱大多被吸收,能通过的频谱其强度也很弱,这时的输出图像就是没有显著污点的网格的像。反之,若用上述二维透光点阵的负片作为滤波器,只让污点的信息通过,则输出图像就只有若干污点。

2. θ 调制实验

这是一类用白光照射透明物体,在输出面上却可以得到彩色图像的有趣实验。如图 7.13(a)所示,输入图像用取向各不相同的三块光栅片拼成,这些光栅是从一块 50 线/mm 或 100 线/mm 的正弦光栅上剪裁下来的。将此光栅片拼成的物置于 4F 系统的输入面,用白光照明,在变换平面上将出现三列分别与光栅条纹方向垂直的 $0, \pm 1$ 级彩色衍射斑,而且每个亮斑中波长较短的蓝色距中心较近(图 7.13(b))。再将一张黑纸放在变换平面上,并在适当地方开些窗口,让每一列衍射斑中所需颜色的 $0, \pm 1$ 级衍射光通过(图 7.13(c)),这样在输出面上生成的图像的相应部分就可以得到所期望的色彩(图 7.13(d))。

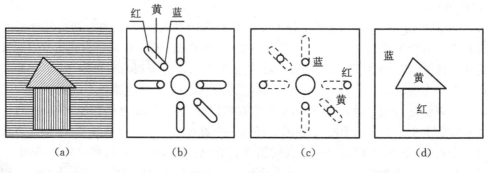

图 7.13　θ 调制实验

3. 相衬显微镜

生物细胞切片或晶片这类透明物体对光的吸收非常小,因而光波通过它们以后振幅改变很小,看起来似乎没有变化,但是这类物体的不同部分将引起不同的相位改变。但是只改变入射光波相位的物体称为相位型物体(简称相位物体);如果光波经物体反射或透射以后,只改变其振幅,则称为振幅型物体。人眼等接收器可以感受或检测来自物体各处光强度的差别却不能感受或检测其相位的差别,所以人眼无法观察到相位物体的内部结构,这种情况下普通的显微镜就失去了助视的功能。但是这些相位分布常常反映着物体的某些重要特性,为此可利用相位反衬法(简称相衬法),通过相位滤波器将相位分布转换为振幅分布,即利用相位信息来调制像面上的光强分布,从而可观察到相位物体的某些细节。根据这一原理制成的光学仪器叫做相衬显微镜。

为了说明相衬原理,假设物体为纯相位物体,如果将物体置于物镜前焦面处,则在物镜后焦面上将得到物函数的傅里叶变换,将得到零级衍射斑与表示相位物体产生的弥散分布的频谱。根据阿贝原理,像面上的光场分布应为频谱函数的傅里叶逆变换,相位物体在像面上产生几乎均匀的光强分布,无法观察其细节。

如果在变换平面上插入一相位滤波器,使零级分量相对于其他频率分量产生一相位延迟

$\pi/2$,这种滤波器也称为相位板。具体做法是:在一块玻璃基坯的中心滴一液滴或蒸镀一小块薄膜,使它的光学厚度满足$(n-1)d=\lambda/4$的条件,然后将其放入物镜后焦面并对准零级频谱,这样就可调制了像面上的强度分布。像面上的强度分布与物体上相位变化成线性关系,从而将相位信息转换成了振幅信息。用相衬法使原来看不见的结构变为了可见的,但所看见的图像究竟意味着什么,需仔细加以研究。

　　相衬法是泽尼克(Zernike)在1935年提出,并制成相衬显微镜用于结晶学、生物学、医学研究中对相位物体的观察。在此以前观察细菌、细胞等相位物体时须使用染色法,而在染色过程中常常引起它们死亡,这对于研究其生命过程是不利的。泽尼克的相衬原理开创了光学信息处理和空间频率滤波步入实际应用的先河,为此他获得了1953年诺贝尔奖金。

7.6　光学全息概述

1. 全息照相

　　全息照相是利用干涉和衍射方法来获得物体的完全逼真的立体像的一种成像技术。它是伽柏(D. Gabor)在1948年提出来的,由于当时没有相干性很优良的光源,全息术的进展缓慢。在60年代初激光问世后,全息照相才有非常迅速的发展。当今,它已成为科学技术的一个十分活跃的领域,在实际中有着广泛的应用。

　　1)全息照相和普通照相的区别

　　普通照相一般是通过照相物镜成像,在底片平面将物体发出的或散射的光波的强度分布记录下来。由于底片上的感光物质对光强有响应,对位相分布不起作用,所以在照相过程中把光波的位相分布这个重要的光信息丢失了。这样,在所得到的照片中,物体的三维特征不复存在:不再存在视差;改变观察角度时,不能看到像的不同侧面。全息照相则完全不同,它可以记录物体散射的光波(称物光波)在一个平面上的复振幅分布,即可以记录物光波的全部信息——振幅和位相。在衍射理论的叙述中,我们已经看到,某一平面上单色光振动的分布唯一地决定了其后空间中每一点的光振动。假设物体A发出(或散射)单色光波,在平面P上的复振幅为$U_p(x,y)$,在P以后空间中任一点的光振动都可以由$U_p(x,y)$确定。也就是说,如果我们能设法记录和再现$U_p(x,y)$,则即使物体A已撤去,在P后面空间中任一点作为观察点,观察结果与直接观察物体A的一样的。这里说的记录P上的光振动分布,不仅指振幅(强度)分布,还包括位相分布。由于记录的信息包括物光的振幅和位相,因此称为全息照相。

　　2)全息照相基本原理

　　全息照相分两步:先将某一平面上的光波复振幅记录下来;再将该复振幅分布重现。由于一般记录介质(例如银盐干板)只能记下光强(振幅),位相分布必须转换为强度分布才能记录下来。两束光干涉后的强度分布决定于位相差分布,所以可以通过记录干涉强度分布间接记录位相分布。在记录全息图时,除了被记录的物光(确定波长的单色光),还必须引入与物光波长相同的参考光,这样就在物光和参考光的重叠区域内得到干涉条纹。全息图记录的就是物光和参考光叠加后的干涉条纹。这些干涉条纹即体现了物光的振幅分布,也体现了其位相分布,因此有可能通过它再现物光的振幅及位相分布。

　　由激光器发出的激光束,通过分光镜分成两束;一束称物光,它是经过透镜扩束后射向物体,再由物体反射后投向全息干版;另一束光经反射镜反射和透镜扩束后直接照到全息干版上,称为参考光。在干版上相遇后,发生干涉,形成干涉条纹。它是无数组干涉条纹的集合,最终形成一肉眼不能识别的全息图(见图 7.14)。

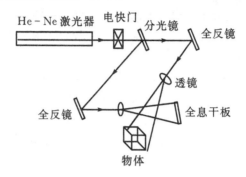

图 7.14　全息图的记录

下面具体描述记录和再现的过程。由物体散射的单色光波在摄影底板平面 xy 上的复振幅为 $O(x,y)$,它是物体上各点散射光波叠加的结果,称为物光。同一波长的参考光在摄影底片平面 xy 上的复振幅为 $R(x,y)$,物光波和参考光叠加以后在底片平面上的强度为

$$I(x,y) = |O(x,y) + R(x,y)|^2$$
$$= |O(x,y)|^2 + |R(x,y)|^2 + O(x,y)R^*(x,y) + O^*(x,y)R(x,y) \quad (7.78)$$

底片经过曝光,显影,定影处理后,若能使处理后底片透射系数 $t(x,y)$ 与光强呈线性关系,即有

$$t(x,y) = \alpha + \beta I(x,y) \quad (7.79)$$

这样的底片便是原物的全息图,这是全息图的记录过程。下面再看再现物光 $O(x,y)$ 的过程。用某一单色光波将全息图照明,若在底片平面上该波的复振幅为 $P(x,y)$,则经过全息图后的复振幅分布为

$$P(x,y)t(x,y) = \alpha P(x,y) + \beta P(x,y)[|O(x,y)|^2 + |R(x,y)|^2] +$$
$$\beta P(x,y)O(x,y)R^*(x,y) + \beta P(x,y)O^*(x,y)R(x,y) \quad (7.80)$$

如果适当选择 $R(x,y)$ 和 $P(x,y)$,使 $P(x,y)$ 与 $R^*(x,y)$ 的积等于某一实常数,则等式右端第三项便是与原物光相同的复振幅 $O(x,y)$ 了,与它相乘的实常数对分布是无关紧要的。全息图记录的是物光和参考光叠加后的干涉条纹,这些干涉条纹记录在底片上,处理后使底片透过率系数与干涉条纹的强度分布一样是周期性变化,它相当于光栅。再现时在光栅的衍射光波中得到原来的物光。

感光以后的全息底片经显影、定影等处理得到的全息照片上,记录了无数干涉条纹,相当于一个"衍射光栅",一般是用相同于拍摄时的激光作为照明光,照明光经全息照片(即"光栅")便发生衍射,得到一列沿照射方向传播的零级衍射光波和二列一级衍射波(见图 7.15)。

实现物光和参考光干涉的方式很多。假设物光和参考光都是点光源,用这种最简单而又具有普遍意义的情况来阐明全息图的分类。若 O 为物点,R 为参考光源,R 和 O 发出两个球面波,在这两个光场重叠的空间放入全息底片,便能记录全息图,底片厚度小于或相当于干涉条纹间距时,得到的是平面全息。

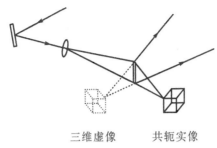

三维虚像　　　　　共轭实像

图 7.15　全息图的再现

按照全息图的衍射作用是类似于振幅光栅还是类似于位相光栅,又可分为振幅全息图和位相全息图。按照记录的是物的菲涅耳衍射光振动还是物的频谱函数,还可以分为菲涅耳全息图和傅里叶变换全息图。分类的角度不同,有各种不同类型的全息图。

2. 全息照相的特点

在全息图上,直接观察到的是许多不规则的斑点,这是由于反射镜等元件上的灰尘及其散射体引起的,而真正的干涉图样要用放大镜才能看到,它们与被摄物体完全不同。但全息再现后,具有许多令人惊奇的特点。

(1)立体感强,形象逼真。如从某个方向观察时,像中一物被另一物挡住时,只需将头偏一下,就可看到原来被挡住的物体,远近物体的视差效应明显。

(2)全息图的每一小部分都可以再现原来的整体图像。不过分辨率渐差,图像也暗一些。而普通照片被损时,图像完全破坏。

(3)同一底片,可以记录许多个全息图,只要对不同的物体采用不同角度入射的参考光束或用不同波长的激光照明进行记录即可。每一图像都可以不受其他影像的干扰而单独显现。

(4)全息图可以用接触法复制,正片、负片都能给出物体完全相同的立体像。全息照相根据记录方法不同可分为共轴全息、离轴全息、彩虹全息等许多种类。

3. 全息术的应用

全息照相具有普通照相没有的许多优点,它已被用于广泛的领域。记录全息图所使用的波也已超出了光波的范围,甚至超出了电磁波的范围。例如已经见到使用超声波和电子波记录全息图的报导。下面简单介绍全息术在光波范围内的应用。

1)全息显微摄影

用波长较短的波记录全息图,用波长较长的波再现,就可以获得放大的像。特别地,如果能用 X 射线记录全息图,用可见光再现,原则上可使放大倍率达到数千以上。这种避开了透镜及其像差的高放大率成像设想,很有吸引力。

2)全息显示

全息图再现三维物体逼真形象的能力,使它适用于图像显示领域。当前大批量进入市场的图像显示全息图是能用普通光源再现的反射式体积全息图、彩虹全息图和模压全息图等,全息图在显示大型场景、人物肖像和活动场面(全息电影)等方面的应用正在实现。

3)全息干涉计量

全息干涉计量是全息术应用最为成功的领域之一。和普通干涉计量的目的相同,全息干涉计量利用干涉图形所揭示的微小光程差变化,研究物体的形变或内部折射率分布。因为全息术有"冻结"物光波的功能,它用于干涉计量时具有如下特点。首先,它可以让被检物体不同时刻反射的光波发生干涉,从而可以比较同一物体在不同时刻的差别。其次,全息图可以记录粗糙表面的散射光波,因此不必对研究对象进行表面加工。

4) 利用计算机全息图检验非球面元件

光学元件干涉检验的基本方法是,令通过被测元件的光波与一个已知光波干涉,由干涉图形判断前一光波的波面形状和元件缺陷。

5) 全息光学元件

全息光学元件是一种用干涉方法制作的薄片型光学元件。它和普通光学元件相似,可以具有成像、分光和分束等功能。具有成像功能的全息光学元件称为全息透镜。其基本形式是由点状物体 A 和参考光波点光源 M 所形成的全息图。与普通透镜比较,全息透镜有重量轻、便于制造和易于获得大相对孔径等优点。具有光栅分光功能的全息光学元件称为"全息光栅"。其基本形式是记录在感光材料上的余弦型干涉条纹. 与普通的机械刻划光栅比较,除了制作方法比较简单外,全息光栅还有如下的特点。第一,只要增加两相干光束的夹角,便能方便地提高干涉条纹的空间频率,制作高密度的光栅,其密度可以达到记录材料的分辨极限;第二,全息光栅的线条由干涉条纹分布决定,没有机械刻划时难以避免的周期性误差和局部误差,用作光谱分析时不会出现"鬼线",杂散光也比较弱;第三,全息光栅也可以直接制作在凹面基底上,使光栅同时具有色散和聚焦的功能,适当控制记录光波的波面形状,还可以减小普通凹面光栅的像差;第四,利用多次曝光记录,能够在同一基底上记录多个光栅,满足某些特殊需要,具有光栅结构的全息图都可以用作分束器。例如平面余弦光栅的正、负一级行射波可以看作是照明光波所分成的两束光。利用体积全息图对波长的选择性,还可以制作对波长灵敏的分束器。

6) 用于光学信息处理

全息术在光学信息处理中主要用于制作各种滤波片。此外,它也可以用来实现图像加减运算。用同一记录装置在同一底板上,先后记录欲进行相减的两幅透明片的全息图。如果希望实时地进行任意透明片和某一确定透明片的相减,可以预先制作后者的全息图负片。把全息图放回原位,在原来透明片位置上放入待相减的透明片,透过全息图可以看到相减的图像。图像相减可以用于检验集成电路的缺陷和探测图像的差异。

7) 全息信息存储

首先把待存储的文字、图片制成透明片,然后记录该透明片的傅里叶变换全息图,即完成了全息存储。全息信息存储有存储密度大,抗干扰性能好和容易查取读出的优点。高存储密度不仅是由于透明片的傅里叶频谱斑点很小,有利于发挥记录材料的存储能力,而且还因为体积全息图的角度选择性,可以在同一地点记录多个全息图。高密度存储又使得我们可以在一张底板上记录数千"页"透明片资料。每张透明片对应着底板上一个面积只有 $1 \sim 2 \text{ mm}^2$ 的小全息图,所有小全息图在底板上排成规则的矩形阵列。利用声光或电光器件把一细束光按小全息图的"地址"偏转,作为它的照明光波,即可再现该小全息图的存储内容。

随着计算机技术、数字化绘图及显示设备的高速发展,一方面,人们已可以不用光学干涉记录而用人工的方法,即使用计算机与绘图仪,根据物波的数学描述,将其振幅和相位以一定的编码方式记录下来形成全息图,这就是计算全息图(CGH);而采用光敏电子元件代替普通照相干版,并将记录的全息图输入计算机,再通过数字技术进行图像重建、在计算机屏幕上显示出来,这就是数字全息术。计算全息和数字全息在技术上突破了光学全息的某些限制和不足,特别是它们均建立在现代高性能数字计算、图像显示及处理技术的基础上,有利于实现光学技术与计算机技术、电子技术的有机结合,有利于改善光学技术的处理精度、可靠性、技术复杂性等,是对光学全息的重要发展和未来全息技术重要的发展方向。

复习思考题

1. 在光栅光谱仪的透镜后焦面上获得的是时间频谱还是空间频谱?

2. 普通录音带记录的是否为声音的"全息"?

3. 全息图的一块碎片和整块全息图再现的图像是否完全相同?

4. 伽柏最先拍摄全息图的装置中,物光和参考光源均位于全息图平面的同一法线上,称之为共轴全息图。这种全息图在再现时有什么缺点?

5. 全息图有哪些基本类型? 哪些全息图必须用激光再现,哪些可以用白光再现?

6. 试讨论计算全息、数字全息与光学全息的相同点及不同点。

习题 七

7.1　以一张黑白图案作为光学滤波器,并在黑的地方开一个孔,这张滤波器的透过率函数是图案与孔的透过率函数的积还是和?

7.2　一块透明片的振幅透射率为 $t(x,y)=\exp(-\pi x^2)$ (高斯分布),将其置于透镜的前焦面上,并用单位振幅的单色光垂直照明,求透镜后焦面上的振幅分布。

7.3　利用傅里叶变换方法,求包含 N 个狭缝的衍射光栅的夫琅禾费衍射图样强度分布公式,设狭缝宽度为 n,光栅常数为 d,光栅由单位振幅的单色光垂直照明。

7.4　He – Ne 激光器发出的平行光($\lambda=632.8$ nm)垂直照射在一圆孔衍射屏上,孔的半径为 1.25 mm,为了观察夫琅禾费衍射,观察屏大约必须放多远?

7.5　将一宽为 $a=2$ cm 的单缝衍射屏置于焦距为 60 cm 的透镜的前焦面上,波长为 600 nm的单色光正入射到衍射屏上,求系统的截止频率。

7.6　光波长为 632.8 nm 的平行光正入射到龙基光栅上,观察其傅里叶频谱,光栅每毫米内有 100 条刻线,为了使傅氏面上至少能够获得±5 级衍射斑,并要求相邻衍射斑的间隔不小于 2 mm,透镜焦距及口径至少要多大?

7.7　利用阿贝成像原理导出在相干照明条件下显微镜的最小分辨距离公式,并同非相干照明的最小分辨距离公式比较。

7.8　若一平面物体的全息图记录在一个与物平行的平面上,证明再现像必定成在一个与全息图平行的平面内。

7.9　一张底片的本底有灰雾,用什么样的光学滤波器可以使之改善?

7.10　与普通照片相比,全息照片有哪些特性?

7.11　透射全息图与反射全息图有何不同之处?

7.12　如果减小全息图的尺寸,再现像的像质将有何变化?

第 8 章

量子光学原理

本章将通过光在各向同性介质中传播时产生的吸收、色散和散射等现象,讨论光与物质的相互作用及其规律,如光在介质中传播时能量的变化规律,介质折射率与光的频率的关系等问题。最后简要讨论黑体辐射及其辐射规律、光电效应和德布罗意方程、以及光的波粒二象性。

8.1 光的吸收

8.1.1 吸收定律

光通过物质时,光波中振动着的电矢量,将使物质中的带电粒子作受迫振动,光的部分能量将用来提供这种受迫振动所需要的能量。这些带电粒子如果与其他原子或分子发生碰撞,振动能量就会转变为平动动能,从而使分子热运动能量增加,物体发热。光的部分能量被组成物质的微观粒子吸取后转化为热能,从而使光的强度随着穿进物质的深度而减小的现象,称为光的吸收(absorption)。

如图 8.1 所示,光强为 I_0 的单色平行光束沿 x 轴方向通过均匀物质,在经过一段距离 x 后光强已减弱到 I,再通过一无限薄层 $\mathrm{d}x$ 后光强变为 $I + \mathrm{d}I(\mathrm{d}I < 0)$。实验表明,在相当宽的光强度范围内,$-\mathrm{d}I$ 相当精确地正比于 I 和 $\mathrm{d}x$,即

$$\frac{-\mathrm{d}I}{I} = k\mathrm{d}l$$

当光通过介质厚度为 l 时,光的强度由 I_0 减弱到 I,对上式积分,即

$$\int_{I_0}^{I} \frac{\mathrm{d}I}{I} = -\int_{0}^{l} k\mathrm{d}l$$

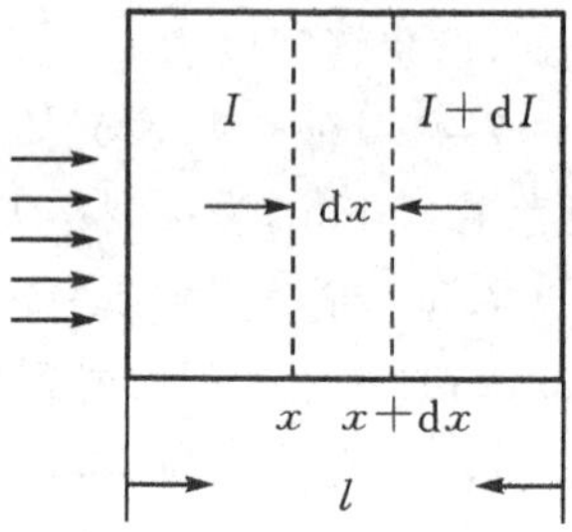

可得

图 8.1 光的吸收规律

$$I = I_0 \mathrm{e}^{-kl} \tag{8.1}$$

该式称为布格定律(Bouguer law)或朗伯定律。该定律是布格(P. Bouguer,1698—1758)在 1729 年发现的,后来朗伯(J. H. Lambert,1728—1777)在 1760 年又重新作了表述。式中 k 是与光强无关的比例系数,称为该物质的吸收系数(absorption coefficient)。吸收系数的大小反映了介质对光吸收的强弱。吸收系数 k 越大,介质对光吸收多。于是,上式是光强的线性微分方程,表征了光的吸收的线性规律。

在激光未被发明之前,大量实验证明这个定律是相当精确的。然而激光的出现,使光与物

质的非线性相互作用过程显现出来了。在非线性光学领域内,吸收系数和其他许多系数(如折射率)一样,依赖于光强,朗伯定律不再成立。例如自变透明现象:物质原先在弱光通过时强烈吸收光波,但通过的光强高达每平方厘米几十万瓦时,吸收系数几乎减小到零。物质变成透明体。又如自变吸收现象:对于普通光源发出的光波,吸收系数很小、透明度很高的物质,在高强度激光通过时,却表现出强烈地吸收(双光子和多光子吸收现象)。但是,非线性光学现象不一定要在强激光作用下才能产生,现在普遍使用的变色眼镜,镜片的颜色深浅,随着光强不同而改变,这也是材料的吸收系数随入射光强而变的非线性吸收现象。

8.1.2　比尔定律

比尔将朗伯定律应用于稀溶液时发现,溶剂对光的吸收可以忽略,而溶液的吸收系数 k 与溶液的浓度 C 成正比,即

$$k = \beta C \tag{8.2}$$

式中,β 是与溶液浓度无关、只与溶质性质、温度和入射光波长有关的常量。将上式代入式(8.1)可得

$$I = I_0 e^{-\beta Cl} \tag{8.3}$$

对等式两边取常用对数,即

$$-\lg \frac{I}{I_0} = \beta Cl \lg e$$

令 $A = -\lg \dfrac{I}{I_0} = \lg \dfrac{I_0}{I}$,$k = \beta \lg e$,则上式可写成

$$A = kCl \tag{8.4}$$

式(8.4)称为朗伯-比耳定律。式中,k 称为溶液的吸收系数或消光系数,C 表示溶液的浓度,l 表示溶液厚度。A 表示溶液对光的吸收程度,称为吸光度或消光度。

根据比尔定律,可以测定溶液的浓度,分光光度计就是根据这一原理设计的。分光光度计在分析化学、药学检测、医学检验等领域有广泛的应用。

8.1.3　吸收光谱

如果介质对各种波长的光具有几乎相同的吸收程度,即介质的吸收系数与光的波长无关,则称为普遍吸收;如果介质对某些波长的光具有强烈的吸收,则称为选择吸收。普遍吸收的光谱是连续光谱,而选择吸收的光谱则为线状光谱、带状光谱或部分连续光谱。让具有连续谱的光通过吸收介质后,再由光谱仪将不同波长的光被吸收的情况显示出来,就得到该介质的吸收光谱。不同物质的吸收光谱都具有各自的特征,通过观察物质的吸收光谱,可以进行物质成分的分析。

一些在可见光范围产生普遍吸收的物质,如空气、纯水、无色玻璃等,在红外和紫外区则产生选择吸收,所以选择吸收是电磁波与物质相互作用的普遍规律。例如地球大气对可见光和 300 nm 以上的紫外光是透明的,但对红外光的某些波段有吸收,电磁波中对大气透明度高的波段称为"大气窗口",这是红外遥感、红外跟踪、红外导航等技术中采用的波段。

太阳发射连续光谱,但在其连续光谱上出现许多暗线,这些暗线是原子气体的线状吸收光谱。19 世纪,夫琅禾费、基尔霍夫和本生等人先后研究了这一现象并分析了这些吸收谱线,发

现太阳的吸收谱线是其周围温度较低的太阳大气中的原子对炽热的内核发射出的连续光谱选择吸收的结果。

自然界各种物质对可见光的选择吸收,使它们呈现出不同的颜色,形成了五彩缤纷的世界。例如在白光照明下,由于水对红光的吸收较强,所以水呈现出蓝绿色;红色物体吸收蓝光而反射红光;蓝色物体吸收红黄光而反射绿光、蓝光和紫光;黄色物体吸收蓝绿光而反射黄光、橙光、红光等。

8.2 光的色散

8.2.1 光的色散

在真空中,光以恒定的速度传播,与光的频率无关。然而,在通过任何物质时,光的传播速度要发生变化,而且不同频率的光在物质中的传播速度也不同,这一事实在折射现象中最明显地反映了出来,即物质的折射率与光的频率有关,折射率 n 取决于真空中光速 c 和物质中光速 u 之比。这种光在介质中的传播速度(或介质的折射率)随其频率(或波长)而变化的现象,称为光的色散现象。反映折射率与波长的函数关系 $n = \mathrm{d}f(\lambda)$ 的曲线称为色散曲线。1672 年牛顿首先利用棱镜的色散现象,把日光分解成了彩色光带。

通常定义介质折射率在波长 λ 附近随波长的变化率称为色散率 D,即

$$D = \frac{\mathrm{d}n}{\mathrm{d}\lambda} = \frac{\mathrm{d}f(\lambda)}{\mathrm{d}\lambda} \tag{8.5}$$

8.2.2 正常色散

测量不同波长光线通过棱镜的最小偏向角,就可以算出棱镜材料的折射率 n 与波长 λ 之间的关系曲线,即色散曲线。实验表明,凡在可见光范围内无色透明的物质,它们的色散曲线在形式上很相似,这些曲线的共同特点是,折射率 n 以及色散率 D 的数值都随着波长的增加而单调下降,在波长很长时折射率趋于定值,这种色散称为正常色散(normal dispersion)。1836 年,科希(A. L. Cauchy)给出了正常色散的经验公式,即

$$n = f(\lambda) = A + \frac{B}{\lambda^2} + \frac{C}{\lambda^4} \tag{8.6}$$

式中 A、B 和 C 是与物质有关的常量,其数值由实验数据来确定,当 λ 变化范围不大时,科希公式可只取前两项,于是有

$$n = f(\lambda) = A + \frac{B}{\lambda^2} \tag{8.7}$$

色散率 D 亦可表示为

$$D = \frac{\mathrm{d}n}{\mathrm{d}\lambda} = -\frac{2B}{\lambda^3} \tag{8.8}$$

8.2.3 反常色散

实验表明,在发生强烈吸收的波段,色散曲线中折射率 n 随着波长的增加而增大,即 $\mathrm{d}n/\mathrm{d}\lambda > 0$,与上述正常色散曲线大不相同。1862 年,勒鲁(F. P. Leroux)用三棱柱形容器充以碘

蒸气观察光的色散,发现紫光的偏折比红光的偏折小,他称这种色散为反常色散。这个名词一直沿用至今,其实反常色散并不反常,它是任何物质在吸收带附近所共有的现象。在吸收区域以外,物质的色散曲线仍属于正常曲线。由于选择吸收是所有物质的共性,所以"反常"色散也是物质共有的普遍性质。

8.3　光的散射

8.3.1　光的散射现象及其分类

当光束通过均匀的透明介质时,从侧面是难以看到光的。但当光束通过不均匀的透明介质时,则从各个方向都可以看到光,这是介质中的不均匀性使光线朝四面八方散射的结果,这种现象称为光的散射。例如,当一束太阳光从窗外射进室外内时,我们从侧面可以看到光线的径迹,就是因为太阳光被空气中的灰尘散射的缘故。

光的散射是物质改变光线,包括改变光强和光线传播方向的一种过程,在入射光场的作用下,原子、分子或散射介质的电子作受迫振动并辐射次波,对于光学均匀介质,各次波源之间的相位差恒定,各次波相干叠加的结果是只在原入射光方向(若在介质界面上,则只在遵从几何光学定律的反射、折射方向)发生干涉相长,其余方向都发生干涉相消,所以在光学均匀介质中不产生光的散射现象。对于光学非均匀介质,其折射率不为常数,这可能是均匀介质中存在着折射率不同的悬浮微粒所引起,也可能是介质本身的密度起伏等原因所引起,这种光学性质的非均匀性使各次波之间无固定相位差,因而发生非相干叠加,不会产生干涉相消,结果在各个方向都有光线传播,出现了光的散射现象。

按照引起介质光学非均匀性的原因,可将光的散射分为两大类。一类是光在浑浊介质(如含有烟、雾、水滴的大气,乳状溶液,胶体溶液等)中产生的散射,这就是悬浮微粒的散射或廷德尔(J. Tyndall,1820—1893)散射。其中当悬浮微粒的线度小于十分之一波长时产生的散射,称为瑞利散射;当悬浮微粒的线度接近或大于波长时产生的散射,称为米氏散射。另一类是在纯净介质中,因分子热运动引起密度起伏,或因分子各向异性引起分子取向起伏,或因纯溶液中的浓度起伏等,导致介质的光学性质变得不均匀,从而产生光的散射,这就是分子散射。在临界状态,气体密度起伏很大,可以观察到显著的分子散射,这就是所谓临界乳光现象。

8.3.2　瑞利散射定律

为了解释天空为什么呈蔚蓝色,瑞利(J. W. S. Rayleigh,1842—1919)研究了线度比光的波长小的微粒的散射问题,在 1871 年提出了散射光强与波长的四次方成反比的关系,即

$$I_\theta \propto \frac{1}{\lambda^4} \tag{8.9}$$

这就是瑞利散射定律。在散射微粒的尺度比光的波长小的条件下,作用在散射微粒上的电场可视为交变的均匀场,于是散射微粒在极化时只感生电偶极矩而没有更高级的电矩。按照电磁理论,偶极振子的辐射功率正比于频率的四次方。瑞利认为,由于热运动破坏了散射微粒之间的位置关联,各偶极振子辐射的子波不再是相干的,计算散射光强时应将子波的强度而不是振幅叠加起来。因此,散射光强正比于频率的四次方,即反比于波长的四次方。实验和理

论都证明,较大的颗粒对光的散射不遵从瑞利散射定律,这时散射光强与波长的依赖关系就不十分明显了。

由于大气对阳光的散射,才使整个天空呈现光亮。如果没有大气层,白昼的天空也将是一片漆黑,一个宇航员曾这样描述大气层以外的天空:"太阳在高空悬挂着,像一个金色的大圆盘,而天空却像一面黑色天鹅绒的幕布,一颗颗星星就像镶在黑幕布上的宝石,闪闪发光"。

天空为什么呈现蓝色呢? 根据瑞利散射定律,散射光中短波占优势,例如红光波长($\lambda = 720$ nm)为紫光波长($\lambda = 400$ nm)的 1.8 倍,则紫光散射光强度约为红光的$(1.8)^4 = 10$倍。所以太阳的散射光在大气层外层部分呈紫色,在大气层内层蓝光的成分比红光的成分多,使天空呈蔚蓝色。

正午的太阳基本上呈白色,而旭日和夕阳却呈红色。正午太阳直射,穿过大气层的厚度最小,阳光中被散射掉的短波成分不太多,因此垂直透过大气层后的阳光基本上是白色或略带黄橙色。早晚阳光斜射,穿过大气层的厚度比正午时厚得多,被大气散射掉的短波成分也多得多,仅剩下长波成分透过大气到达观察者,所以旭日和夕阳呈红色。

因为红光透过散射物的穿透力比蓝光强,在拍摄薄雾景色时可在相机物镜前加上红色滤光片以获得更清晰的照片;红外线穿透力比可见光强,被用于远距离照相或遥感技术。瑞利(Rayleigh,1842—1939)是经典物理学中最后一位伟大的多面手,研究的问题遍及物理学几乎全部领域,所写的《声学原理》是物理学的经典名著,而且还发现了声表面波。在光学中,除了著名的瑞利散射定律外,他还从衍射考虑出发给出了光学仪器分辨率的瑞利判据。瑞利因为对一些重要气体密度的研究以及这些研究的成果之一———氩的发现,获得了 1904 年度的诺贝尔物理学奖。

8.3.3 康普顿散射

1923 年,美国物理学家康普顿(Compton)发现,单色 X 射线被物质散射时,散射线中除原有波长外,还有一种波长比入射线的长,且波长改变量与入射线波长无关,而随散射角的增大而增大,这种波长变大的散射现象称为康普顿散射,或称康普顿效应。

康普顿散射实验装置如图 8.2 所示,单色 X 射线(如$\lambda_0 \approx 0.1$ nm)入射到散射体石墨上,用摄谱仪测出不同散射角 θ 的散射线的波长及相对强度。

实验结果如图 8.3 所示,对任一散射角 θ 都测出两种波长的散射线,除有波长和入射波 λ_0 相同波长的成分外,还有一种波长 $\lambda' > \lambda_0$ 的成分,$\Delta\lambda = \lambda' - \lambda_0$ 随 θ 角增大而增大,而与 λ_0 与散射物质无关,但对于同一散射角,当散射物原子量减少时,波长变长的散射强度增加,而与入射波长相同散射线的强度减弱。

经典理论不能解释康普顿效应。按照经典电磁理论,频率为 ν 的电磁波入射到自由的带电粒子上(如自由电子),带电粒子将吸收电磁波的能量而作同频率的振动。所以,在经典的图像中,散射线与入射波有同样的频率 ν,经典理论只能说明波长不变的散射现象。那么,应该如何解释这一波长改变的现象呢?

康普顿根据光的量子理论成功地说明了康普顿散射。他认为上述效应是单个光子与物质中弱束缚电子相互作用的结果;他还假设在这个过程中,动量和能量守恒。

康普顿假设入射的 X 射线是由许多能量为 $E = h\nu$ 的光子组成,这些光子与散射物质中的弱束缚电子作弹性碰撞。碰撞以后,反冲光子从散射物质中弹出而形成散射光。因为入射的光子在与电子碰撞时传递一些能量给电子,所以散射的光子能量 E' 必小于 E,这样根据光子能量的公式,散射的 X 光频率减小了,相应的波长就要变长了。

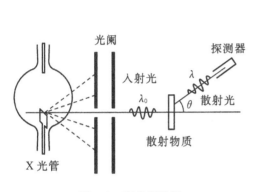

图 8.2　康普顿散射

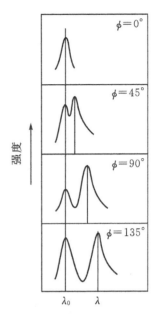

图 8.3　康谱顿散射结果

康普顿根据弹性碰撞中的能量和动量守恒的原理推出的结论与实验符合得很好,散射线波长的改变与原来波长的大小无关,只与散射角 θ 有关,则

$$\Delta\lambda = \lambda' - \lambda_0 = \frac{h}{m_0 c}(1 - \cos\theta) = \lambda_c(1 - \cos\theta) \tag{8.10}$$

其中康普顿波长

$$\lambda_c = \frac{h}{m_0 c} = \frac{6.63 \times 10^{-34}}{9.1 \times 10^{-31} \times 3 \times 10^8} = 0.0024 \text{ nm} \tag{8.11}$$

而在散射线中还有一种波长不变的成分,可以用入射 X 射线光子和原子内层电子的碰撞来解释。由于内层电子被原子核紧紧束缚着,入射光子相当于与整个原子(相对光子而言质量极大)发生碰撞,因此散射光波长与入射光的相差极微小。对于轻物质,原子核库仑场较弱,几乎所有电子都处于弱束缚状态,因此波长变长的散射线相对较强。对于重物质,原子中大多数内层电子受到核的束缚较紧,因此,波长较长的散射线相对较弱。这样就对所有实验规律作了完满的解释。

在康普顿散射中,光子损失一部分能量,这是能量较高的光子通过物质时能量损失的重要方式之一。当光子的能量较低时,通过物质时能量的损失主要是电离吸收。但电离吸收随波长减少而急剧下降。对能量较高的光子,电离吸收的能量损失成为次要的,而康普顿散射的能量损失成为主要的。这不仅发生在短波的 X 射线上,也发生在更短波长的射线上,因而具有较广泛的意义,这个效应也一直被认为是光的微粒性的有力证据之一。

康普顿根据光的量子理论成功地说明了康普顿散射,充分地验证了爱因斯坦光子理论的周期性,同时也证实了,动量和能量守恒定律在微观粒子相互作用过程中也是成立的,康普顿效应一直被认为是光的微粒性的有力证据之一。

8.4 光的量子性

19 世纪最后几年,一些新的实验事实使经典物理遇到了致命的困难,这些新的实验事实是:迈克耳逊-莫雷实验否定了绝对参照系的存在;热辐射现象用经典物理解释出现"紫对灾难";放射性现象的发现,说明了原子不是物质的基本单元,它是可分的。

面对经典物理的困境,一些物理学家敢于摆脱传统观念的束缚,重新思考了经典物理的一些基本概念和思路,终于在 20 世纪初建立了相对论和量子理论。这是近代物理学两大理论支柱。

8.4.1 黑体辐射

介绍黑体辐射,不只是因为它是光学中的一个标准光源。还由于这是近代物理学中的一个极重要的理论问题。热辐射是热传递的三种基本方式之一,任何物体在任何温度下都会不断地向周围空间发射各种波长的电磁波(电磁辐射)。实验表明,单位时间内物体辐射能的多少按波长的分布与物体的温度有关。例如在室温下,物体在单位时间内辐射的能量就少些,且大多分布在波长较长的部分,随温度升高,辐射的能量会迅速增加,且辐射能量中短波的比例会增大。这种由温度所决定的电磁辐射称为热辐射,也叫温度辐射。

物体在辐射电磁波的同时,也吸收投射到其表面上的电磁波。当辐射和吸收达到平衡时,物体的温度不再变化而处于热平衡状态,这时的热辐射称为平衡热辐射。理论和实验表明,物体的辐射本领越大,其吸收本领也越大,反之亦然。

为了描述物体热辐射能按波长的分布规律,引入单色辐射出射度(简称单色辐出度)$M_\lambda(T)$ 这一物理量,它定义为在一定温度 T 下,单位时间内从物体单位表面上发射的波长在 $\lambda \sim \lambda + \mathrm{d}\lambda$ 范围内的辐射能 $\mathrm{d}M_\lambda$ 与波长间隔 $\mathrm{d}\lambda$ 的比值为

$$M_\lambda(T) = \frac{\mathrm{d}M_\lambda}{\mathrm{d}\lambda} \tag{8.12}$$

实验指出,对于给定物体,它与温度和波长有关,还与物体的材料性质和表面情况有关。

在一定的温度下,物体单位表面积在单位时间内发出的各种波长的总辐射能,称为该物体在温度 T 的辐射出射度 $M(T)$,简称辐出度,可见

$$M(T) = \int_0^\infty M_\lambda(T)\mathrm{d}\lambda \tag{8.13}$$

单色辐出度 $M_\lambda(T)$ 的单位是 $\mathrm{W} \cdot \mathrm{m}^3$,辐出度的单位是 $\mathrm{W} \cdot \mathrm{m}^{-2}$。

投射到物体表面的电磁波,可能被物体吸收,也可能被反射和透射,如果一物体能够完全地吸收投射在它上面电磁波,称这样的物体为绝对黑体,简称黑体。黑体是一种理想的模型,在自然界中是不存在的,然而我们可以人为地制造黑体,只需用不透明材料制作一开小孔的空腔,如图 8.4 所示,则因任何辐射通过小孔进入空腔后,在其空腔中进行多次反射和吸收,能量几乎全部被腔壁吸收,能从小孔逃逸出来的极少,所以这样一个小孔就可以近似看作是一个绝对黑体。

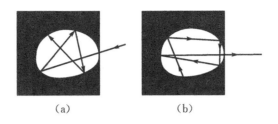

$$\text{(a)}\qquad\qquad\text{(b)}$$

图 8.4　黑体

当使空腔保持某一温度 T 时,则从小孔发出的辐射可看成是温度为 T、表面积与小孔相等的绝对黑体发生的平衡热辐射。由实验得出黑体单色辐出度 $M_{B\lambda}(T)$ 随波长 λ 的变化关系曲线如图 8.6 所示,可以看出,曲线下面积即为式(8.13)定义的对应温度为 T 的黑体辐出度 $M_B(T)$ 的大小,随着温度的增高,曲线下面积迅速增大,而曲线极大值对应的峰值波长 λ_{m} 将向波长减小的方向位移,斯特藩(Stefan)于 1879 年和玻耳兹曼(Boltzmann)于 1884 年分别从实验和理论上得出规律

$$M_B(T) = \int_0^\infty M_{B\lambda}(T)\mathrm{d}\lambda = \sigma T^4 \qquad (8.14)$$

称为斯特藩-玻耳兹曼定律,公式普适常量 $\sigma = 5.6705 \times 10^{-8}\,\mathrm{W \cdot m^{-2} \cdot k^{-4}}$ 称为斯特藩-玻耳兹曼常量。而维恩(Wien)于 1893 年由热力学理论推导出维恩位移定律

$$\lambda_{\mathrm{m}} T = b \qquad (8.15)$$

式中普适常量 $b = 2.8978 \times 10^{-3}\,\mathrm{m \cdot k}$,称为维恩常量。

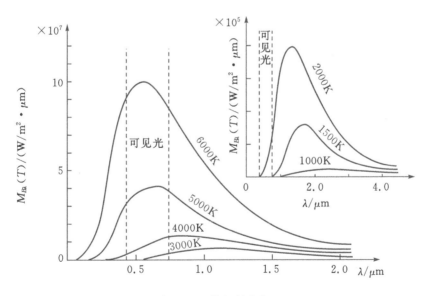

图 8.5　黑体辐射曲线

热辐射规律在星球表面温度的估算、高温测量、红外追踪、遥感等科学技术中有广泛的应用。例如由实验测得太阳光谱其峰值波长在绿色区域 $\lambda_{\mathrm{m}} = 470\,\mu\mathrm{m}$,由维恩定律可得太阳表面温度 $T = \dfrac{b}{\lambda_{\mathrm{m}}} = 6166\,\mathrm{K}$,再根据斯特藩-玻耳兹曼定律,算出太阳表面辐出度

$$M_B(T) = \sigma T^4 = 8.20 \times 10^7 \text{ W} \cdot \text{m}^{-2}$$

黑体辐射的规律由实验得出后,19 世纪末,许多物理学家都企图从经典物理学来证明能量分布规律,导出与实验相符的能量分布公式,但是所有的这些尝试都以失败而告终,经典物理学在解释黑体辐射实验时显得无能为力。因此,1900 年 4 月,英国物理学家开尔文把黑体辐射实验比喻为是物理学晴朗天空上一朵令人不安的乌云。

为了推导出与实验相符的黑体辐射公式,德国物理学家普朗克(Planck)抛弃了经典物理学中能量连续取值的概念,大胆提出了能量量子化的假设。

组成黑体空腔壁的分子或原子可视为频率为 ν 的带电线性谐振子,其能量取值只能为 $q = h\nu$ 的整数值,$h\nu$ 称为能量子,其中 $h = 6.63 \times 10^{-34}$ J·s 称为普朗克常量。而这些谐振子和空腔中的辐射场相互作用过程中吸收或发射的能量是量子化的,只能取一些分立值:$q, 2q,\cdots, nq$。

普朗克提出经典物理学家不可思议的量子假设后,于 1900 年 12 月 14 日导出了一个全新的公式

$$M_{B\lambda}(T) = \frac{2\pi hc^2 \lambda^{-5}}{e^{hc/\lambda kT} - 1} \tag{8.16}$$

称为普朗克辐射公式。式中 h 是普朗克常量,c 为真空中光速,k 是玻尔兹曼常量。计算表明,普朗克公式与实验结果完全符合,由普朗克公式出发,可以准确地推导出所有的经典辐射定律,并且可在一级近似情况下退化为两个经典的辐射公式。维恩公式和瑞利-金斯公式只不过是普朗克公式在特殊情况下的近似。当波长很短、温度较低时朗克公式退化为维恩公式;波长很长、温度较高时退化为瑞利-金斯公式。另外,由普朗克公式还可得到斯特藩-玻耳兹曼定律和维恩位移定律。到此,黑体辐射问题终于得到了圆满解决。

普朗克的能量量子化假设不仅在解决热辐射问题时是必要的,而且在解释其他领域里的许多经典理论无法解释的现象时也是必须的。它第一次向人们揭示了微观运动规律的基本特征。在此之前,人们都认为由宏观过渡到微观只不过是物理量的数量变化而已,并且以为宏观现象所遵从的基本规律可一成不变地适用于微观领域。正是普朗克假设第一次冲击了这种传统观念,从而开创了物理学的新领域——量子理论。许多物理学家认为,普朗克在柏林德国物理学会上提出黑体辐射论文报告的日子——1900 年 12 月 14 日是量子物理学的诞辰。

普朗克因为发现基本作用量子(量子理论),从而对物理学的发展做出了巨大的贡献,获得 1918 年度诺贝尔物理学奖。1947 年普朗克逝世后,墓碑上只刻着他的姓名和"$h = 6.63 \times 10^{-34}$ J·s"。

8.4.2 光电效应

当光束照射在金属表面上时,使电子从金属中脱出的现象,叫做光电效应。研究光电效应的实验装置如图 8.5 所示,金属阴极 K 和阳极 A 密封在真空玻璃管内,在两极间加数百伏的电势差。由于 A、K 之间绝缘,电路中没有电流。当光束照射在阴极 K 上时,其表面发出电子,称为光电子,而电路中出现的电流称为光电流。改变电势差 U_{AK},测量光电流 i,可得光电效应的伏安特性曲线,如图 8.7 所示。

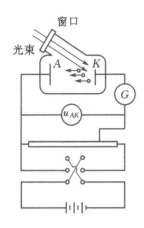

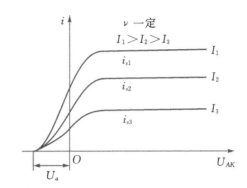

图 8.6　光电效应实验装置　　　　　　　图 8.7　光电效应的伏安特性曲线

光电效应有如下的实验规律：

(1)入射光频率一定时,饱和光电流与 λ 射光强成正比;

(2)当 $U_{AK}=0$ 时,$i\neq 0$,只有在 A、K 之间加上一定的反向电势差后,光电流才降为零,这一反向电势差的绝对值称为遏止电压,用 U_a 表示,这表明光电子逸出时就有一定的初动能,由功能关系可知,逸出的光电子的最大动能

$$\frac{1}{2}mv_{max}^2 = eU_a \tag{8.17}$$

(3)实验还发现,遏止电压与光强 I 无关,而是与照射光的频率成线性关系,对于不同金属的 U_a-ν 图像如图 8.8 所示,可知对各种不同的金属,图线皆为直线且斜率相同。其函数关系可表示为

$$U_a = k(\nu-\nu_0) \quad (\nu \geqslant \nu_0) \tag{8.18}$$

式中 k 是一个与金属材料无关的普适常量,ν_0 是图线在横轴上的截距。将式(8.18)代入式(8.17)有

$$\frac{1}{2}mv_{max}^2 = ek\nu - ek\nu_0 \tag{8.19}$$

可见光电子的最大初动能随入射光的频率增大而线性增大,与入射光的强度无关。

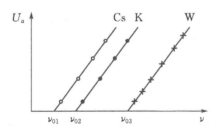

图 8.8　不同金属的 U_a-ν 图

式(8.19)表明,光电子初动能 $\frac{1}{2}mv^2 > 0$ 时,才能发生光电效应,则 $\nu \geqslant \nu_0$。实验事实也指

出,若入射光的频率 $\nu<\nu_0$,不论入射光的强度多大,照射时间多长,均不会发生光电效应。ν_0 称为金属的光电效应红限,也叫截止频率。不同的金属对应有自己的红限。

(4)只要入射光的频率 $\nu>\nu_0$,无论光强如何,光电子逸出与光照金属表面的延迟时间不超过 1 ns,几乎是同时发生。

按经典的电磁波理论,无论频率是多少的光照射,电子在电磁波的作用下,总可积累足够能量,均可发生光电效应,不存在红限;且光电子的初动能应随着光强增大而增大,而与入射光的频率无关;另外,如果光强很小,物质中的电子应经过较长时间积累到足够能量才能逸出,因而光电子发射不可能是即时的,等等。这一切经典理论的预言都被实验事实击得粉碎。

首先注意到量子假设有可能解决经典物理学所能碰到的其他困难的是爱因斯坦(Einstein)。1905 年他在普朗克量子假设的基础上,进一步提出了光量子(光子)概念。他认为光(辐射场)由光子组成,每一个光子的能量与辐射场的频率有如下关系

$$E = h\nu \tag{8.20}$$

在不同频率的辐射场的光子具有不同的能量,光子不但以粒子的形式发出,还且也以粒子的形式在空间传播和与物质相互作用。

当光射到金属表面上时,能量为 $h\nu$ 的光子被电子所吸收,电子把这能量的一部分用来克服金属表面对它的吸力,另一部分就是电子离开金属表面后的动能。这个能量关系可以写为

$$\frac{1}{2}\mu v_{\mathrm{m}}^2 = h\nu - A \tag{8.21}$$

式中 m 是电子的质量,v_{m} 是电子脱出金属表面后的速度,A 是电子脱出金属表面所需要作的功,称为脱出功。如果电子所吸收的光子的能量 $h\nu$ 小于 A,则电子不能脱出金属表面,因而没有光电子产生。可见光电效应的临界频率 $\nu_0 = A/h$,它与电极材料的脱出功 A 成正比。光的频率决定光子的能量,光的强度只决定光子的数目,光子多,产生的光电子也多。由爱因斯坦的光量子理论和光电效应的爱因斯坦方程得出的结果与光电效应的实验规律十分符合,这样,经典理论所不能解释的光电效应就得到了说明。

爱因斯坦根据狭义相对论以及光子以光速传播的事实得出,光子的动量 P 与能量 E 有如下关系

$$P = E/c$$

因此,光子的动量 P 与辐射场的波长 λ 有下列关系

$$P = h/\lambda \tag{8.22}$$

光子具有动量已在光压实验中得到证实,而普朗克常量将描述光的波动特性的频率和波长与描述其粒子特性的能量和动量紧密地联系了起来。

8.4.3　光的波粒二象性

波粒二象性是光的客观本性。光是由光子组成的,光是基本粒子之一,它是不可分割的。它具有能量、动量和质量等属性,这种属性称之为粒子性。光子的静止质量为零,具有动质量。

在光与物质相互作用时,光与物质中的原子、分子的作用都是以一个个光子的发射或吸收来进行的,个别光子的粒子性就会明显的表现出来,例如光电效应、康普顿散射、光化学反应以及植物的光合作用等都是如此。而且波长越短粒子性越明显,如 X 射线。在光强极其微弱时,光的粒子特性也会显现出来。在讨论这类问题时,普朗克常量 h 虽然很小却不可缺少,它

起着极其重要的作用。由于 h 极小,所以频率不十分高的光子能量和动量都很小,人们不易观测到一个一个的少数光子。例如一个 25 W 的电灯泡,假设发出的是波长为 500 nm 的绿光,可以算出它每秒发出的光子数为 6×10^{19} 个。人眼无法区别一个一个的光子,看到的只是连续的光流,它是大量光子的统计行为。这时光的波动性表现明显,它具有时间、空间的周期性,能够叠加产生干涉和衍射现象,这与经典波动光学得出的结果一致。此时用经典电磁波理论处理光的传播问题是很成功的。

光既具有粒子性,也具有波动性,这是光在不同场合表现出来的两种属性。二者是相互补充的,我们不可能仅用光的一种属性来概括全部的光学现象。在与光的传播有关的现象中,光的行为表现出波动性;在涉及光与物质相互作用的一类问题中,光的行为又显示出粒子性。一般情况下,为了使讨论的问题简单明了,我们可根据实际情况选择波动理论还是量子理论,或是选择半经典理论。

8.4.4　对光的本性的再认识

研究光的本性,一方面是为了更深刻地认识客观世界的运动本质;另一方面则是为了发展光学技术,使其更有效地为人类服务。所谓光的波动性和粒子性,实际上都是光在特定环境下的一种表现形式。如果抛开其本质,而仅仅从光所扮演的角色来看,我们也可以认为光是一种能量和信息的载体。

作为能量载体,光扮演着生命之神。正是有太阳光的照射,地球表面才得以温暖,生命才得以存活和延续。光合作用使植物获得生长,光辐射也可以使大量有害细菌无法繁殖,从而保障了大量动植物的健康。此外,激光以其高度的方向性,在极小的横截面上携带着极大的光能量,在医学上可以用来进行各种外科手术,在生物学上可以用来进行种子辐照、细胞分离以及改变组织结构等,在工程上可以用来进行材料切割、重熔成型、表面处理、诱发核聚变等,在军事上可以用作致盲和杀伤性武器。

作为信息载体,光所扮演的角色更为重要。从古代的烽火台到今天的光通信,从天体的观测到微观结构的分析,从照相机到激光视盘,光为我们人类传送着越来越多的信息。事实证明,以光作为载体传递信息,具有高速度、大容量、抗电磁干扰等优点,是未来信息技术发展的核心。

8.5　微粒的波粒二象性

8.5.1　德布罗意关系

玻尔理论所遇到的困难说明探索微观粒子运动规律的迫切性。为了达到这个目的,1924年德布罗意在光有波粒二象性的启示下,提出微观粒子也具有波粒二象性的假设。他认为 19世纪在对光的研究上,重视了光的波动性而忽略了光的微粒性。但在对实物的研究上,则可能发生了相反的情况,即过分重视实物的粒子性而忽略了实物的波动性。因此,他提出了一切微观粒子与光一样,都具有波粒二象性,每一个微观粒子都有一个波与它相联系,粒子的能量 E和动量 P 与波的频率 ν 和波长 λ 之间的关系,正像光子和光波的关系一样

$$E = h\nu \tag{8.23}$$

$$P = \frac{h}{\lambda}e_n = hk \tag{8.24}$$

这公式称为德布罗意公式,或德布罗意关系。

　　自由粒子能量和动量都是常量,所以由德布罗意关系可知:与自由粒子联系的波,它的频率和波矢(或波长)都不变,即它是一个平面简谐波。

　　我们知道,频率为 ν,波长为 λ,沿 x 方向传播的平面简谐波可用下面的式子表示:

$$\Psi = A\cos[2\pi(\frac{x}{\lambda} - \nu t)]$$

如果波沿单位矢量 n 的方向传播,则

$$\Psi = A\cos[2\pi(\frac{r \cdot n}{\lambda} - \nu t)] = A\cos[k \cdot r - \omega t] \tag{8.25}$$

最后一步推导用 $v = \frac{\omega}{2\pi}$ 和 $k = \frac{2\pi}{\lambda}n$。

　　把式(8.25)改写成复数形式

$$\Psi = Ae^{i(k \cdot r - \omega t)}$$

把(8.23)和(8.24)两式代入上式,我们得到与自由粒子相联系的平面波的波函数,或者说,描写自由粒子的波函数

$$\Psi = \Psi_0 e^{\frac{i}{\hbar}(p \cdot r - Et)} \tag{8.26}$$

式中 Ψ_0 是波函数的振幅,这一波函数既有反映波动性的波动表达式的形式,又有体现粒子性物理量 E 和 P,所以它体现了波粒二象性的特征。与自由粒子相联系的上述平面波称为德布罗意波。和经典力学中的描述不同,量子力学中描述自由粒子的平面波必须用复数形式,而不能用实数形式。

　　设自由粒子的动能为 E,粒子的速度远小于光速,则 $E = \frac{P^2}{2\mu}$,可知德布罗意波长为

$$\lambda = \frac{h}{P} = \frac{h}{\sqrt{2\mu E}}$$

如果电子被 U 伏的电势差加速,则 $E = eU$ 电子伏,e 是电子电荷的大小。将 h、μ、e 的数值代入后,可得

$$\lambda = \frac{h}{\sqrt{2\mu eU}} \approx \frac{12.25}{\sqrt{U}} \, (\text{Å}) \tag{8.27}$$

　　由此可知,用 150 V 的电势差所加速的电子,德布罗意波长为 0.1 nm,而当 $U = 10000$ V 时,$\lambda = 0.0122$ nm,所以德布罗意波长在数量级上相当于(或略小于)晶体中的原子间距,它比宏观线度要短得多,这就是为什么电子的波动性长期未被发现的原因。

8.5.2　电子衍射实验对德布罗意关系的证实

　　德布罗意假说的正确性,在 1927 年为戴维孙(Davisson)和革末(Germer)所做的电子衍射实验所证实。戴维孙和革末把电子束正入射到镍单晶上,观察散射电子束的强度和散射角之间的关系,所用的实验装置见图 8.9 所示。

　　电子束由电子枪发出,在晶体表面上被散射;散射电子束由法拉第圆筒收集,法拉第圆筒可以转动以调节筒与入射电子束之夹角,其电流由电流计读出。戴维孙和革末发现,散射电子

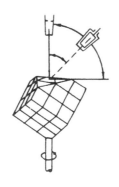

图 8.9　电子衍射实验

束的强度随散射角 θ 而改变,当 θ 取某些确定值时,强度有最大值。这现象与 X 射线的衍射现象相同,充分说明电子具有波动性。根据衍射理论,衍射最大值由公式 $n\lambda = d\sin\theta$ 确定,n 是衍射最大值的序数,λ 是衍射射线的波长,d 是晶体平面栅常数。戴维孙和革末用这公式计算电子的德布罗意波长,得到与式(8.24)一致的结果。

　　电子束在穿过细晶末或薄金属片后,也像 X 射线一样产生衍射现象(见图 8.10),这种实验也证明了式(8.24)的正确性。

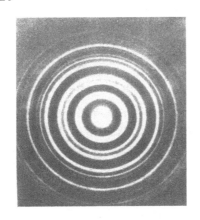

图 8.10　电子衍射图像

　　此外,也观察到原子、分子和中子等微观粒子的衍射现象,实验数据的分析都肯定衍射波波长和粒子动量间存在着德布罗意关系。这就说明,一切微观粒子都具有波粒二象性,德布罗意公式是描述微观粒子的基本公式。在现代技术中,电子衍射和中子衍射等已有了广泛的应用。电子显微镜便是一例,由于电子的波长可以很短,电子显微镜的分辨率可以达到 0.1 nm。

　　物质波概念的提出和实验上的证实,最终导致了量子力学的诞生。按照量子力学观点,任何物质粒子(实物粒子和光子等)都同时具有波粒二象性。只是在宏观领域,实物粒子的波动特性很难被观察到。只有在微观领域,实物粒子的波动特性才会明显地显露出来。物质波是一种概率波,它反映了大量微观粒子的统计行为,光子的波动性如同实物粒子一样,也服从概率波的统计规律。

8.6　波函数的统计诠释

为了表示微观粒子的波粒二象性,可以用平面波来描写自由粒子。平面波的频率和波长与自由粒子的能量和动量由德布罗意关系联系起来。平面波的频率和波矢都是不随时间或位置改变的,这和自由粒子的能量和动量不随时间或位置改变相对应。如果粒子受到随时间或位置变化的力场作用,它的动量和能量不再是常量,这时粒子就不能用平面波来描写,而必须用较复杂的波来描写。在一般情况下,我们用一个函数表示描写粒子的波,并称这个函数为波函数,它取复数值。描写自由粒子的德布罗意平面波是波函数的一个特例。

究竟怎样理解波函数和所描写的粒子之间的关系呢?

对这个问题曾经有过各种不同的看法。例如,有人认为描写粒子的波是由它所描写的粒子组成的。这种看法是不正确的。我们知道,衍射现象是由波的干涉而产生的,如果波真是由它所描写的粒子所组成的,则粒子流的衍射现象应当是由于组成波的这些粒子相互作用而形成的。但事实证明,在粒子流衍射实验中,照片上所显示出来的衍射图样和入射粒子流强度无关,也就是说和单位体积中粒子的数目无关。如果减少入射粒子流强度,同时延长实验的时间,使投射到像片上粒子的总数保持不变,则得到的衍射图样将完全相同。即使把粒子流强度减少到使得粒子一个一个地被衍射,只要经过足够长的时间,所得到的衍射图样也还是一样。这说明每一个波衍射的现象和其他粒子无关,衍射图样不是由粒子之间相互作用而产生的。

除了上面这个看法外,还有其他一些企图解释波函数的尝试,但都因与实验事实不符而被否定。

为人们普遍接受的波函数的解释,是由玻恩(Born)首先提出的。为了说明玻恩的解释,我们仍考察上述粒子衍射实验。如果入射电子流的强度很大,即单位时间内有许多电子被晶体反射,则照片上很快就出现衍射图样。如果入射电子流强度很小,电子一个一个地从晶体表面上反射,这时照片上就出现一个一个的点子,显示出电子的微粒性。这些点子在照片上的位置并不都是重合在一起的。开始时,它们看起来似乎是毫无规则地散布着。随着时间的延长,点子数目逐渐增多,它们在照片上的分布就形成了衍射图样,显示出电子的波动性。由此可见,实验所显示的电子的波动性是许多电子在同一实验中的统计结果,或者是一个电子在许多次相同实验中的统计结果。波函数正是为了描写粒子的这种行为而引进的。玻恩就是在这个基础上,提出了波函数的统计解释,他认为,物质波不以什么可观测的物理量相联系,波函数本身没有什么物理意义,而波函数在空间某点绝对值的平方和在该点邻近找到粒子的概率成正比。按照这种解释,描写粒子的波是概率波。

现在我们根据对波函数的这种统计解释再来看看衍射实验。粒子被晶体反射后,描写粒子的波发生衍射,在照片上的衍射图样中,有许多衍射极大和衍射极小。在衍射极大的地方,波的强度大,每一个粒子投射到这里的概率也大,因而投射到这里的粒子多,在衍射极小的地方,波的强度很小或等于零,粒子投射到这里的概率很小或等于零,因而投射到这里的粒子很少或者没有。

知道了描写微观体系的波函数后,由波函数绝对值(模)的平方,就可以得出粒子在空间任意一点邻近出现的概率,以后我们将看到,由波函数还可以得出体系的各种性质,因此我们说,波函数描写微观粒子体系的量子状态。

　　这种描写状态的方式和经典力学中描写质点状态的方式完全不一样。在经典力学中,通常是用质点的坐标和动量(或速度)的值来描写质点的状态。质点的其他力学量,如能量等,是坐标和动量的函数,当坐标和动量确定之后,其他力学量也就随之确定了。但是,在量子力学中,不可能同时用粒子坐标和动量的确定值来描述粒子的量子状态,因为粒子具有波粒二象性,粒子的坐标和动量不可能同时具有确定值。以后我们将看到,当粒子处于某一量子状态时,它的力学量(如坐标、动量)一般有许多可能值,这些可能值各自以一定的概率出现,这些概率都可以由波函数得出。

　　由于粒子必定要在空间中的某一点出现,所以粒子在空间各点出现的概率总和等于1,因而粒子在空间各点出现的概率只决定于波函数在空间各点的相对强度,而不决定于强度的绝对值。如果把波函数在空间各点的振幅同时加大一倍,并不影响粒子在空间各点的概率,换句话说,将波函数乘上一个常数值,所描写的粒子的状态并不改变。量子力学中的波函数的这种性质是经典波动过程(如声波、光波等等)所没有的。对于声波、光波等,体系的状态随振幅的大小而改变,如果把各处振幅同时加大二倍,那么声或光的强度到处都加大为四倍,这就完全是另一状态了。

　　总而言之,按照波函数的统计解释,在时刻 t,粒子出现在体积元 $\mathrm{d}x\mathrm{d}y\mathrm{d}z$ 内的概率,可以用波函数绝对值(模)的平方 $|\varPsi(x,y,z,t)|^2$ 与体积元 $\mathrm{d}x\mathrm{d}y\mathrm{d}z$ 的乘积求出,也就是说,$|\varPsi(x,y,z,t)|^2$ 给出粒子在点 (x,y,z) 邻近出现的概率密度。

　　根据统计诠释,要求粒子在空间各点的概率的总和为1,即要求波函数满足条件

$$\iiint_V |\varPsi(r,t)|^2 \mathrm{d}V = \iiint_V \varPsi(r,t)\varPsi^*(r,t)\mathrm{d}V = 1 \tag{8.28}$$

式中 V 为波函数存在的所有空间,式(8.28)称为波函数的归一化条件,该条件要求波函数平方可积。

　　波函数 $\varPsi(r)$ 尚未归一化,即

$$\iiint_V |\varPsi_A(r,t)|^2 \mathrm{d}V = A \quad (A > 0)$$

则有

$$\iiint_V |\varPsi(r,t)|^2 \mathrm{d}V = \iiint_V \varPsi(r,t)\varPsi^*(r,t)\mathrm{d}V = 1 \tag{8.29}$$

　　由于波函数具有统计意义,所以波函数必须具有一定条件:因为在任何有限体积元中出现的概率只有一个,所以波函数一定是单值的;由于概率不可能无限大,所以波函数必须是有限的;另外概率不会在某处发生突变,所以波函数必定是处处连续。上述三条件称为波函数标准条件,在分析和处理微观粒子的运动状态时会经常用到。

8.7　不确定关系

　　在经典力学中,质点在任何时刻都有完全确定的位置、动量、能量、角动量等。与此不同,微观粒子具有明显的波动性,以致它的某些成对物理量不可能同时具有确定的量值。例如位置坐标和动量、角动量等,其中一个量确定越准确,另一个量的不确定度就越大。我们以电子的单缝衍射实验结果来说明这个问题。

　　如图 8.11 所示,当电子束入射到缝宽为 a 的单缝上时,就会发生衍射现象. 根据单缝衍

射的公式,其第一级暗纹的关系式为

$$a\sin\theta = \lambda$$

若以 x 表示电子的 x 坐标,当电子通过狭缝时,电子的位置就被限制在宽为 a 的缝里,Δx 表示决定电子位置的不确定量,则

$$\Delta x = a$$

同时,由于衍射的缘故,电子速度的方向有了变化,电子的动量也就有了变化。如果只考虑中央明纹,即两边第一级暗纹间的明纹,则电子衍射后位于图 8.10 中的 2θ 角之内。设电子的动量值为 p,经衍射后平行于 x 轴的动量分量的不确定量取决于角 θ。即

$$\Delta p_x = p\sin\theta$$

将和第一暗纹的关系式 $\sin\theta = \dfrac{\lambda}{a}$,及德罗意关系式 $p = \dfrac{h}{\lambda}$ 代入,可得

$$\Delta p_x = \frac{h}{\lambda} \cdot \frac{\lambda}{a} = \frac{h}{a}$$

将 $\Delta x = a$ 代入,则得

$$\Delta x \Delta p_x = h$$

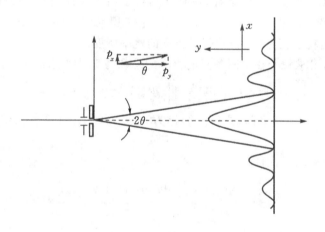

图 8.11　电子的单缝衍射

考虑到还有一些电子落在中央明纹以外区域的情况,应有

$$\Delta x \Delta p_x \geqslant h \tag{8.30}$$

经过量子力学的严格推导,上式应为

$$\Delta x \Delta p_x \geqslant h/2 \tag{8.31}$$

这就是著名的海森伯(Heisenberg)位置和动量的不确定关系(曾称为测不准关系式)。不确定关系式表明,微观粒子的位置坐标和同一方向的动量不可能同时具有确定值。减少 Δx,将使 Δp_x 增大,即位置确定越准确,动量确定就越不准确,这和实验结果是一致的。如作单缝衍射实验时,缝越窄,电子在底片上分有的范围就越宽。因此,对于具有波粒二象性的微观粒子,不可能用某一时刻的位置和动量描述其运动状态,轨道的概念已失去意义,经典力学规律也不再适用。

不确定关系是微观客体具有波粒二象性及其统计关系的必然结果,并非仪器对粒子的干扰,也不是仪器有误差的缘故,是物理学中一个重要的基本规律,在微观世界的各个领域中有

很广泛的应用。由于通常都是用作数量级估算,有时也写成 $\Delta x \Delta p_x \geqslant h$ 等形式。

不确定关系不仅存在于坐标和动量之间,也存在于能量和时间之间,如果微观粒子处于某一状态的时间为 Δt,则其能量必有一个不确定量 ΔE,由量子力学可推出二者之间关系为

$$\Delta E \Delta t \geqslant \frac{h}{2} \tag{8.32}$$

式(8.32)称为能量和时间的不确定关系。利用该关系式可以解释原子在各激发态的平均寿命 Δt 和它在该激发态的能级宽度 ΔE 之间的关系。原子在激发态的典型的平均寿命 $\Delta t = 10^{-8}$ s,由能量和时间的不确定度关系可知,原子激发态的能级的能量值一定有一不确定量 $\Delta E \geqslant \frac{h}{2\Delta t} \approx 10^{-8}$ eV,这就是激发态的能级宽度。这与原子由激发态跃迁到基态的光谱线有一定宽度的实验事实是相符的。显然,除基态外,原子的激发态平均寿命越长,能级宽度就越小,反之亦然。

例 8.1 有一枪弹质量为 50 g,测得它和一个电子的速率相同,都是 300 m/s,测速率的不确定度为 0.01%,问测枪弹和电子的位置坐标时,不确定量各为多少?

解 根据海森伯不确定关系

$$\Delta x \Delta p_x \geqslant \frac{h}{2}$$

对于电子:

$$\Delta p_x = m \Delta v_x = 9.11 \times 10^{-31} \times 300 \times 0.01\%$$
$$= 2.73 \times 10^{-32} \text{ kg} \cdot \text{m} \cdot \text{s}^{-1}$$
$$\Delta x \geqslant \frac{h}{2\Delta p_x} = \frac{1.055 \times 10^{-34}}{2 \times 2.7 \times 10^{-32}} = 1.93 \text{ mm}$$

这一数值对电子来说已是相当大了。

对于子弹:

$$\Delta p_x = m \Delta v_x = 0.05 \times 0.01\% = 1.5 \times 10^{-3} \text{ kg} \cdot \text{m} \cdot \text{s}^{-1}$$
$$\Delta x \geqslant \frac{h}{2\Delta p_x} = \frac{1.055 \times 10^{-34}}{2 \times 1.5 \times 10^{-3}} = 3.52 \times 10^{-32} \text{ mm}$$

这一数值对子弹来说是微不足道的,可见不确定关系对宏观物体的测量实际是没有影响的。它对微观量的测量的影响还将在后几节讨论。

例 8.2 取原子的线度约 10^{-10} m,试求原子中电子速度的不确定量。

解 原子中电子的位置不确定 $\Delta x = 10^{-10}$ m,由不确定关系得

$$\Delta v_x \geqslant \frac{h}{m \Delta r} = \frac{1.05 \times 10^{-34}}{9.11 \times 10^{-31} \times 10^{-10}} = 1.16 \times 10^6 \text{ m} \cdot \text{s}^{-1}$$

由玻尔理论可估算出氢原子中电子的轨道运动速度约为 10^6 m·s^{-1},可见速度的不确定量与速度大小的数量级基本相同。因此,原子中电子在任一时刻没有完全确定的位置和速度,也没有确定的轨道,不能看成经典粒子,波动性十分显著,电子的运动必须用电子在各处的概率分布来描述。

例 8.3 实验测定原子核线度的数量级为 10^{-14} m,应用不确定度关系估算电子如被束缚在原子核中时的动能,从而判断原子由质子和电子组成是否可能。

解 若假设原子核由质子和电子组成,电子在原子粒子中位置的不确定量为 $\Delta r = 10^{-14}$ m,

由不确定关系得

$$\Delta p \geqslant \frac{h}{2\Delta r} = \frac{1.05 \times 10^{-34}}{2 \times 10^{-14}} = 0.53 \times 10^{-20} \ \text{kg} \cdot \text{m} \cdot \text{s}^{-1}$$

由于动量的数值不可能小于它的不确定量,故电子的动量

$$p \geqslant 0.53 \times 10^{-20} \ \text{kg} \cdot \text{m} \cdot \text{s}^{-1}$$

考虑到电子在此动量下有极大的速度,应遵守相对论的能量动量规律

$$E^2 = p^2 c^2 + m_0^2 c^4$$

故它的能量最大值约为

$$E = \sqrt{p^2 c^2 + m_0^2 c^4} = 1.65 \times 10^{-12} \ \text{J}$$

电子在原子核中的动能最大值约为

$$E_k = E - m_0 c^2 \approx 1.65 \times 10^{-12} \ \text{J} = 10 \ \text{MeV}$$

理论证明,电子具有这样大的动能足以把原子核击碎。所以,把电子禁锢在原子核内是不可能的,这就否定了原子核是由质子和电子组成的假设。

8.8　非线性光学简介

当光在物质中传播与物质发生相互作用时,通常假定物质原子对光波电磁场的响应是线性的,这理论称为线性光学,也就是普通的波动光学。

在线性光学中,光的频率不会改变,介质吸收系数、折射率等各种参数都是与光强无关的常数。在光(弱光)的作用下,介质的极化强度 P 与光矢量 E 在量值上有下列关系:

$$P = \varepsilon_0 \chi_0 E = \alpha E \tag{8.33}$$

当强激光进入介质中时,原子对光波电磁场的响应不仅决定于场强的一次项,也与场强的高次项有关,即响应一般是非线性的,研究这些特性的学科称为非线性光学。这就是说,非线性光学研究介质在强光作用的现象及理论。

在非线性光学中,光的频率会改变,介质的吸收系数、折射率等各种参数不再是与光强无关的常数。在强光作用下,介质的极化强度与光矢量量值有下列关系:

$$P = \alpha E + \beta E^2 + \gamma E^3 + \cdots \tag{8.34}$$

式中 α、β、$\gamma \cdots$ 是与介质有关的系数,理论证明

$$\frac{\beta E^2}{\alpha E} \approx \frac{\gamma E^3}{\beta E^2} \approx \cdots \approx \frac{E}{E_a} \tag{8.35}$$

式中 E_a 代表介质原子内的电场强度,其数量级为 $10^{10} \sim 10^{11} \ \text{V} \cdot \text{m}^{-1}$,而普通光源发射的光波中,光矢量 $E \approx 10^3 \sim 10^4 \ \text{V} \cdot \text{m}^{-1}$,$\frac{E}{E_a} \ll 1$,所以近似有 $P \approx \alpha E$,而得到线性光学效应。但强激光的 $E \approx 10^9 \sim 10^{12} \ \text{V} \cdot \text{m}^{-1}$,这时就不能略去 P 中所包含的 E 的高次项,非线性光学效应就产生了。

非线性光学现象很普遍,一般说来,可以分为二大类。一类是强光与无源介质相互作用的非线性光学现象;另一类是强光与激活介质相互作用的非线性光学现象。所谓无源介质,是指这种介质在与强光相互作用时,自身的特征频率不明显地影响光波的频率,与无源介质有关的线性光学现象有光学整流、光学倍频、光学混频和自聚焦等。所谓激活介质,是指这种介质在

与强光相互作用时,将以自身的特征频率去影响光波的频率,与激活介质有关的非线性光学现象有受激拉曼散射,受激布里渊散射等。下面介绍二种非线性光学现象。

1. 倍频和混频

设入射到介质中的光波的电场强度为

$$E = E_0 \cos\omega t$$

将其代入式(8.34)中的前二项,即只保留一次非线性项,则有

$$P = \alpha E_0 \cos\omega t + \beta(E_0 \cos\omega t)^2 = \alpha E_0 \cos\omega t + 12\beta E_0^2 + 12\beta E_0^2 \cos 2\omega t \tag{8.36}$$

式(8.36)中右边第一项表明,存在与入射光场相同的偶极振动,它将辐射与入射波同频率的光波。右边的第二项是恒定极化项或称直流项,它表明如果一束很强的线偏振光入射到非线性晶体上,晶体中将出现恒定的极化电荷,它对应一个恒定的电场,其电势差与 E_0^2 成正比。这种从一个交变电场得到一个恒定电场的现象称为光学整流。右边第三项表明,存在频率为入射光频率两倍的偶极振动,它将辐射频率为入射光频率两倍的倍频光,这种现象称为光学倍频。激光问世后一年,弗兰肯将红宝石激光($\lambda = 0.6943~\mu m$)聚焦在石英晶体上,在出射光的光谱中找到了波长为 $0.34715~\mu m$ 的倍频光谱线。不过当时只有亿分之一的入射光能量被转换成倍频光能量。理论表明,若考虑相位匹配,可提高能量转换效率。例如,使用 KDP 晶体,由 $1.06~\mu m$ 的基频光转变为 $0.53~\mu m$ 的倍频光,转换效率已经达到 80%。此外,在方解石晶体中,已经观察到三倍频谐波。

当两种不同频率的强光入射到介质中时,入射光写成

$$E = E_{01} \cos\omega_1 t + E_{02} \cos\omega_2 t$$

代入式(8.34),也只考虑前二项,可得极化强度为

$$P = \alpha(E_{01} \cos\omega_1 t + E_{02} \cos\omega_2 t) + \frac{\beta E_{01}^2}{2}(\cos 2\omega_1 + 1)$$

$$+ \frac{\beta E_{02}^2}{2}(\cos 2\omega_2 + 1) + \beta E_{01} E_{02}[\cos(\omega_1 + \omega_2)t + \cos(\omega_1 - \omega_2)t]$$

式中除了直流项和倍频项外,还有和频($\omega_1 + \omega_2$)项及差频($\omega_1 - \omega_2$)项,它们都将辐射相应频率的次波,这种现象称为光学混频。光学混频原理已用于制作光学参量放大器和光学参量振荡器。

2. 自聚焦效应

强激光入射到某些各向同性介质(如二硫化碳、甲苯等)中时,折射率不再是常数,而是随着光的功率密度而增大,一般在强激光光束的中心部分光的功率密度比外围大,因而位于中心部分的介质折射率就比外围大,这种折射率由中心向外减少的特性使介质具有凸透镜的会聚性质,即光束直径要缩小,其后果是中心部分光的功率密度更大,这又使光束继续收缩,最后形成一根直径只有几微米的细丝,这就是光的自聚焦现象,由于细丝内介质的折射率比周围介质折射率大得多,这部分介质就像光导纤维,全反射将细丝内的光线保持在细丝内传播,形成一个极细的光通道。

复习思考题

1. 19 世纪末,经典物理学遇到了几大难题?

2. 普朗克光量子假设的内容是什么?

3. 爱因斯坦光量子理论的基本内容是什么? 爱因斯坦是如何解释光电效应问题的?

4. 康普顿效应如何用光量子理论解释?

5. 为什么说德布罗意关系描述了实物粒子的波粒二象性?

6. 戴维孙-革末实验如何证实了德布罗意关系的正确性?

7. 在大风天和雾天,为了避免和对面来的车相碰,汽车必须打开雾灯,试解释为什么雾灯是橘红色的?

8. 有些地方刮大风时,天空会呈现黄色,称为"黄风天",试解释其原因。

9. 云和雾为什么是白色的?

10. 为什么点燃的香烟冒出的烟是淡蓝色的,而吸烟者口中吐出的烟却是白色的?

习题八

8.1 选择题

1. 已知某单色光射到一个金属表面产生了光电效应,若此金属的逸出电势是 U_0(使电子从金属逸出需做功 eU_0),则此单色光的波长 λ 必须满足(   )。

A.$\lambda \leqslant hc/(eU_0)$ B.$\lambda \geqslant hc/(eU_0)$ C.$\lambda \leqslant eU_0/(hc)$ D.$\lambda \geqslant eU_0/(hc)$

2. 光电效应和康普顿效应都包含有电子与光子的相互作用过程。对此,在以下几种理解中,正确的是(   )。

A. 两种效应中电子与光子两者组成的系统都服从动量守恒定律和能量守恒定律

B. 两种效应都相当于电子与光子的弹性碰撞过程

C. 两种效应都属于电子吸收光子的过程

D. 光电效应是吸收光子的过程,而康普顿效应则相当于光子和电子的弹性碰撞过程

3. 要使处于基态的氢原子受激发后能发射赖曼系的最长波长的谱线,至少应向基态氢原子提供的能量是(   )。

A.1.5 eV   B.3.4 eV   C.10.2 eV   D.13.6 eV

4. 测不准关系式 $\Delta x \Delta px \geqslant h$ 表示在 x 方向上(   )。

A. 粒子位置不能确定

B. 粒子动量不能确定

C. 粒子位置和动量都不能确定

D. 粒子位置和动量不能同时确定

8.2 填空题

1. 已知某金属的逸出功为 A,用频率为 ν_1 的光照射金属能产生光电效应,则该金属的红限频率 $\nu_0 = $ _____;$\nu_1 > \nu_0$,且遏止电势差 $|U_a| = $ _____。

2. 康普顿散射中,当出射光子与入射光子方向成夹角 $\theta = $ _____时光子的频率减少得最多;当 $\theta = $ _____时,光子的频率保持不变。

3. 设描述微观粒子运动的波函数为 $\Psi(r,t)$,则 $\Psi\Psi^*$ 表示 _____;$\Psi(r,t)$ 须满足的条件是 _____;其归一化条件是 _____。

8.3 计算题

1. 从钼中移出一个电子需要 4.2 eV 的能量。用波长为 200 nm 的紫外光投射到钼的表面上,求:

(1)光电子的最大初动能;

(2)遏止电压;

(3)钼的红限波长。

2. 锂的光电效应红限波长 $\lambda 0 = 0.50\ \mu m$,求:

(1)锂的电子逸出功;

(2)用波长 $\lambda = 0.33\ \mu m$ 的紫外光照射时的遏止电压。

3. 求下列各种射线光子的能量、动量和质量:

(1)$\lambda = 0.70\ \mu m$ 的红光;

(2)$\lambda = 2.5$ nm 的 X 射线;

(3)$\lambda = 0.124$ nm 的 γ 射线。

4. 波长 $\lambda = 7.08$ nm 的 X 射线在石蜡上受到康普顿散射,求在 $\dfrac{\pi}{2}$ 和 π 方向上散射 X 射线的波长。

5. 已知 X 光光子能量为 0.60 MeV,在康普顿散射后波长改变了 20%,求反冲电子获得的能量和动量大小。

6. 试证:如果确定一个运动的粒子的位置时,其不确定量等于这粒子的德布罗意波长,则同时确定这粒子的速度时,其不确定量将等于这粒子的速度。(不确定度关系式 $\Delta x \Delta p_x \geqslant h$)

7. 光电效应和康普顿效应,都包含电子与光子的相互作用。问这两个过程有什么不同?

8. 计算初速很小的电子经过 100 V、1000 V 电压加速后的德布罗意波长。

9. 常温下的中子称为热中子。试计算 $T = 300$ K 时,热中子的平均动能,由此估算其德布罗意波长。

10. 若一个电子的动能等于它的静能,试求该电子的动量、速率和德布罗意波长。

11. 光子与电子的波长都是 20 nm,它们的动量和总能量各为多少? 电子动能为多少?

12. 作一维运动的电子,其动量不确定量是 $\Delta p_x = 10^{-25}$ kg·m·s^{-1},能将这个电子约束在内的最小窗口的大概尺寸是多少?

13. 一个质量为 m 的粒子,约束在长度为 L 的一维线段上,试根据不确定度关系估算这个粒子所能具有的最小能量值。

14. (1)如果一个电子处于某能态的时间为 10^{-8} s,这个能态能量的最小不确定量为多少?

(2)设电子从该能态跃迁到基态,辐射能量为 3.4 eV 的光子,求这个光子的波长及这个波长的最小不确定量。

15. 一个电子的速率为 3×10^6 m·s^{-1},如果测定速率的不明确度为 1%,同时测定电子位置的不确定量是多少? 如果这是原子中的电子,可以认为它作轨道运动吗?

16. 同时确定能量为 1 keV 的作一维运动的电子的位置与动量时,若位置的不确定值在 1.0×10^{-10} m 内,则动量的不确定值的百分比 $\Delta p / p$ 至少为何值?

科学家介绍

薛定谔

薛定谔，E.（Erwin Schrödinger 1887—1961）奥地利理论物理学家，是波动力学的创始人。

薛定谔 1887 年 8 月 12 日生于维也纳。1906—1910 年，他在维也纳大学物理系学习。1910 年获博士学位，毕业后，在维也纳大学第二物理研究所工作。1913 年与 R. W. F. 科耳劳施合写了关于大气中镭 A（即 218Po）含量测定的实验物理论文，为此获得了奥地利帝国科学院的海廷格奖金。第一次世界大战期间，他服役于一个偏僻的炮兵要塞，利用闲暇研究物理学。战后他回到第二物理研究所。1920 年移居耶拿，提任 M.维恩的物理实验室助手。

1921 年，薛定谔受聘到瑞士苏黎士大学任数学物理学教授，在那里工作了 6 年。开头几年，他主要研究有关热学的统计理论问题，写出了有关气体和反应动力学、振动、点阵振动（及其对内能的贡献）的热力学以及统计等方面的论文。他还研究过色觉理论，他对有关红绿色盲和蓝黄色盲频率之间的关系的解释为生理学家们所接受。

1925 年底到 1926 年初，薛定谔在 A. 爱因斯坦关于单原子理想气体的量子理论和 L. V. 德布罗意的物质波假说的启发下，从经典力学和几何光学间的类比，提出了对应于波动光学的波动力学方程，奠定了波动力学的基础。他最初试图建立一个相对论性理论，得出了后来称之为克莱因-戈登方程（见场方程）的波动方程，但由于当时还不知道电子有自旋，所以在关于氢原子光谱的精细结构的理论上与实验数据不符。以后他又改用非相对论性波动方程，即以后人们称之为薛定谔方程来处理电子，得出了与实验数据相符的结果。1926 年 1～6 月，他一连发表了四篇论文，题目都是《量子化就是本征值问题》，系统地阐明了波动力学理论。

在此以前，德国物理学家 W. K. 海森伯、M. 玻恩和 E. P. 约旦于 1925 年 7～9 月通过另一途径建立了矩阵力学。1926 年 3 月，薛定谔发现波动力学和矩阵力学在数学上是等价的，是量子力学的两种形式，可以通过数学变换，从一个理论转到另一个理论。

薛定谔起初试图把波函数 ψ 解释为三维空间中的振动振幅，把 $\psi\psi*$ 解释为电荷密度，把粒子解释为波包。但他无法解决"波包扩散"的困难。最后物理学界普遍接受了玻恩提出的波函数的几率解释。

1927 年，薛定谔接替 M. 普朗克，到柏林大学担任理论物理学教授，与普朗克建立了亲密的友谊。同年在莱比锡出版了他的《波动力学论文集》。1933 年，薛定谔对于纳粹政权迫害杰出科学家的倒行逆施深为愤慨，同年 11 月初移居英国牛津，在马格达伦学院任访问教授。就在这一年他与 P. A. M. 狄喇克共同获得诺贝尔物理学奖。

1936 年冬，薛定谔回到奥地利的格拉茨。奥地利被纳粹德国吞并后，他陷入了十分不利的处境。1938 年 9 月，他在友人的协助下，回到英国牛津。1939 年 10 月转到爱尔兰，在都柏林高级研究所理论物理学研究组中工作了 17 年。

在后期，薛定谔研究有关波动力学的应用及统计诠释，新统计力学的数学特征以及它与通常的统计力学的关系等问题。他还探讨了有关广义相对论的问题，并对波场作相对论性的处理。此外，他还写出了有关宇宙学问题的一些论著。与爱因斯坦一样，薛定谔在晚年特别热衷把爱因斯坦的引力理论推广为一个统一场论,但也没有取得成功。

薛定谔对哲学有浓厚的兴趣。早在第一次世界大战时期,他就深入研究过 B. 斯宾诺莎、A. 叔本华、E. 马赫、R. 西蒙、R. 阿芬那留斯等人的哲学著作。晚年,他致力于物理学基础和有关哲学问题的研究,写了《科学和人文主义——当代的物理学》(英文版,1951)等哲学性著作。

1944 年,薛定谔还发表了《生命是什么?——活细胞的物理面貌》一书(英文版,1948;中译本,1973)。在此书中,薛定谔试图用热力学、量子力学和化学理论来解释生命的本性,引进了非周期性晶体、负熵、遗传密码、量子跃迁式的突变等概念。这本书使许多青年物理学家开始注意生命科学中提出的问题,引导人们用物理学、化学方法去研究生命的本性,使薛定谔成了今天蓬勃发展的分子生物学的先驱。

1956 年薛定谔返回奥地利,奥地利政府给予他以极大的荣誉,设立了以薛定谔的名字命名的国家奖金,由奥地利科学院授给。第一次奖金于 1957 年授与薛定谔本人。1957 年他一度病危。1961 年 1 月 4 日,他在奥地利的阿尔卑巴赫山村病逝。

第 9 章

X 射线　激光

1895 年,德国物理学家伦琴(W. K. Rontger)在用真空放电管研究稀薄气体放电时,发现一种肉眼看不见、但可使荧光物质发出荧光、穿透能力很强的射线;伦琴将它称为 X 射线,即未知射线的意思。科学界为了纪念伦琴把它命名为伦琴射线。1912 年,劳厄(M. VonLaue)用晶体衍射实验,证明 X 射线类似于光波,是一种波长比紫外线更短的电磁波。X 射线的发现,对物质微观结构理论的深入研究和技术上的应用,特别是对医学科学领域的不断创新和突破都有十分重大的意义。X 射线被发现后不久就成功地应用于放射治疗,现在已经是医学诊断和治疗疾病的主要手段之一,也早已成为现代医学不可缺少的工具。

激光是 20 世纪 60 年代出现的重大科技成果之一,它的出现标志着人类对光的掌握和利用进入到了一个新的阶段,并由此带动了通信技术、信息储存与显示技术的巨大进步。目前,激光技术已广泛渗透到国防建设、工农业生产、信息通讯、生物工程、医药等各个领域。

本章将主要介绍 X 射线的产生、性质、吸收、医学应用等知识,以及激光的基本原理、激光的特性和生物效应以及激光在医学领域的一些应用。

9.1　X 射线的产生及基本性质

9.1.1　X 射线的产生

1. X 射线的产生装置

X 射线的发生装置(X 光机)主要包括 X 射线管、低压电源和高压电源三个部分,图 9.1 是较为典型的全波整流 X 射线产生装置原理示意图。其中 X 射线管是装置的核心部件,是由硬质玻璃管内部抽成高度真空,封装阴极和阳极两个电极。高真空度的空间,以保证高速电子流免受空气分子的阻挡而降低能量,同时又可保证灯丝不至因氧化而被烧毁。

阴极(灯丝、电子源)由卷绕的钨丝做成,单独由低压电源(一般为 2~18 V)供电,能通过 2~10 A 的可调电流,使灯丝灼热而发射电子。灯丝电流越大,温度越高,单位时间内所发射的热电子数就越多。

阳极(阳靶)正对着阴极,通常是铜制成的圆柱体,在柱端斜面上嵌有一小块钨板,作为高速电子冲击的目标,称其为阳靶。阴、阳两极间所加的几十千伏到几百千伏的直流电压称为管电压,阴极所发射的热电子在强大的电场作用下高速奔向阳极,形成管电流。这些高速电子流突然被阳极靶阻止时,就有 X 射线辐射出来。

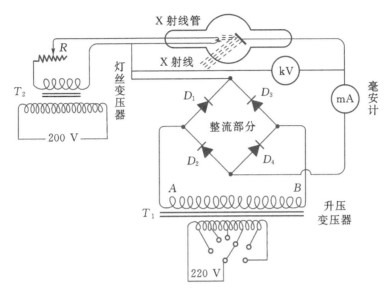

图 9.1　X 射线产生装置原理图

2. X 射线的产生条件

医学上是利用高速电子流轰击靶物质而产生 X 射线的。因此,X 射线的产生必须具备两个条件:①有高速运动的电子流;②有接受高速运行的电子流轰击的障碍物(阳靶),使其所具有的能量转变成 X 射线(X 光子)的能量。

X 射线管工作时,仅有不足 1% 的电子动能转变为 X 射线,其余 99% 以上的电子动能都转变成热能,从而使阳极靶面温度急剧升高。为了避免阳极靶面因高温而熔化,通常采用熔点高达 3370℃ 的钨板作为电子直接轰击的阳极靶面,并将其嵌在导热性能好的铜制圆柱体中,便于散热。在大功率的 X 射线管中,阳极都设计制作成可旋转式,使高速电子流的轰击部位不断改变,将产生的热量分散在较大的面积上,不至因温度急剧上升损毁阳极。尽管如此,阳极仍不能连续工作时间太久,工作一段时间后都要关机待冷却后方可再次使用。

实际上,X 射线的实际利用率也是很低的。从 X 射线窗口射出供使用的 X 射线,仅占阳极靶面产生 X 射线总量的不足 10%,其余的 90% 都被阳极靶、管壳、管壁等吸收了。

9.1.2　X 射线衍射

1. X 射线衍射

晶体是原子有规则排列起来的结构,晶体中两个相邻微粒(原子、分子、离子)的距离约在 0.1 nm 的数量级。普通 X 射线的波长范围约为 0.001～10 nm,晶体中相邻微粒间距的数量级与此相仿,所以晶体微粒有规则排列起来的结构可以用作 X 射线很合适的三维衍射光栅。1912 年劳厄(M. V. Laue)等人根据理论预见,首次观察到 X 射线的衍射现象,科学界称其为"劳厄图样"。劳厄设想的证实一举解决了 X 射线的本性问题,并初步揭示了晶体的微观结构,成为 X 射线衍射学科的第一个里程碑。由于发现 X 射线在晶体中的衍射现象,劳厄获得了 1914 年的诺贝尔物理学奖。

布拉格父子(W. H. Bragg 和 W. L. Bragg)于 1913 年对 X 射线衍射进行了定量研究。

图 9.2 是 X 射线衍射原理示意图,图中黑点表示原子,通过各黑点的直线表示由一系列平行原子层组成的晶格平面,d 是相邻两晶格平面之间的距离,称为晶格常数(lattice constant)。当 X 射线沿掠射角 φ(与晶格平面的夹角)照射到晶体上,由于晶体表面和体内的原子都成为子波中心向各方向发射 X 射线,散射的 X 射线彼此相干在空中形成干涉现象。

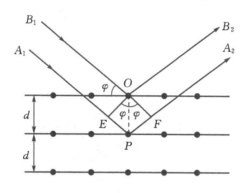

图 9.2　X 射线的衍射

由图 9.2 可知,相邻两晶格平面的反射线 OB_2 和 PA_2 的光程差为

$$EP + PF = 2OP \cdot \sin\varphi = 2d\sin\varphi$$

由此可得 X 射线反射光的加强条件是

$$2d\sin\varphi = k\lambda \quad (k = 1,2,3,\cdots) \tag{9.1}$$

式(9.1)称为布拉格定律。式中 φ 为相应某一束入射 X 射线的衍射角,d 是晶面中微粒层间的距离,k 则称衍射级数。这是晶体学中最基本的方程之一,也称为布拉格方程(Bragg's equation)。布拉格父子共同获得了 1915 年的诺贝尔物理学奖。

由布拉格方程可知,若已知晶格常数和掠射角就可以计算出入射 X 射线的波长 λ,这就是 X 射线光谱分析法和 X 射线摄谱仪的基本原理。如果已知 X 射线波长和掠射角,就可以测出晶格点阵原子的位置和间隔,分析晶体的结构,它已发展为独立的 X 射线结构分析学。

X 射线衍射在物理学、化学、生物学、医学、药学以及材料研究等领域已得到越来越广泛的应用,成为分析物质结构的重要手段之一。1952 年,生物学家沃森和物理学家克里克用 X 射线衍射实验图样及数据,最终发现了 DNA 的双螺旋结构,打开了生物学研究从细胞水平进入分子水平的大门,使人们对微观世界的认识深入到更深层次。为此,沃森和克里克在 1962 年获得诺贝尔生理学或医学奖。

例 9.1　X 射线投射在 KCI 晶体上,二级布拉格反射角 φ 为 30°,若 X 射线的波长为 0.157 nm,KCI 晶体晶面间距是多少?

解　KCI 晶体晶面间距为

$$d = \frac{k\lambda}{2\sin\varphi} = \frac{2 \times 0.157}{2\sin 30°} = 0.314 \text{ nm}$$

利用 X 射线衍射的基本原理,布拉格父子设计了既能观察 X 射线衍射,又可摄取 X 射线谱的实验装置——X 射线摄谱仪。如图 9.3 所示,X 射线束先后通过两个铅屏上的狭缝射到晶体光栅上,当入射 X 射线的方向相对于晶体为某一角度时,入射 X 射线中某一波长刚好满足式(9.1)的关系,就将有一束反射 X 射线从晶体射到放置在其附近的圆弧形胶片上。波长愈短的射线,掠射角 φ 愈小。转动晶体,改变 φ 角,就可以使不同波长的 X 射线在不同的方向上得到加强并射向胶片。当晶体往复转动时,反射 X 射线束就在胶片上从一端到另一端反复感光,取下胶片冲洗后就可获得图 9.4 所示的 X 射线谱。利用摄谱仪还可获得单色 X 射线。

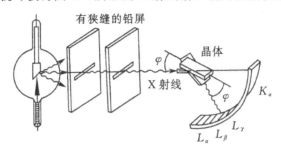

图 9.3　X 射线摄谱仪原理图

2. X 射线谱

通常从 X 射线管发出的 X 射线不是单色的,它包含许多不同的波长成分,将其强度按照 X 射线波长的次序排列开来的图谱,叫做 X 射线谱。

图 9.4 是钨靶 X 射线管所发射的 X 射线谱,上图是谱线强度与波长关系的曲线,下图是照在底片上的射线谱。从图中可以看出,X 射线谱包含两部分:①曲线下划斜线的部分对应于照片上的背景,它包含各种不同波长的射线,叫做连续 X 射线。②曲线上凸出的尖端,具有较大的强度,对应于照片上明显谱线,这相当于可见光中的明线光谱,叫做标识 X 射线。产生连续谱和标识谱的机制是不同的。

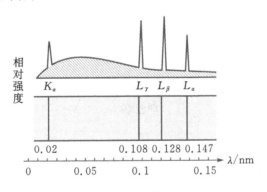

图 9.4　X 射线谱示意图

实验表明,当 X 射线管管电压较低时,它只发射连续 X 射线谱。连续 X 射线谱的发生机制是轫致辐射过程。当高速电子流撞击阳极靶时,电子在原子核电场的作用下,其速度发生急剧变化,导致电子动能损失,其中一部分动能 ΔE 转化为光子的能量 $h\nu$ 并以电磁辐射的形式发射出去。由于每个电子与靶原子作用时的相对位置不同,且每个电子与靶原子作用前具有的能量也不同,所损失的动能 ΔE 有不同的数值,因此发射的 X 光子的频率各不相同,这样就形成了在一定范围内频率(或波长)连续分布的 X 射线谱。

图 9.5 绘出了钨靶 X 射线管在四种较低的管电压下的 X 射线谱。由图可见,在不同管电压作用下连续 X 射线谱的位置并不一样,谱线的强度随波长的变化而连续变化,具有以下特

点：①每条曲线都有一个相对强度的最大值；有一个最短的波长 $\lambda_{\min}$，叫做短波极限。②随着管电压增大，各波长对应的相对强度都增大，而且相对强度最大值和短波极限都向短波方向移动。③短波极限 $\lambda_{\min}$ 与阳靶材料无关，仅由管电压决定。

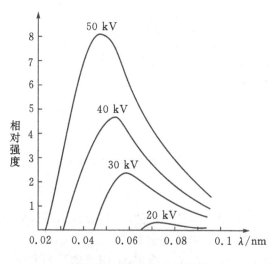

图 9.5　钨的连续 X 射线谱

设管电压为 U，电子电量为 e，则电子在管电压加速下获得的动能为 eU，并将其动能全部转变为 X 光子的能量 $h\nu_{\max}$，$\nu_{\max}$ 是与短波极限波长 $\lambda_{\min}$ 对应的最高频率，由此得到

$$E_{\max} = eU = h\nu_{\max} = \frac{hc}{\lambda_{\min}}$$

则

$$\lambda_{\min} = \frac{hc}{e} \cdot \frac{1}{U} \qquad\qquad (9.2)$$

式(9.2)表明，连续 X 射线谱的短波极限与管电压成反比，管电压愈高，则最短波长愈短。这个结论与图 9.5 的实验结果完全一致。把常数 h、c、e 的值代入式(9.2)中，并取 kV 为电压单位，nm 为波长单位，可得

$$\lambda_{\min} = \frac{1.242}{U(\text{kV})}\ (\text{nm}) \qquad\qquad (9.3)$$

连续 X 射线谱的强度同时受到靶原子序数、管电流及管电压影响。在管电流、管电压一定的情况下，靶原子序数愈高，连续 X 射线谱强度愈大，这是因为每一种靶原子核的核电荷数等于它的原子序数，原子序数大的原子核电场对电子作用强，电子损失能量多，辐射出来的光子能量大，X 射线的强度就大。

例 9.2　如果要得到连续谱中最短波长为 0.05 nm 的 X 射线，加于 X 射线管的电压为多少？电子到达阳极时的动能为多少？

解　(1)加于 X 射线管的电压为

$$U = \frac{1.242}{\lambda_{\min}} = \frac{1.242}{0.05} = 24.9\ \text{kV}$$

(2)电子到达阳极时的动能为

$$E_k = eU = 1.60 \times 10^{-19} \times 2.49 \times 10^4 = 3.98 \times 10^{-15}\ \text{J}$$

图 9.6 绘出的钨靶 X 射线管管电压在 65 kV 以下 X 射线谱,波长在 0.1 nm 的范围内只出现连续 X 射线。当管电压增高到 65 kV 以上时,连续谱在 0.02 nm 附近叠加了 4 条谱线,在曲线上出现了 4 个尖锐高峰,如图 9.6 所示。当管电压继续增高时,只能引起辐射强度增加和整个连续谱向短波方向移动,而 4 条谱线的位置始终不变,这四条谱线就是图 9.6 中钨的 K 系标识线。

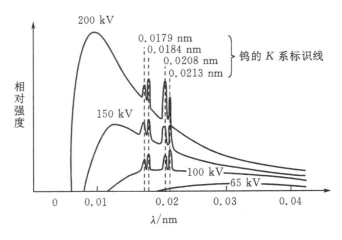

图 9.6　钨在较高管电压下的 X 射线谱

0.0213 nm 和 0.0208 nm 的谱线由 L 层下不同能级的电子跃迁到 K 层空位时发生;0.0184 nm 的谱线来自 M 层电子;0.0179 nm 的谱线来自 N 层和 M 层电子向 K 层空位的跃迁

标识 X 射线的产生是内层电子受激跃迁的结果。当高速电子进入阳极靶物质后,与某个原子的内层电子发生强烈相互作用,并把一部分动能传递给这个电子,使内层电子获得能量而从原子中脱出,出现一个空位。此时较外层的电子就会跃迁到这一层来填补空位,并在跃迁过程中损失能量而辐射出光子,就形成标识 X 射线。

如果脱出的是 K 层电子,则空出来的位置就会被 L、M 或更外层电子填补,并在跃迁过程中发出一个光子,这就是 K 线系,通常以符号 K_α、K_β、K_γ,… 表示。如果空位出现在 L 层(这个空位可能是由于高速电子直接使 L 层电子电离留下的空位,也可能是由于 L 层电子跃迁到了 K 层留下的空位),那么这个空位就可能由 M、N、O 层的电子来补充,它们在跃迁过程中发出能量不同的光子而形成 L 线系。由于距离原子核越远的电子,能级差越小,所以 L 系各谱线的波长比 K 系长些。同理,M 系的波长又更长些。图 9.7 画出了这种跃迁的示意图,当然这些跃迁并不是同时在同一个原子中发生的。

标识谱线仅决定于阳极靶原子两个电子层能级的能量差,而与管电压的大小无关。因此,不同原子序数的阳极靶材料,具有不同的特征 X 射线系,就像人的“指纹”一样,可用来标识这些元素,这就是“标识 X 射线谱”或“特征 X 射线谱”名称的由来。需要指出,X 射线管需要加几千伏的电压才能激发出某些标识 X 射线系。

医用 X 射线管中发出的 X 射线,主要是连续 X 射线,而标识 X 射线在全部 X 射线中所占的分量很少。但是,标识 X 射线的研究,对于认识原子的壳层结构是很有帮助的,对于化学元素的分析也是非常有用的。近年来发展的微区分析技术就是用很细的电子束打在样品上,根据样品发出的标识 X 射线,可以鉴定各个微区中元素成分。这种技术已开始在医学研究中得到应用。

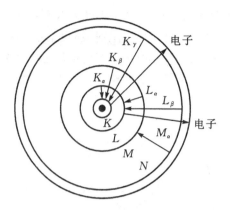

图 9.7　标识 X 射线发生原理示意图

9.1.3　X 射线的基本性质

X 射线是一种波长很短、能量较高的电磁波,其波长范围约为 $10^{-9} \sim 10^{-7} m$,介于紫外线和 γ 射线之间,肉眼看不见。除具有电磁波的一系列性质外,还具有如下特性:

(1)穿透本领。X 射线波长短能量较大且不带电,与物质的相互作用小,具有很强的穿透能力,并在穿透过程中会受到一定程度的吸收。同一 X 射线,原子序数低、密度小的物质,如空气、水、纤维、肌肉等,对 X 射线的吸收小,贯穿本领较强,原子序数高、密度大的物质,如铅、铜、铝、骨骼等,对 X 射线的吸收多,贯穿本领较弱。

(2)荧光效应。X 射线能使被照射物质的原子和分子处于激发态,当它们回到基态时发出荧光。有些激发态是亚稳态,在停止照射后,能在一段时间内继续发出荧光,如磷、硫化锌、钨酸钡等荧光物质。X 射线的荧光效应与 X 射线强度有关,当透过人体不同组织的 X 射线照射荧光屏,可在荧光屏上形成明暗不同的影像,这就是 X 射线透视的基本原理。

(3)光化学作用。与可见光一样,X 射线能引起许多物质发生光化学反应,如能使照相胶片感光,用以记录 X 射线照射情况。这一特性被广泛应用于人体的 X 射线摄影检查。

(4)电离作用。X 射线能使一些物质的原子或分子电离,因此在 X 射线照射下气体能被电离而导电。因为空气的电离程度,即其所产生的正负离子量同空气所吸收的 X 射线量成正比,所以可以根据空气中电离电荷的多少,来间接测定 X 射线的照射量。X 射线的电离作用可以在有机体上诱发各种生物效应,这也是 X 射线损伤和治疗的理论基础。

(5)生物效应。X 射线通过生物体,在体液和细胞内部引起一系列的化学变化,使机体和细胞产生生理和病理方面的改变。当然,微量或少量的 X 射线对机体产生的影响不明显;而过量的 X 射线则导致严重的不可恢复的损害,能使生物细胞,特别是增殖性强的细胞,受损而产生抑制生长、损伤甚至坏死等生物效应。X 射线的生物效应是放射治疗的理论基础,某些恶性淋巴瘤和白血病等对 X 射线高度敏感,X 射线放射治疗对这类疾病具有较好的疗效。同时需要指出的是,X 射线对正常组织也有损害,或者说存在致癌风险,因此放射工作者应注意辐射防护。

9.1.4　X 射线的强度和硬度

X 射线应用于医疗实践时,为适应诊断和治疗的不同要求,就要选用不同剂量、不同波长的 X 射线。为此,引入 X 射线的强度和硬度这两个物理量就十分必要。

(1)X 射线的强度。X 射线的强度是指单位时间内通过与射线方向垂直的单位面积的 X 射线的辐射能量,单位为 W·m^{-2}。这是对 X 射线的量的度量。若用 I 表示 X 射线的强度,则有

$$I = N_1 h\nu_1 + N_2 h\nu_2 + \cdots + N_n h\nu_n \tag{9.4}$$

式中 N_1,N_2,$\cdots$,N_n 分别表示单位时间内通过垂直于射线方向的单位横截面积的能量为 $h\nu_1$,$h\nu_2$,$\cdots$,$h\nu_n$ 的光子数目。可见,改变 X 射线的强度有两种方法:一是改变管电流,使单位时间内轰击阳极靶的高速电子数目改变,从而改变所产生的 X 射线的光子数目 N_i;二是改变管电压,使每个光子的能量 $h\nu_i$ 发生改变。

在一定的管电压下,X 射线管灯丝电流越大,灯丝温度越高,单位时间内发射的热电子数就越多,管电流就越大,则高速电子轰击阳极靶而产生 X 射线束的光子数也就越多。由于光子数不易测出,故通常采用管电流的毫安数(mA)间接表示 X 射线的强度大小,称为毫安率;并通过调节管电流,以达到控制 X 射线强度的目的。

而通过任意一个截面积的 X 射线总辐射量不仅与管电流成正比,还与照射时间成正比。因此常用 X 射线管的管电流的毫安数(mA)与照射时间(s)的乘积表示 X 射线的总辐射量,单位为毫安·秒(mA·s)。

(2)X 射线的硬度。X 射线的硬度是指 X 射线光子的能量,它表示 X 射线的穿透本领,是对 X 射线的质的度量。X 射线管的管电压越高,则轰击阳极靶面时的电子动能就越大,由此产生的 X 射线光子的能量也就越大、波长越短,越不易被物质吸收,穿透力越强,X 射线的质就越硬。因此,X 射线的硬度由 X 光子的能量(取决于管电压)决定,管电压愈高则 X 射线愈硬。在医学上通常用管电压的千伏数(kV)来表示 X 射线的硬度,称为千伏率,并通过调节管电压来控制 X 射线的硬度。

此外,X 射线的硬度还与过滤物质的厚度有关。过滤物质越厚,低能 X 射线被吸收的越多,高能 X 射线所占的比例越大,X 射线的硬度越高。

在医学上常根据用途把 X 射线按线质的软硬分为四类。表 9.1 列出了按 X 射线硬度的分类,以及相应的管电压、最短波长和主要用途。

表 9.1　X 射线按硬度的分类

名称	管电压/kV	最短波长/10^{-10}m	主要用途
极软 X 射线	5~20	2.5~0.62	软组织摄影、表皮治疗
软 X 射线	20~100	0.62~0.12	透视和摄影
硬 X 射线	100~250	0.12~0.05	较深组织治疗
极硬 X 射线	250 以上	0.05 以下	深组织治疗

9.1.5　物质对 X 射线的吸收规律

当 X 射线通过物质时,X 光子与物质中的原子发生多种相互作用。在相互作用过程中,一部分光子被吸收并转化为其他形式的能量,一部分光子被物质的原子散射而偏离原方向,这样在 X 射线进行方向上的强度随着 X 射线深入物质而减弱,也就是说物质对 X 射线有吸收作

用。但由于因散射而引起的衰减远小于因吸收而引起的衰减,故通常忽略散射的部分。

(1)线性吸收系数。理论和实验均证明,一束单色平行的 X 射线通过密度均匀的物质时,其强度 I 是随着深入物质的厚度 x 而按指数规律衰减的,即

$$I = I_0 e^{-\mu x} \tag{9.5}$$

式中 I_0 是入射 X 射线的强度,I 是通过厚度为 X 的物质层后的 X 射线的强度,μ 为该物质的线性吸收系数。如果厚度的单位为 cm,则 μ 的单位为 cm^{-1}。显然,μ 越大则 X 射线在物质中衰减越快、吸收本领越强。

(2)质量吸收系数。对于同一种物质,线性吸收系数 μ 与其密度 ρ 成正比。因为同一种吸收体的密度越大,单位体积内可能与 X 光子发生相互作用的原子数就越多,光子在通过单位路程时,被吸收或散射的可能性增大,X 射线被吸收得也就越多。定义线性吸收系数 μ 与物质密度 ρ 的比值,称为物质的质量吸收系数,记作 μ_m,即

$$\mu_m = \frac{\mu}{\rho} \tag{9.6}$$

质量吸收系数 μ_m 与物质的密度无关,它是物质固有的特性,对于一定波长的入射 X 射线,每种物质都具有一定的值。在理想情况下,一种物质,不论是液态、气态还是固态,虽然它的密度相差很大,但 μ_m 值都是相同的。式(9.5)可改写为

$$I = I_0 e^{-\mu_m x_m} \tag{9.7}$$

其中 $x_m = x\rho$ 称为物质的质量厚度,x_m 的常用单位为 $g \cdot cm^{-2}$,μ_m 的相应单位为 $cm^2 \cdot g^{-1}$。

(3)半价层。X 射线穿过物质时,强度被衰减一半所对应的厚度(或质量厚度),称为该物质的半价层。根据式(9.5)和式(9.7),可得到半价层与吸收系数之间的关系为

$$x_{1/2} = \frac{\ln 2}{\mu} = \frac{0.693}{\mu} \tag{9.8}$$

$$x_{m1/2} = \frac{\ln 2}{\mu_m} = \frac{0.693}{\mu_m} \tag{9.9}$$

若采用半价层来表示物质对 X 射线的吸收规律。只要将式(9.8)和式(9.9)分别代入式(9.5)就可得到

$$I = I_0 \left(\frac{1}{2}\right)^{\frac{x}{x_{1/2}}} \tag{9.10}$$

$$I = I_0 \left(\frac{1}{2}\right)^{\frac{x_m}{x_{m1/2}}} \tag{9.11}$$

各种物质的吸收系数都与 X 射线的波长有关。因此,以上各式仅适用于单色 X 射线束。而 X 射线束主要为连续谱,在实际问题中,可以近似地应用指数衰减规律,但公式中的吸收系数应当用各种波长的吸收系数的平均值来代替。

对于常用的低能 X 射线,其光子能量在几十到几百 keV 之间,各种元素的质量吸收系数有如下经验公式

$$\mu_m = kZ^\alpha \lambda^3 \tag{9.12}$$

式中 k 近似为常数,Z 是吸收物质的原子序数,λ 是 X 射线的波长,常数 α 通常在 3 与 4 之间,与吸收物质和射线波长有关。若吸收物质为水、空气、人体组织时,对于医学上常用的 X 射线,α 可取 3.5。吸收物质中含多种元素时,它的质量吸收系数按照物质含量的加权平均值。从式(9.12)我们可以得出下面两个有实际意义的结论:

①当波长一定时,原子序数越大的物质,其吸收本领越大。人体肌肉组织的主要成分为 C、H、O 等,对 X 射线的吸收和水(H₂O)相近;而骨的主要成分是 Ca₃(PO₄)₂,其中 Ca 和 P 的原子序数比肌肉组织中的主要成分的原子序数都高,因此骨骼的质量吸收系数比肌肉组织的质量吸收系数大得多,两者的吸收系数之比为

$$\frac{\mu_{骨骼}}{\mu_{肌肉}} = \frac{3 \times 20^{3.5} + 2 \times 15^{3.5} + 8 \times 8^{3.5}}{2 \times 1^{3.5} + 8^{3.5}} = 100$$

当 X 射线穿过人体时,因为骨的吸收本领远大于肌肉的吸收本领,所以用荧光屏或照相底片摄影时,就可以显示出明显的阴影。在胃肠透视时服食钡盐也是因为钡的原子序数较高($Z = 56$),吸收本领较大,可以显示出胃肠的阴影。铅的原子序数很高($Z = 82$),因此铅板和铅制品被广泛地用来做防护材料。

②当吸收物质一定时,物质的质量吸收系数与波长的 3 次方成正比。波长越长的 X 射线越易被吸收,而波长越短,则贯穿本领越大,即硬度越大。因此,在用 X 射线作浅部组织治疗时,应采用较低的管电压,获得长波成分较多的 X 射线,以利于浅部组织吸收;在深部照射时,则宜采用较高的管电压,以增加短波成分。

当 X 射线管发出的含有各种波长成分的 X 射线进入吸收体后,因为长波成分比短波成分的衰减快得多,所以短波成分所占的比例愈来愈大,而平均吸收系数则愈来愈小。也就是说 X 射线进入物体后愈来愈硬了,称之为 X 射线硬化。因此,在深部组织治疗过程中,为了防止波长较长的 X 射线损害浅部健康组织,常用厚度不同的铜、铝或铅薄片制成滤线板,置于 X 射线管的出线窗口,滤除 X 射线管发出的长波 X 射线。

9.1.6　X 射线的应用

1. X 射线诊断

(1)X 射线透视。X 射线透视检查的基本原理是,当一束强度均匀的 X 射线穿过人体时,由于体内不同组织或器官对 X 射线的吸收本领不同,投射到荧光屏上,就可以显示出肉眼可见的明暗不同的荧光影像。观察和分析这种影像,就能诊断人体组织器官的正常和异常。

传统的 X 射线透视,医生和受检者都在暗室近台操作,致使工作人员和受检者都受到过多的 X 射线照射。采用影像增强器后,可把荧光亮度增强数千倍,用闭路电视在明室观察,视觉灵敏度高,提高了透视的准确性;同时,透射的 X 射线强度大幅度降低,受检者被 X 射线照射的量大大减少,医生隔室操作,基本不受 X 射线的照射。

X 射线透视不仅可以观察器官的形态,如果延长 X 射线透视时间,还可以观察脏器的活动情况,因此 X 射线透视是胃肠道造影检查、骨折复位手术、断定体内异物、导管和介入性放射学等采用的基本方法。缺点是:由于人体器官透视影像产生重叠、组织密度或厚度差别小等原因,形成的影像存在分辨率不高,不能记录等局限性。

(2)X 射线摄影。X 射线摄影是 X 射线检查的另一种基本方法。其原理是,让透过人体的带有解剖结构信息的 X 射线投射到照相胶片上,使胶片感光,经显影、定影等处理过程,在 X 射线照片上形成人体组织和脏器的影像。图 9.8 是世界上第一张 X 光片,记录了伦琴夫人的手部影像。

在 X 射线摄影时,由于 X 射线的贯穿本领大,致使胶片上乳胶吸收的 X 射线量不足。如果在胶片前后各放置一个紧贴着的荧光屏,就可以使摄影胶片上的感光量增加许多倍,这个屏

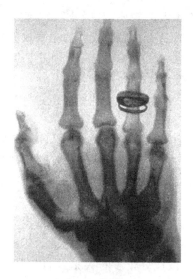

图 9.8 世界第一张 X 胶片影像

称为增感屏。使用增感屏进行 X 射线摄影,可以降低摄影时 X 射线的强度或缩短摄影时间,从而减少患者所接受的照射量。测试表明,一次拍片的照射量不到荧光透视的八分之一。

X 射线胶片的分辨率比透视荧光屏的分辨率高。因此,X 射线摄影比透视能发现更多有诊断价值的影像,而且可以长期保存,便于会诊和复查对比。需要注意的是,由于成像原理不同,X 线透视影像与胶片 X 线摄影图像的黑白显示恰好相反。例如,骨骼对 X 线吸收系数较大,它在透视荧屏上显示为较黑的阴影,而在 X 线胶片上则为透明的或白色图像。

(3)造影检查。人体某些脏器或病灶对 X 射线的衰减本领与周围组织差别很小,在荧光屏或照片上不易显示出来。通常采用给这些脏器或组织注入吸收系数较大或较小的物质,来增加它与周围组织的对比度,这些物质称为对比剂,即造影剂。这种利用引入造影剂进行 X 射线检查的方法,称为 X 射线造影检查。造影检查扩大了 X 射线的检查范围,但需精心操作,以获得满意的检查结果,并保证患者的安全。

全身有空腔和管道的部位都可以作造影检查。例如,在检查消化道时,让受检者吞服吸收系数很大的“钡餐”(医用硫酸钡),使其陆续通过食管和胃肠,进行 X 射线透视或摄影,就可以把这些脏器显示出来。而在作关节检查时可以在关节腔内注入密度很小、对 X 射线吸收很弱的空气,然后进行 X 射线透视或摄影,从而显示出关节周围的结构。

2. X 射线防护

X 射线对机体具有生物作用,当照射剂量在允许范围以内时,不致对人体造成损伤。但过量的照射或个别机体的敏感,都会产生积累性反应,导致器官组织的损伤及生物功能的障碍。可能出现的损害有:皮肤斑点状色素沉着,头痛,健忘,白细胞减少,毛发脱落等。因此在利用 X 射线进行诊断或治疗时,都必须注意加强防护。

通常来说,铅的原子序数较高,对 X 射线有较大的吸收作用,且加工容易,造价低廉,故 X 线管套遮线器、荧光屏上的铅玻璃、铅手套、铅眼镜、铅围裙等都用不同厚度的铅或含有一定成分的铅橡皮、铅玻璃等来作防护。混凝土作为 X 射线室四周墙壁的建筑材料,在一定厚度下,完全可以达到对室外的防护目的。拌有钡剂的混凝土,其防护效能会大大提高。

9.2　激光

9.2.1　光辐射及其三种基本形式

原子具有一系列分立的能量值,称为原子系统的能级,简称为原子能级。原子对应的最低能级称之为基态,处于较高能级称为激发态。基态是原子最稳定的状态,能级越高越不稳定。一般情况下,当原子从外界吸收一定能量时,将从低能级跃迁到高能级;但原子处于高能级状态极不稳定的,在很短时间内就会向外辐射出一定的能量返回低能级。如果原子以吸收或辐射光子而发生跃迁,则这个过程就称为光辐射。假设原子在能量分别为 E_2 和 E_1 的两个能级间跃迁,则吸收或辐射光子的能量

$$h\nu = E_2 - E_1 \tag{9.13}$$

光辐射有三种基本形式,即自发辐射、受激吸收和受激辐射。

(1)自发辐射。处于激发态的原子是不稳定的,不受外界影响的条件下,原子能够自发地由激发态向低能态跃迁,同时将多余的能量以光的形式释放出去,这种辐射就称为自发辐射,如图 9.9 所示。自发辐射中产生的光子频率符合式(9.13)的形式,即

$$\nu = \frac{E_2 - E_1}{h} \tag{9.14}$$

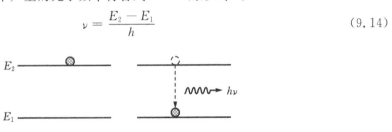

图 9.9　自发辐射示意图

由于光源中各原子的跃迁是彼此独立、互不相干的,因此不同原子所发出的光波波列的振动方向、传播方向、相位等也是彼此独立、互不相干的;而且在不同能级间发生的跃迁所发光的频率也不相同,所以普通光源自发辐射产生的光是自然光。

(2)受激吸收。当光通过物质时,原子就有可能吸收光子的能量。如果光子的能量恰好为 $h\nu = E_2 - E_1$,原子吸收光子后就由低能级 E_1 跃迁到高能级 E_2,这个过程称为受激吸收,如图 9.10 所示。

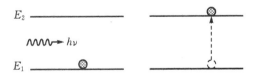

图 9.10　受激吸收示意图

受激吸收是在外来光子的"激励"下发生的,外来光子的能量应恰好等于原子跃迁前后两个能级间的能量差,就可以发生受激吸收,对激励光子的振动方向、传播方向及相位没有任何限制。

（3）受激辐射。处于高能级 E_2 的原子在自发辐射前,受到一个能量为 $h\nu = E_2 - E_1$ 的外来光子的"诱发"而跃迁到低能级 E_1,同时释放出一个与诱发光子特征完全相同的光子,这种辐射称为受激辐射。如图 9.11 所示。

图 9.11   受激辐射示意图

受激辐射的特点是:第一,受激辐射对诱发光子的能量或频率有严格的要求,即光子的能量必须恰好等于原子跃迁前后两个能级间的能量差,才会发生受激辐射;第二,辐射出的光子与诱发光子的特征完全相同,即受激原子所发出的光波波列的振动方向、传播方向、频率、相位等与诱发光子完全相同;第三,受激辐射中的被激原子并不吸收诱发光子,在受激辐射发生后,一个光子变成了特征完全相同的两个光子。光子继续在物质中传播时,如果发光物质中有足够多的原子处于高能级 E_2,就会诱发更多的原子发生同样的跃迁而产生大量特征完全相同的光子,即光被放大了。由此可见,受激辐射可得到放大的相干光。这种由于受激辐射而得到放大的光就称为激光。

9.2.2   激光的产生原理

大量原子组成的物质,达到热平衡时,各个能级上分布的原子数遵从玻耳兹曼分布,即处于低能级上的原子数总是比处于高能级上的原子数多。受激辐射光放大并不能自然发生,必须人为地创造一定的条件才能得到激光。

1. 激光产生的条件

（1）粒子数反转。当光通过物质时,受激辐射与受激吸收总是同时存在的,受激辐射使光子数增加,可实现光放大;而受激吸收则使光子数减少,光减弱。因此,要实现光放大,必须使处于高能级的原子数目远大于处于低能级的原子数目,使受激辐射占绝对的优势。这种情况与原子数按能级的正态分布相反,称之为粒子数反转。

（2）工作物质。处于高能态的原子是不稳定的。对于一般物质而言,原子在高能态上存在的时间很短,约在 10^{-8} s 左右;被激励到此能态的原子在没有受到诱发之前就会自发地跃迁到低能态,无法实现粒子数反转。而某些物质存在着一个比较特殊的能级,其稳定性仅次于基态,称之为亚稳态;原子在此能级上可停留 $10^{-3} \sim 1$ s 而不发生自发辐射,有可能实现粒子数反转。能实现粒子数反转产生激光的物质称为工作物质(或激励介质)。

（3）光学谐振腔。实现了粒子的反转分布,可以产生光放大,但还不能输出稳定的激光。因为最初诱发工作物质发生受激辐射的光子源于自发辐射,在随机产生的光子激励下的受激辐射产生的光,相位、偏振状态及传播方向并不相同。要产生具有实用价值的激光,还必须有一个能实现光的选择和放大的光学谐振腔。

图 9.12 是光学谐振腔的结构示意图。它是由两个放置在工作物质两端的平面反射镜组成,相互严格平行且与谐振腔的轴线垂直,其中一个是全反射镜(反射率 100%),另一个是部分透光反射镜(反射率 90%～99%)。在谐振腔内,偏离谐振腔轴线方向运动的光子将逸出腔

外；只有沿轴线方向运动的光，才能在腔内工作物质中来回反射，并参与光放大，使光子数滚雪球式的增多，从而获得很强的光，这种现象称为光振荡。腔内的光增大到一定的程度，就可以从部分反射镜的窗口射出一束稳定的、有足够强度的激光。

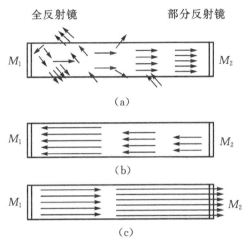

图 9.12　光学谐振腔的结构

2. 激光器

能产生激光的装置称为激光器。激光器主要有激励装置、工作物质和光学谐振腔组成，如图 9.13 所示。

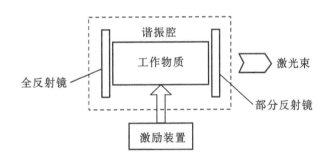

图 9.13　激光器的结构图

激励装置的作用是给工作物质提供能量，以实现粒子数的反转。这种过程称泵浦或激励。常用的泵浦方式有：电子注入、光泵浦、气体放电泵浦、粒子束泵浦和化学泵浦等。

工作物质的作用是从外界吸收能量，产生受激辐射。

光学谐振腔的主要作用是产生和维持光放大，并使产生的激光沿一定的方向射出。

自从 1960 年世界上第一台激光器诞生以来，发展非常迅速，目前激光器的种类已达数百种。一般按照激光器工作物质的形态（固体、液体、气体、半导体等）、发光粒子（原子、分子、离子、准分子等）、输出方式（连续、脉冲）等进行分类。表 9-2 列出了医学上常用的激光器和一些技术指标。

表 9.2　常用的激光器

工作物质	物质状态	输出方式	波长(nm)	主要应用
红宝石(Ruby)	固体	脉冲	694.3	眼科、皮肤科、基础研究
掺钕钇铝石榴石	固体	脉冲、连续	532	眼科、皮肤科、内镜手术
(KTP/Nd:YAG)				显微外科、微光束技术
铒(Er:YAG)	固体	脉冲	2080;2940	耳科、眼科、口腔科、皮肤科
钕(Nd:YAG)	固体	脉冲、连续	1064	各科手术、内镜手术
钛(Ho:YAG)	固体	脉冲	2120	耳科、眼科、口腔科、胸外科、基础研究
氦-氖(He-Ne)	气体	连续	632.8	各科弱激光治疗、PDT、全息照相
二氧化碳(CO_2)	气体	脉冲、连续	10600	体表与前标腔各科手术、理疗
氩离子(Ar^+)	气体	连续	488;514.5	眼科、皮肤科、内镜手术、针灸、微光束技术、扫描聚焦显微镜、全息照相
氮分子(N_2)	气体	脉冲	337.1	肿瘤、理疗、基础研究
氦-镉(He-Cd)	气体	连续	441.6	肿瘤荧光诊断、针灸、理疗
氩-氟(Ar-F)	气体	脉冲	193	眼科 PRK
氙-氯(Xe-Cl)	气体	脉冲	308	血管造形术
铜(Cu)	气体	脉冲	510.5;578	皮肤科、PDT
有机液体(Dye)	液体	脉冲、连续	300~1300	皮肤科、PDT、眼科、内镜手术、细胞融合术
半导体	半导体	脉冲、连续	330~3400	各科手术、内镜手术、弱激光治疗、基础研究

9.2.3　激光的特性

激光从本质上说和普遍光并没有什么区别,但由于激光的产生形式不同于普通光源的发光过程,因而它具备普通光源所没有的优异特性。

(1)方向性好。激光是非常理想的平行光源,发散角非常小,一般在 $10^{-2} \sim 10^{-4}$ rad,可用于目标照射、准直、定位、通讯、导航、测距等。将激光束发射到 38 万多千米的月球上,光斑的直径也不过两千多米。利用激光进行测距,从地球到月球之间的误差不超过 1.5 m。

利用透镜还可以对激光束高度聚焦,得到直径约 1 μm 的光斑,可方便地对组织、细胞及微小病灶施行切割、焊接等手术。

(2)亮度高、强度大。激光器由于其输出光束发散角很小,故有很高的亮度,尤其是超短脉冲激光,其亮度可比普通光源的亮度高 $10^{12} \sim 10^{19}$ 倍。一台较大功率的红宝石激光器,输出激光束的亮度可比太阳表面光亮度高 100 亿倍。

目前,激光的功率可达 10^{13} W,能被聚焦到 $10^{-2} \sim 10^{-3}$ mm 之内,强度达 10^{17} W·cm^2。这一特性,可用于制造激光武器以及工业上的打孔、切割、焊接等,利用高强脉冲激光加热氘和氚的混合物可使其温度达到 0.5~2 亿度,有望用于受控热核聚变。医学上,利用激光能在极短时间内使组织凝结、碳化、汽化等,可用作手术刀及用于体内碎石。

(3)单色性好。通常所说的单色光并非是单一波长的光,而是有一定的波长范围,谱线宽度越窄,颜色越纯,单色性越好。从普通光源获得的单色光,谱线宽度是 10^{-2} nm;单色性最好的氪灯,谱线宽度是 4.7×10^{-3} nm;氦-氖激光器发射波长为 632.8 nm 的激光,谱线宽度只有 10^{-9} nm。激光是目前世界上最好的单色光源。

激光的高单色性使其在精密测量、全息技术、激光通讯等方面得到了广泛的应用,在医学上业已成为基础医学研究、临床诊断和治疗的重要手段。

(4)相干性好。激光是频率、偏振状态及传播方向都相同的光,具有良好的相干性,是目前最好的相干光源。这一特性为医学、生物学提供了新的诊断技术和图像识别技术。

(5)偏振性好。受激辐射的特点表明激光束中各个光子的偏振状态相同,利用谐振腔输出端的布鲁斯特窗在临界角时只允许与入射面平行的光振动通过,可输出偏振光并可对其调整。因此,激光具有良好的偏振性。

9.2.4　激光的生物效应

激光与生物组织相互作用,使得生物机体的活动及其生理、理化过程发生改变的现象,称为激光的生物效应。激光生物效应的微观机制比较复杂,至今还没有形成较为完整、系统的理论。目前,比较普遍的看法主要有以下几种:

(1)热效应。当激光照射生物组织时,被组织吸收后转化为内能,使组织的温度升高的现象,称为激光的热效应。研究发现,在一定条件下作用于生物组织的激光,在短时间内,就可以使组织的温度迅速升高,从而造成生物酶失活、蛋白质变性,引起细胞或组织损伤甚至坏死。例如,使用一定类型和功率的激光照射生物组织时,在几毫秒内可产生 200～1000℃ 以上的高温,或者使温度维持在 45～50℃ 的状态持续一分钟左右。若后一种情况出现,将造成蛋白质变性;前一种情况出现,则生物组织表面会发生收缩、脱水,组织内部因水分急剧蒸发而受到破坏和断裂,造成组织凝固坏死,或者使受照部位碳化或汽化。

从现象上看,随着温度的升高,在皮肤与组织中将由热致温热(38～42℃)开始,相继出现红斑、水疱、凝固、沸腾、碳化、燃烧甚至极高温度下的热致汽化等反应。在临床上,热致温热和红斑被用于理疗;沸腾、碳化、燃烧等被用于手术治疗;热致汽化被用于直接破坏肿瘤细胞与微量元素的检测等。

(2)光化效应。生物组织受到激光照射后产生受激原子、分子和自由基,并引起组织内一系列化学反应的现象,称为激光的光化效应。光化效应可导致酶、氨基酸、蛋白质和核酸变性失活,分子的高级结构也会有不同程度的变化等。根据光化反应的过程不同,光化效应可分为光致分解、光致氧化、光致聚合、光致敏化及光致异构等。

研究发现,特定的光化反应要有特定波长的激光来激发,生物医学上通常采用波长范围在 350～700 nm 的激光。此外,组织的着色程度或称感光体(色素)的类型也起着重要的作用,互补色或近互补色的作用效果最明显。不同颜色的皮肤、脏器或组织结构对激光的吸收可有显著差异。在医疗和基础研究中,为增强激光对组织的光效应,可采用局部染色法,并充分利用互补色作用最佳这一特点。另一方面,也可利用此法限制和减少组织对激光的吸收。

(3)压强效应。当一束光辐射到某一物体时,在物体上产生辐射压力。激光比普通光的辐射压力强的多,用 107 W 巨脉冲红宝石激光照射人体或动物的皮肤标本时,产生的压力实际测定可达 175 kg·cm^{-2}。激光束照射生物组织时,组织表面的压力将传入组织内部,即组织上辐射的部分激光的能量变为机械压缩波。如果激光束压力大到能使照射的组织表面粒子蒸发的程度,则喷出组织碎片,并导致同喷出的碎片运动方向相反的机械脉冲波(反冲击),这种冲击波可使活组织逐层喷出不同数量的碎片,最后形成圆锥形"火山口"状的空陷。

在医学上,压强效应适合进行一些精细手术,如激光冠状动脉成形术、激光角膜成形术、激光虹膜打孔术、激光碎石等。

(4)电磁场效应。在一般强度的激光作用下,电磁场效应并不明显;只有当激光强度极大时,才会产生比较明显的电磁场效应。将激光聚焦后,焦点上的光能量密度可达到 10^6 W·cm^{-2},相当于 10^5 V·cm^{-2} 的电场强度。电磁场效应可引起或改变生物组织分子及原子的量子化运动,可使组织内的原子、分子、分子集团等产生激励、振荡、热效应、电离,对生化反应有催化作用,生成自由基,破坏细胞,改变组织的电化学特性等。

(5)弱激光的刺激效应。弱激光是指其辐照量不引起生物组织产生最小可检测的急性损伤而又有刺激或抑制作用的激光。大量的基础医学研究和临床医学实践表明,弱激光的照射具有明显的生物刺激和调节作用,能增强机体的细胞和体液的免疫机能;影响内分泌的功能,进而调节整个机体的代谢过程、改善全身状况等。

研究发现,弱激光多次照射过程中有累积效应,才能呈现激光照射的疗效。另外,激光多次照射的生物学作用和治疗作用具有抛物线特性,即在照射剂量不变的条件下,机体的反应从第3~4天起逐渐增强,至第10~17天达到最大的限度,此后作用效果逐渐减弱。

9.2.5　激光的生物应用

1. 激光微光束技术

激光束经过透镜聚焦后可以形成功率密度高而光斑直径仅为微米量级的微光束,利用激光微光束可以对细胞进行俘获、打孔、融合、切断、转移和移植等操作,在细胞生物学的研究中形成了激光光镊术、激光显微照射术、激光细胞融合术以及激光细胞打孔术等激光微光束技术。

激光微光束技术的另一个重要应用是激光微探针分析术,即标本的微区在激光微光束照射下被汽化,用摄谱仪或质谱仪进行微量或痕量元素的定性或定量分析。

2. 激光光谱分析技术

激光的出现使原有的光谱技术在灵敏度和分辨率方面得到很大的改善。由于已能获得强度极高、脉冲宽度极窄的激光,对多光子过程、非线性光化学过程以及分子被激发后的弛豫过程的观察成为可能,并分别发展成为新的光谱技术。

这里介绍几种常用的激光光谱分析技术。

(1)激光原子吸收光谱技术。原子吸收光谱分析法最早由澳大利亚学者瓦尔许提出,其基本原理是:对元素以一定频率的光照射,处于基态的原子吸收照射光的能量将向高能态跃迁,测出被吸收的光强,进而计算出样品中的原子数或样品中该元素的含量。此外,由于激光与基质作用后产生的热效应或电离效应也较易检测到,以此为基础发展而成的光声光谱分析技术和激光诱导荧光光谱分析技术已获得应用。利用激光诱导荧光、光致电离和分子束光谱技术的配合,已能有选择地检测出单个原子的存在。

(2)激光荧光光谱分析技术。基本方法是用一定的方法将荧光染料分子加到某种微结构或有机化合物中,然后用合适波长的激光去激发它,进而观察活细胞所发生的生化变化及其过程。以激光为光源的荧光光谱分析是一种新的微量分析方法,它的灵敏度非常高,视不同物质,其检测下限已达到 $0.1\sim0.001\ \mu g \cdot ml^{-1}$。

(3)激光拉曼光谱技术。拉曼散射是印度物理学家拉曼于1928年首次发现,并于1930年获得诺贝尔物理学奖。根据非线性光学理论,当单色光作用于试样时,散射光频率与激发光频率之差(称为拉曼位移)只取决于物质分子的振动和转动能级,与入射光波长无关。由于不同的物质具有不同的振动和转动能级,因此拉曼位移是表征物质分子振动、转动状态的一个特征量,适宜于对物质的分子结构分析和鉴定。激光的高强度、高单色性以及谱线范围宽广的特性,可以极大地提高包含双光子过程的拉曼光谱的灵敏度、分辨率和实用性,尤其是共振拉曼光谱法和相关反斯托克斯拉曼光谱法的应用,使灵敏度得到更大的提高。目前,此项技术已在核酸与蛋白质的高级结构、生物膜的结构和功能、药理学(特别是抗癌药物与癌细胞的作用机制)等的研究中得到应用。

(4)激光微区发射光谱技术。其基本原理是用聚焦物镜将激光光束会聚在数百以至数十微米的微区内使被分析物质汽化蒸发,配以火花放电使汽化的物质电离而发光,并对此发射光进行分析。这种分析方法具有如下特点:一是可以对被分析物质的极微细的特定部位进行几乎无损的局部分析而不会引起被检测部位周围的基体效应;二是对导体和非导体均可分析,特别是对生物制品可以直接进行分析而无须对被测物质进行其他预先处理;三是可在空气中直接进行分析,操作方便。因此对微区、微量、微小颗粒以及薄层剖面的分析特别有意义。目前在材料科学、生物试样、刑事犯罪学、考古等领域均有极广泛的应用。

3. 激光多普勒技术

激光多普勒技术是利用激光照射运动物体所发生的多普勒效应进行速度检测的一项技术,测速范围可以实现 $10^{-4}\sim10^{3}\ m \cdot s^{-1}$。

激光多普勒血流计可用于对人体甲皱、口唇、舌尖微循环与视网膜微血管等的血流速度进行检测;利用激光多普勒效应与电泳技术结合形成的激光多普勒电泳分析技术,可以自动快速准确地测量生物细胞及大分子的电泳迁移率、表面电荷、扩散系数等重要参量。此外,激光多普勒技术还被应用于对巨细胞质流、精子活力、眼球运动、耳听力等的测定。由于此项技术具有极高空间分辨率、快速、灵敏、连续、非侵入等特点,被广泛应用于微循环、血液流变学、病理生理学、免疫学等方面的研究。

9.2.6 激光的安全性

1. 激光的危害

了解激光可能产生的危害,并采取必要的防护措施,是安全、有效使用激光的首要任务。激光辐射可能造成的危害,主要有以下几种情况:

(1)直接危害。直接危害主要是指激光诊治时的辐照量超过安全阈值,对疾病患者的组织或器官造成损伤;以及直接的或反射的激光,可能会对患者或激光从业人员的眼睛或皮肤等非治疗区域造成损伤。在激光的伤害中,尤以对眼睛的伤害最为严重。激光的波长不同对眼球作用的程度不同,其后果也不同。远红外激光对眼睛的损害主要以角膜为主,可引起角膜炎和结膜炎,眼球充血,视力下降等;紫外激光对眼的损伤主要是角膜和晶状体,可致晶状体及角膜混浊;波长在可见光和近红外光的激光,透射率高,经眼屈光系统后汇聚于视网膜上,致视网膜的感光细胞层温度迅速升高,凝固变性坏死而失去感光的作用。

(2)间接危害。间接危害主要是指激光汽化产生的含碳汽、组织分解产生的烟雾以及大功率激光引起的组织碎片的迸射，被吸入人体肺部。据分析，病原微生物，包括人乳头瘤病毒（HPV）、人免疫缺陷病毒（HIV）和乙型肝炎 DNA，都曾经在烟雾中分离出来，同时也能分离出活的细菌；产生的组织碎片中含有完整的、有活力的、有感染力的细胞等。次外，烟雾中的颗粒会引起实验动物出现肺炎、支气管炎、肺气肿，对人类也可能具有相同的危害。

（3）周围环境。激光可引起麻醉剂的起火和爆炸，也可引起易燃物品像干纱布、酒精、病人的私人物品如香水、指甲油、发胶等着火；激光机的高压电源，可能造成电击；许多激光器的工作物质是具有毒性的有机染料，外泄导致人员中毒等。

1960 年诞生激光器以后，1963 年就有人根据测得的视网膜和皮肤的损伤阈值，提出了激光器最大允许照射量，随后世界上多个国家都制定了相应的安全标准。我国从 1987 年开始，先后发布了四个标准，分别对激光设备的电气安全、实验室和作业场所的激光辐射安全，做出了具体的要求和规定。

2. 激光的防护

（1）一般防护措施。激光使用单位要根据实际情况制定严格的安全工作制度，落实激光安全防护措施，必要时设置安全监视系统；工作人员要经过激光安全教育和必要的培训，在激光器的面板、激光室内或门口等醒目位置设立警示标志；激光器运转场所应具有高度的照明度，采用白色或浅色粗糙墙壁，减少镜面反射；室内通风良好，禁放易燃易爆物品，配备必要的报警设备；使用高流量的烟雾吸引器并及时更换吸引器的过滤器及吸管；诊治疾病时，使用能达到目的的最低辐射水平；术区应用湿纱布隔离保护，避免烧伤周围组织等。

（2）个人防护措施。工作人员均应佩戴与激光输出波长相匹配的防护眼镜；穿戴工作服和手套，尽量减少身体的裸露部位；避免直接或间接的激光照射；严禁直视激光束；激光手术时需戴能过滤 $0.3~\mu m$ 颗粒的口罩等。

9.3 红外线和紫外线

波长在 400 nm（紫光）～760 nm（红光）的电磁波，可引起人的视觉，称为可见光。在红光的外侧，波长在 760 nm～1 mm 的电磁波称为红外线。在紫光外侧，波长为 6～400 nm 的电磁波称为紫外线。

9.3.1 红外线

1800 年英国物理学家赫谢尔用灵敏温度计研究各色光的温度时，发现在红光外侧的温度反而比可见光区更高，说明在红光外侧有不可见的射线存在，这种射线被称为红外线。

实验发现，太阳光中红外线的能量约占总能量的 60%。任何物体只要它的温度在绝对零度 0 K（−273℃）以上，都能向周围发射不可见的红外线，而且温度越高，辐射的红外线的能量越大。

红外线具有的性质：

（1）有显著的热效应。用红外线照射物体，物体吸收红外线，其分子的热运动加剧，使物体内部发热，加热效率高，热效应显著。常利用红外线的热作用加工食品、油漆等。

用红外线照射组织可使组织发热、血管扩张、血液速度加快，具有加强血液与人体组织之间的代谢、增强细胞活力、促进新陈代谢等作用。在临床上常用来治疗淋巴系统疾病、关节炎、神经痛、脓肿、循环障碍、褥疮等疾病；利用红外线照相来诊断静脉曲张、表面肿瘤和皮肤癌、表皮血管的血栓等；利用热象图可快速、正确诊断乳腺、肺、淋巴腺、副鼻窦、四肢的肿瘤和其他病变。

红外线对有出血倾向、高热、活动性肺结核、重度动脉硬化症的患者禁用。红外线对眼睛有伤害作用，能使水晶体发生混浊，引起白内障。

（2）在液体和固体中有较强的穿透力。红外线能穿透浓雾、气层、石英、岩盐、黑纸等。用红外摄影不受白天黑夜的限制。红外线成像（夜视仪）可以在漆黑的夜间看见目标。利用红外遥感技术，可以测量人的体温，控制电视机、空调、在飞机或卫星上勘测地热，寻找水源、监测森林火情，估计农作物的长势和收成，预报台风、寒潮等。

不同的物质发出的红外光谱的波长和强度不同，利用物质的红外光谱可以鉴别化合物中所含的原子团，对物质进行的定性、定量分析，勘测地质矿藏等。

9.3.2　紫外线

1801 年，德国科学家里特发现在紫光的外侧区域放置的氯化银被感光，说明在紫光外侧也存在看不见的射线，这种射线被称为紫外线。紫外线的波长范围从 40 nm 到 390 nm，不能引起视觉。一切高温物体发出的光，如太阳光、弧光灯发出的光都含有紫外线。

紫外线具有的性质：

（1）光化作用。紫外线波长短，单个光子能量较大，可引起分子或原子的电离或激发产生光化学反应，使照相底片感光等。

（2）荧光效应。紫外线可激发物质发出荧光。动物的许多组织在紫外线照射下均可发出荧光，组织不同，产生的荧光颜色也不同。如肝脏，在普通光照射下，肝细胞和癌细胞颜色差不多，很难区分。但在紫外光照射下，正常肝细胞发黄绿色荧光，癌细胞发桔红色荧光，二者的区别非常明显。医学上利用紫外线的荧光效应，制成各种癌组织诊断仪，提高了对癌的确诊率和诊断速度。

黄曲霉素有很强的致癌作用，用紫外线可检测食品中是否含有黄曲霉素。例如用紫外线照射黄曲霉素 B1、B2 会发蓝色荧光；照射黄曲霉毒素 G1、G2 发绿色荧光。

（3）生物作用。人体受适当紫外线照射，对健康有益。小剂量的紫外线照射能加速组织的再生，促进结缔组织及上皮细胞的生长，可促进伤口或溃疡面的愈合。长波紫外线有明显的色素沉着作用，可引起光变态反应，可与光敏剂配合治疗白癜风。皮肤在紫外线的照射下，有助于维生素 D 的合成，有抗佝偻病等作用。

（4）消毒杀菌。波长短的紫外线能量大，能引起蛋白质和核酸结构的变化，具有很强的杀菌作用，病房、手术室和制药车间常用紫外线进行消毒杀菌。

太强的紫外线对人的眼睛和皮肤都有害。可引起电光性眼炎，电焊工人作业时必须戴上防护罩，防止紫外线对眼睛有损害。因此，经常接触紫外线的人应注意防护。

另外，劣质太阳镜不仅不能阻挡紫外线，相反使可见光减弱，使人眼瞳孔变大，让大量紫外线透入眼内损伤晶状体。一般普通玻璃能透过可见光和中短波红外线以及一小部分长波紫外线。蓝玻璃可防红外线通过，但不能完全阻止紫外线通过，而绿玻璃可阻止全部红外线和紫外线，因此防护镜应用绿玻璃。

复习思考题

1. 实现粒子数反转的条件是什么？
2. 谐振腔在激光形成中起什么作用？

习题九

9.1　X 射线是怎样产生的？它有哪些基本性质？

9.2　在 X 射线衍射实验中，一波长为 0.084 nm 的单色 X 射线，以 30°的掠射角射到某晶体上，出现第三级反射极大，求该晶体的晶格常数。

9.3　若 X 射线管管电压为 50 kV，(1)求连续 X 射线谱最短波长 λ_{min} 为多少？(2)从阴极发射的电子(初速度为 0)到达阳极靶时的速度为多大？

9.4　设某 X 射线连续谱的短波极限为 0.1 nm，求加于 X 射线管的管电压。

9.5　设密度为 $3 \text{ g} \cdot \text{cm}^{-3}$ 的物质对某 X 射线的质量吸收系数为 $0.03 \text{ cm}^2 \cdot \text{g}^{-1}$，求放射线束穿过厚度为 1 cm 、10 cm 、100 cm 的吸收层后的强度为原入射强度的百分数。

9.6　对波长为 0.154 nm 的 X 射线，铝的吸收系数为 132 cm^{-1}，铅的吸收系数为 2610 cm^{-1}，要得到与 1 mm 厚的铅层相同的防护效果，铝板的厚度应为多大？

9.7　什么是激光？产生激光应满足什么条件？

9.8　某一原子具有如下的能态：−13.2 eV(基态)，−11.1 eV，−10.6 eV，−9.8 eV，其中只有−11.1 eV 能态有激光作用，−10.6 eV 能态主要是向−11.1 eV 态跃迁，−9.8 eV 主要向基态跃迁，如果以这种原子作激光器的工作物质，问应该用多大波长的光激励这一激光器才合适？发射的激光波长是多少？

附录

附录 A　基本物理常量

基本物理常量

物理量	符号	数值
真空光速	c	2.99792458×10^{8} m·s^{-1}
引力常量	G	$6.67259(85) \times 10^{-11}$ m^3·kg^{-1}·s^{-2}
玻耳兹曼常量	k	$1.380658(12) \times 10^{-23}$ J·K^{-1}
普朗克常量	h	$6.6260755(40) \times 10^{-34}$ J·s
约化普朗克常量	$\hbar$	$1.05457266(63) \times 10^{-34}$ J·s
普适气体常量	R	$8.314510(70)$ J·mol^{-1}·K^{-1}
阿伏伽德罗常量	N_A	$6.0221367(36) \times 10^{23}$ mol^{-1}
洛施密特常量	n_0	$2.686773(23) \times 10^{25}$ m^{-3}
真空磁导率	μ_0	$4\pi \times 10^{-7}$ N·A^{-2}
真空电容率	ε_0	$8.854187817 \times 10^{-12}$ C^2·N^{-1}·m^{-2}
基本电荷	e	$1.60217733(49) \times 10^{-19}$ C
电子静质量	m_e	$9.1093897(54) \times 10^{-29}$ kg
电子比荷	e/m_e	$-1.75881962(53) \times 10^{11}$ C·kg^{-1}
量子化霍尔电导	e^2/h	$3.87404614(17) \times 10^{-5}$ A·V^{-1}
玻尔磁子	μ_B	$9.2740154(31) \times 10^{-24}$ J·T^{-1}
核磁子	μ_N	$5.0507866(17) \times 10^{-27}$ J·T^{-1}
玻尔半径	a_0	$5.29177249(24) \times 10^{-11}$ m
里德伯常量	R_∞	$1.0973731534(13) \times 10^{7}$ m^{-1}
精细结构常量	α	$7.29735308(33) \times 10^{-3}$
康普顿波长	λ_c	$2.42631058(22) \times 10^{-12}$ m
质子静质量	m_p	$1.6726231(10) \times 10^{-27}$ kg
中子静质量	m_n	$1.6749286(10) \times 10^{-27}$ kg

几个保留单位

物理量	符号	数值
电子伏特	eV	$1.60217733 \times 10^{-19}$ J
原子质量单位	u	$1.6605402 \times 10^{-27}$ kg
标准大气压	atm	101325 Pa

附录 B　常用晶体及光学玻璃折射率表

常用物体折射率表

空气	1.0003	玻璃,锌冠	1.517	氯化钠(盐)2	1.644
液体二氧化碳	1.2	玻璃,冠	1.52	重火石玻璃	1.65
冰	1.309	氯化钠	1.53	二碘甲烷	1.74
水(20℃)	1.333	氯化钠(盐)1	1.544	红宝石	1.77
丙酮	1.36	聚苯乙烯	1.55	兰宝石	1.77
普通酒精	1.36	石英 2	1.553	特重火石玻璃	1.89
30%的糖溶液	1.38	翡翠	1.57	水晶	2
酒精	1.329	轻火石玻璃	1.575	钻石	2.417
面粉	1.434	天青石	1.61	氧化铬	2.705
溶化的石英	1.46	黄晶	1.61	氧化铜	2.705
Calspar2	1.486	二硫化碳	1.63	非晶硒	2.92
80%的糖溶液	1.49	石英 1	1.644	碘晶体	3.34
玻璃	1.5				

常用晶体及光学玻璃折射率表

物质名称	分子式或符号	折射率	物质名称	分子式或符号	折射率
熔凝石英	SiO_2	1.45843	重冕玻璃	ZK_8	1.614
氯 化 钠	$NaCl$	1.54427	钡冕玻璃	BaK_2	1.53988
氯 化 钾	KCl	1.49044	火石玻璃	F_1	1.60328
萤 石	CaF_2	1.43381	钡火石玻璃	BaF_8	1.6259
冕牌玻璃	K_6	1.5111	重火石玻璃	ZF_1	1.64752
冕牌玻璃	K_8	1.5159	重火石玻璃	ZF_5	1.73977
冕牌玻璃	K_9	1.5163	重火石玻璃	ZF_6	1.75496

晶体的折射率 n_o 和 n_e 表

(注：n_o、n_e 分别是晶体双折射现象中的"寻常光"的折射率和"非常光"的折射率)

物质名称	分子式	n_o	n_e
冰	H_2O	1.313	1.309
氟化镁	MgF_2	1.378	1.39
石英	SiO_2	1.544	1.553
氯化镁	$MgO \cdot H_2O$	1.559	1.58
锆石	$ZrO_2 \cdot SiO_2$	1.923	1.968

物质名称	分子式	n_o	n_e
硫化锌	ZnS	2.356	2.378
方解石	$CaO \cdot CO_2$	1.658	1.486
钙黄长石	$2CaO \cdot Al_2O_3 \cdot SiO_2$	1.669	1.658
菱镁矿	$ZnO \cdot CO_2$	1.7	1.509
刚石	Al_2O_3	1.768	1.76
淡红银矿	$3Ag_2S \cdot AS_2S_3$	2.979	2.711

液体折射率表

物质名称	分子式	密度	温度/℃	折射率
丙醇	CH_3COCH_3	0.791	20	1.3593
甲	CH_3OH	0.794	20	1.329
乙	C_2H_5OH	0.8	20	1.3618
苯	C_6H_6	1.88	20	1.5012
二硫化碳	CS_2	1.263	20	1.6276
四氯化碳	CCl_4	1.591	20	1.4607
三氯甲烷	$CHCl_3$	1.489	20	1.4467
乙醚	$C_2H_5 \cdot O \cdot C_2H_5$	0.715	20	1.3538
甘油	$C_3H_8O_3$	1.26	20	1.473
松节油	暂无	0.87	20.7	1.4721
橄榄油	暂无	0.92	0	1.4763
水	H_2O	1	20	1.333